3D-Master

Vasileios Kitsios · Richard Haslauer

3D-Master

Zeichnungslose Produktbeschreibung mit CATIA V5

Springer Vieweg

Vasileios Kitsios
Feynsinn
EDAG
München, Deutschland

Richard Haslauer
BMW Konzept Verdeck, Dachsysteme
München, Deutschland

www.3dmaster-prozess.de

ISBN 978-3-658-05844-9
ISBN 978-3-658-05845-6 (eBook)
DOI 10.1007/978-3-658-05845-6

Die Deutsche Nationalbibliothek verzeichnet diese Publikation in der Deutschen Nationalbibliografie; detaillierte bibliografische Daten sind im Internet über http://dnb.d-nb.de abrufbar.

Springer Vieweg

Lektorat: Thomas Zipsner

Gedruckt auf säurefreiem und chlorfrei gebleichtem Papier.

Springer Vieweg ist eine Marke von Springer DE. Springer DE ist Teil der Fachverlagsgruppe Springer Science+Business Media
www.springer-vieweg.de

Vorwort

„Für meine Eltern, Elefterios und Olga. Euch beiden verdanke ich alles!"
Vasileios Kitsios

„Für Steffi, Stefan, Florian, Michaela und Ida!"
Richard Haslauer

Das vorliegende Fachbuch entstand auf Basis von Projekten und Methodenworkshops der BMW AG sowie aufgrund unserer für das Unternehmen ausgeübten CATIA V5-Methodenentwicklungstätigkeit. Es wurde erarbeitet, um vorhandenes Wissen und die aus der Anwendung resultierenden Erfahrungen zusammenzutragen und einem größeren Kreis als Diskussionsgrundlage zur Verfügung zu stellen. Im Fahrzeugentwicklungsprozess beteiligten Kooperationspartnern werden dabei Möglichkeiten aufgezeigt, wie ein Produktbeschreibungsprozess zukünftig zeichnungslos stattfinden kann, gemäß den Vorgaben des 3D-Master-Prinzips.

Wir sprechen mit diesem Buch zum einen Konstrukteure an, welche aktiv am Rechner Konzepte und Bauteile erstellen. Ihnen werden neue Möglichkeiten aufgezeigt, wie sie effektiv und standardisiert ihren Auftrag erfüllen können, in reger Kommunikation mit ihren Prozesspartnern. Zum anderen werden Konzeptingenieure sowie das Management angesprochen. Diese erhalten einen Überblick darüber, wie 3D-Master in ihrem Entwicklungsprozess integriert und über das ganze Fahrzeugprojekt erstreckt werden kann. Zudem wird durch den Einsatz von neutralen Ersatzformaten und kostenfreien Viewern, Lösungen für die Visualisierung von 3D-Datensätzen präsentiert, wenn aus unterschiedlichen Gründen kein Zugriff auf das Originalsystem, indem der Datensatz konstruiert wurde, möglich ist.

Als CATIA-Basisversion wurde V5 R19 verwendet, da es sich hierbei momentan noch um die meistverwendete CATIA-Version handelt. Zusätzlich wurde ein Ausblick auf die Version V5-6 R2013 eingebracht, da in den Automobilhäusern geplant ist mittelfristig auf diese oder auf eine noch höhere Version umzusteigen.

Anregungen, Hinweise und Kommentare Ihrerseits nehmen wir gerne unter der E-Mail-Adresse des Lektorats Maschinenbau im Springer Vieweg Verlag – thomas.zipsner@springer.com – entgegen.

Abschließend möchten wir uns bei der BMW AG für die zur Verfügung gestellten Daten bedanken sowie bei der Fa. Dassault Systèmes für die Bereitstellung der Software bzw. der Lizenzen. Ein Dankeschön gilt auch unserem Lektor, Thomas Zipsner, für die konstruktive und professionelle Zusammenarbeit, der maßgeblich zum Gelingen dieses Buches beigetragen hat.

München, im Juli 2014

Vasileios Kitsios
Richard Haslauer

Inhaltsverzeichnis

1 3D-Master ... 1
- 1.1 Einleitung ... 1
- 1.2 Die Einschränkungen der technischen Dokumentation Heute ... 1
- 1.3 Der 3D-Master-Prozess ... 2
  - 1.3.1 Entstehungsgeschichte ... 2
  - 1.3.2 Umsetzung ... 3
  - 1.3.3 Toolset 3D-Master ... 5
  - 1.3.4 Prozessbeschreibung 3D-Master ... 5
  - 1.3.5 Welche Ziele verfolgt 3D-Master ... 7
- 1.4 Freigabemodelle ... 12
- 1.5 Aufbau der Datenmodelle für den Prozess 3D-Master ... 16
  - 1.5.1 Das Grundmodell StartCATPart ... 16
  - 1.5.2 Das Grundmodell StartCATProduct ... 18
  - 1.5.3 Das Grundmodell Product Definition Part ... 18
- 1.6 Abgeleitete Anforderungen ... 20

2 Erzeugung von PMIs in 3D ... 23
- 2.1 Grundlagen der dreidimensionalen Produktbeschreibung ... 23
  - 2.1.1 Produktbeschreibende Informationen ... 24
  - 2.1.2 DIN ISO 16792 ... 25
  - 2.1.3 Begriffsdefinition ... 25
  - 2.1.4 Die Datenmodelle und die Bedeutung der Anmerkungssets ... 27
  - 2.1.5 Maschinenlesbare Information in 3D ... 30
  - 2.1.6 Programmierbeispiel für maschinenlesbare Informationen ... 31
- 2.2 Darstellung von Ansichten ... 44
  - 2.2.1 Grundregeln bei der Erzeugung von Anmerkungsebenen ... 45
  - 2.2.2 Einstellungen und Eigenschaften von Anmerkungsebenen ... 46
  - 2.2.3 Standardansicht erzeugen ... 48

2.2.4 Abgeleitete Schnittansicht erzeugen ... 51
2.2.5 Zeichnungsableitungen aus dem 3D mit „View from 3D“ ... 52
2.3 Textinformationen ... 55
2.3.1 Textanmerkungen ... 56
2.3.2 Parametrisch assoziative Texte ... 59
2.3.3 Textanmerkungen im Einsatz (Werkstoffe, Löcher, Beschnitte, ZBs) 60
2.3.4 Flaggenanmerkungen ... 66
2.3.5 Weld Design ... 67
2.4 Maßeinträge ... 70
2.4.1 Normgerechte Maßeintragung ... 70
2.4.2 Bemaßung in 3D ... 73
2.4.3 Maßtoleranzwerte eintragen ... 78
2.4.4 Bemaßungseigenschaften ... 79
2.4.5 Generative Bemaßung im 3D Generative Dimensions ... 80
2.5 Form- und Lagetoleranz ... 83
2.5.1 Bezugselemente und Bezugsstellen ... 85
2.5.2 Eintragen von Form- und Lagetoleranzen ... 85
2.5.3 Tolerancing Advisor ... 86
2.6 Rauheit ... 90
2.7 Geometrie zur Ergänzung der Produktbeschreibung ... 91
2.7.1 Konstruktionselemente *Constructed Geometries* ... 92
2.7.2 Eingegrenzte Toleranzbereiche darstellen Restricted Areas ... 95
2.7.3 Spezielle Bereiche im Modell markieren ... 96
2.8 Graphische Darstellungen im 3D *Note Object Attribute* ... 96
2.9 Produkt- und fertigungsrelevante Informationen visualisieren ... 100
2.9.1 Darstellungen erzeugen *Capture* ... 101
2.9.2 Grundlegende Entscheidungen beim Aufbau der Darstellungen ... 105
2.9.3 Die Bedeutung der Capture *Initial* ... 107
2.9.4 Arbeitsfolge ... 108
2.9.5 Anwendungsfall: Buchse Hinterachsanbindung (HAA) ... 109
2.9.6 Zusätzliche Einstellungen für CATIA V5-6 R2013 ... 111
2.10 Besondere Baugruppenspezifische Informationen ... 112
2.10.1 Verbesserte Szenen *Enhanced Scenes* ... 113
2.10.2 Ansichten mit Anmerkungen *Annotated View* ... 116
2.10.3 DMU Prüfungen *DMU Reviews* ... 117
2.10.4 DMU-Darstellungen *Presentations* ... 118
2.11 Anmerkungen und ihre Besonderheiten ... 120
2.11.1 Arbeiten im Cache System ... 120
2.11.2 Assoziativität ... 124
2.11.3 Geometrie hervorheben ... 125
2.11.4 Anmerkungen normgerecht positionieren ... 126

3 Datenaufbereitung ... 131
3.1 Einführung ... 131
3.1.1 Datenaufbereitung und Erzeugung von isolierten Modellen ... 131
3.1.2 Datenaufbereitung und 3D-Master ... 133
3.2 Filterprozess für Einzelteile ... 133
3.2.1 Funktionsübersicht ... 133
3.2.2 Filtern eines bestehenden Einzelteils – Die Funktion *Part to Part* .. 135
3.2.3 Standardverhalten des Filterprozesses ... 135
3.2.4 Benutzerdefiniertes Filtern ... 136
3.2.5 Standardverhalten beim Übertragen von Anmerkungen ... 138
3.2.6 Praxisbeispiel: Buchse ... 140
3.3 Datenaufbereitung für Baugruppen ... 145
3.3.1 Funktionsübersicht ... 146
3.3.2 Der Filterprozesses *Product to Part* ... 147
3.3.3 Benutzerdefiniertes Filtern über *Product to Part* ... 149
3.3.4 Grundregeln beim Übertragen von Anmerkungen ... 150
3.3.5 Associative Assembly Part for 3D Master ... 152
3.3.6 Praxisbeispiel: Elektrokraftstoffpumpe ... 156
3.4 Der Prozess *Datafiltering for 3D-Master* ... 162
3.4.1 Prozessbeschreibung ... 162
3.4.2 Begriffsdefinition ... 165
3.4.3 Instanzen gruppieren *DMU Group* ... 165
3.4.4 Grundregeln bei der Ausleitung von Einzelteilen ... 166
3.4.5 Grundregeln für die Ausleitung von Baugruppen ... 167
3.4.6 Das Dialogfenster ... 168
3.4.7 Extrahierte FTA-Features und ihre Besonderheiten ... 171
3.4.8 Praxisbeispiel ZB Antrieb ... 174
3.4.9 Variantenmanagement ... 183

4 Ersatzformate ... 187
4.1 Einleitung ... 187
4.1.1 Beurteilungskriterien/Anwendungsfälle ... 188
4.1.2 Beurteilung der Ersatzformate (Übersicht) ... 189
4.2 3D-PDF ... 190
4.2.1 Universal 3D und Project Reviewer Compressed ... 190
4.2.2 Der Konverter Tetra-4D ... 191
4.2.3 Untersuchungsergebnisse – Darstellung im Adobe Reader ... 193
4.2.4 Praxisbeispiele ... 198
4.2.5 Das PDF-Format als Container verwendet ... 201
4.2.6 Das PDF-Format als Arbeits-Desktop verwenden ... 203
4.3 Jupiter Tesselation (JT) ... 204
4.3.1 Das Format ... 204

4.3.2 Der COM/FOX-Konverter ... 205
4.3.3 Der Viewer JT2Go ... 209
4.3.4 Konvertierung eines Einzelteils – Fallbeispiel HAA Buchse ... 216
4.3.5 Konvertierung von Baugruppen – Fallbeispiel ZB Antrieb ... 217

Literaturverzeichnis ... 221

Sachwortverzeichnis ... 223

Abkürzungen

2D	Zweidimensional
3D	Dreidimensional
AAP	Associative Assembly Part
AP	Application Protocol
ASCII	American Standard Code for Information Interchange
BOM	Bill of Material (Stückliste)
BREP	Boundary Representation
CA	Computer aided
CAD	Computer Aided Design
CAE	Computer Aided Engineering
CAM	Computer Aided Manufacturing
CAx	Computer Aided Processes
CGR	CATIA Graphical Representation
DMU	Digital Mock-Up
FTA	Functional Tolerancing and Annotations
IGES	Initial Graphics Exchange Specification
IP	Intellectual Property
IPP	Intellectual Property Protection
IS	International Standard
ISO	International Organization for Standardization
JT	Jupiter Tessellation
LOD	Level of Detail
NOA	Note Object Attribute
OEM	Original Equipment Manufacturer
Open GL	Grafikformat
PDF	Portable Document Format
PDP	Product Definition Part
PEP	Produkt Entstehungs Prozess

PLM	Product Lifecycle Management
PMI	Product Manufacturing Information
PN	Part Number
POI	Point of Interest
PRC	Project Reviewer Compressed
PRISMA	Produktdaten-Informations-System-mit-Archiv
QI	Qualitätsingenieur
SE	Simultaneous Engineering
SPOT	Single Point of Truth
STEP	Standard for the Exchange of Product model data
U3D	Universal 3D
ULP	Ultra-Lightweight Precise
UML	Unified Modeling Language
XML	Extensible Markup Language
ZB	Zusammenbau
ZFE	Zeichnungsfreies E-Ressort
ZIP	Dateiformat für verlustfreie Datenkompression
ZLP	Zeichnungsloser Prozess
ZV	Zeichnungsvermerk

3D-Master

1

1.1 Einleitung

Durch die fortwährende Entwicklung von CAD-Systemen, wie z. B. CATIA V5, hat sich die dreidimensionale Erzeugung von Konstruktionsumfängen in den vergangenen Jahren nachhaltig verändert. Jedoch wird heute immer noch zusätzlich zum 3D-Datensatz eine zweidimensionale Zeichnung mit hohem Aufwand erstellt und entlang des gesamten Life Cycle des Bauteiles mit gepflegt.

Dieses Fachbuch bietet das notwendige Wissen über die Methoden, die Prozesse und die Tools an, die OEMs (Original Equipment Manufacturer), Entwicklungsdienstleister und Konstruktionsbüros anwenden können um eine vollständige Produktbeschreibung ausschließlich über das 3D-Modell zu erlangen, für Einzelteile sowie für Baugruppen, vom Konstruktions- und Erstellungsprozess bis hin zur Ablage im PDM-System. Hierbei wird der 3D-Datensatz als Master festgelegt und beinhaltet somit, zusätzlich zur Geometrie, alle notwendigen Informationen hinsichtlich der Funktionalität und der Eigenschaften der Einzelteile und/ oder Baugruppen, die von den Folgeprozessen benötigt bzw. angefordert werden.

1.2 Die Einschränkungen der technischen Dokumentation Heute

Detaillierte Zeichnungen werden in wenigen Ausnahmefällen weiterhin zur Beschreibung der Bauteilgeometrie erzeugt, vor allem für die frühe Phase der Entwicklung und auf Grund von Erfordernissen der Prozesskette, z. B.:

bei Anfragen potentieller Lieferanten (keine Herausgabe von 3D Daten zum Schutz von Know-How),

- für Lieferanten ohne CAD-System,
- aus technischen Gründen, z. B. E/E Logikbeschreibungen: Funktionalität, welche nicht aus dem 3D-Geometriemodell ersichtlich/ableitbar ist (Beispiel: Steuergeräte),

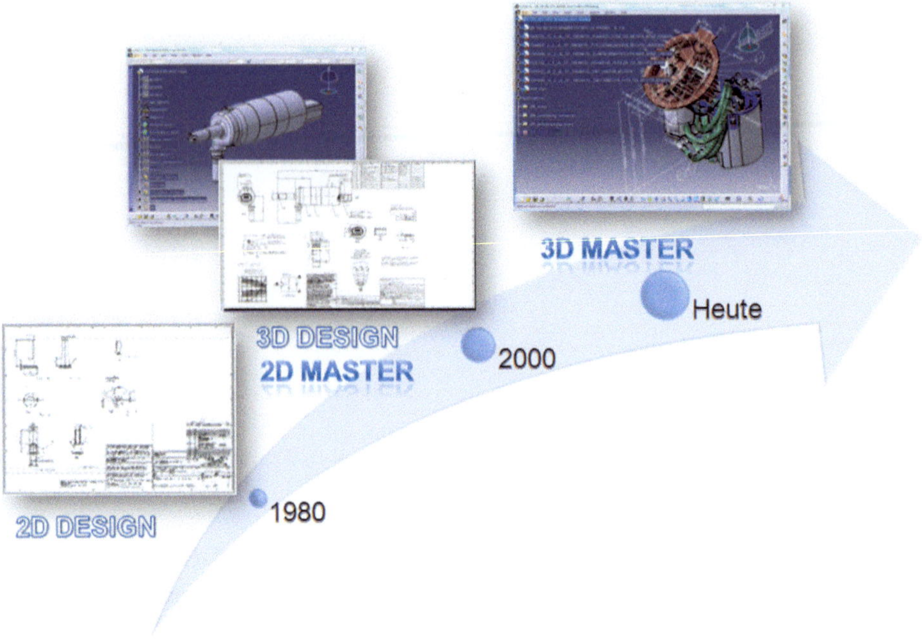

Bild 1-1: Evolution im Design-Prozess

- gesetzliche und länderspezifische Typzulassungen,
- zur Qualitätssicherung aller Zeichnungsmaße und Dokumentation der Ergebnisse in Messprotokollen.

Die technische Zeichnung ist somit als ein Produkt der Konstruktion in vielen Fällen überflüssig geworden. Trotzdem wird nur selten komplett darauf verzichtet, obwohl das wichtigste Ergebnis einer 3D-CAD-Konstruktion der Datensatz ist. Mit den 3D-Daten allein kann das Produkt als Musterteil, Prototyp oder Serienprodukt hergestellt werden. Fortschrittliche Unternehmen arbeiten im Herstellungsprozess tatsächlich ohne Zeichnung, sie verarbeiten den Datensatz und verwenden lediglich eine bildhafte Darstellung des Produktes zur Identifizierung.

1.3 Der 3D-Master-Prozess

1.3.1 Entstehungsgeschichte

Der Begriff 3D-Master wurde Anfang 2000 bei der Fa. Dassault eingeführt. Ziel von 3D-Master ist, dass das 3D-Modell der Träger sämtlicher Informationen zum Bauteil ist. Mit Einführung von CATIA V5 wurde der funktionale Grundstein gelegt, um dieses auch umzusetzen. Seitdem sind OEMs dabei den 3D-Master Prozess in ihren Prozessketten einzuführen.

Bei BMW wurde 2009 die zeichnungsfreie Produktbeschreibung in der Prozesskette Karosserie als erster Schritt Richtung 3D-Master eingeführt. Seitdem besteht die neue Herausforderung darin, diesen Prozess auf die komplette Karosserie (Ausstattung) und den Fachbereichen Fahrwerk und Antrieb auszudehnen. Dazu wurde ein entsprechendes Projekt ins Leben gerufen, das dieses Ziel verfolgt. Der aus diesem Projekt entstandene Gedanke hat uns dazu inspiriert einen Prozess zu entwickeln und diesen unter der Bezeichnung **3D-Master** in diesem Fachbuch zu beschreiben.

1.3.2 Umsetzung

Bei der Ausarbeitung des **3D-Master**-Prozesses haben wir Lead-Szenarien aufgebaut indem wir repräsentative bzw. freigaberelevante Zeichnungen hergenommen und diese auf ihre Inhalte hin überprüft haben.

Dabei wurde geprüft, welche Informationen zukünftig im CAD-Modell und welche in Ersatzformate abgelegt werden sollen (z.B. Office Dokument). Ausschlaggebend bei der Aufteilung war u.a. die Freigaberelevanz der Daten, die Form der Darstellung und die Vorgehensweise die beim Aktualisieren des Datensatzes angewandt wird, wenn eine Bauteilversionierung vorgenommen wird. Eine Vielzahl von Bauteilen wurde dabei untersucht. Dabei handelte es sich sowohl um Einzelteile als auch um Baugruppen. Ist-Prozesse wurden

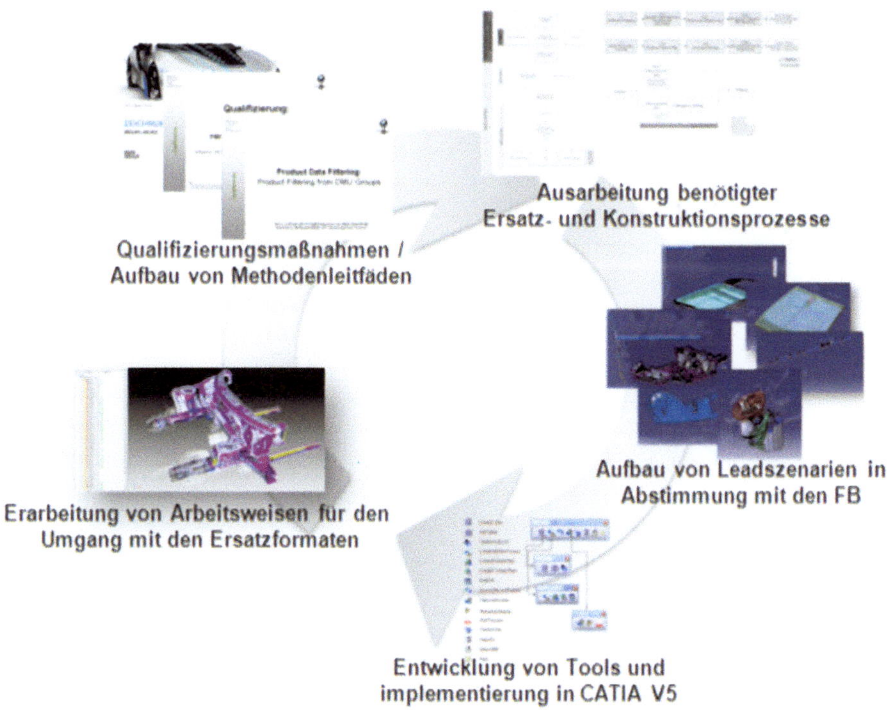

Bild 1-2: Vorgehensweise bei der Ausarbeitung von 3D-Master

aufgenommen und Soll-Prozesse erarbeitet, unter Berücksichtigung u. a. von Lieferantenprozesse, Kauf/Hausteile, etc.

Daraufhin wurde eine Lösung entwickelt, um folgende Daten/Informationen in 3D darzustellen:

- **Ablage im 3D-Modell**: Ansichten, Maßliche Toleranzen, Lochkennzeichnung, Beschnitt-Toleranzen, Form- und Lagetoleranzen, Einzelteilausrichtung, Schnitt-Ansichten, Kontrollmaße, Zeichnungsverweise (ZV), Texte und Markierungen (z. B. Beurteilungszonen, Verstelldrehmomente, zulassungsrelevante Beschriftungen, Fettangaben, Werkseinstellungen usw.) und Tabellen.
- **Ablage in einem Office Dokument** (Optional): Standardtexte, Schaltbilder, Einstellung SAE/ECE (Stempel), Inhalt von Etikettenangaben, Positionszeichnungen, Stückliste für Ersatzteile, die Lieferantenstückliste, Varianzdarstellungen, I-Stufen Änderungen und viele weitere mehr.
- **Metadaten:** Zusätzlich zu den freigaberelevanten Informationen, gibt es diese, die innerhalb des PDM-Systems abgelegt bzw. gepflegt werden und zu den Metadaten des Bauteils gehören: Schriftkopfinformationen, Änderungshistorie, Stückliste, Werkstoffangaben, Teilekennzeichnung und Angaben zu Referenzteilen.

Bei der Anwendung der daraus resultierenden Methoden, Prozesse und Tools ergibt sich für den Produktbeschreibungsprozess innerhalb vom PLM folgender Nutzen:

- Zentrale Informationsbereitstellung
- Entfall von redundanter Datenhaltung
- Erweiterung der Informationsmöglichkeiten für den Verwender ohne Mehraufwand
- Reduzierung des Erstellungsaufwand für Zeichnungen
- Entfall des Pflegeaufwands von Zeichnungen bzw. Zeichnungsdokumenten (CATDrawings)

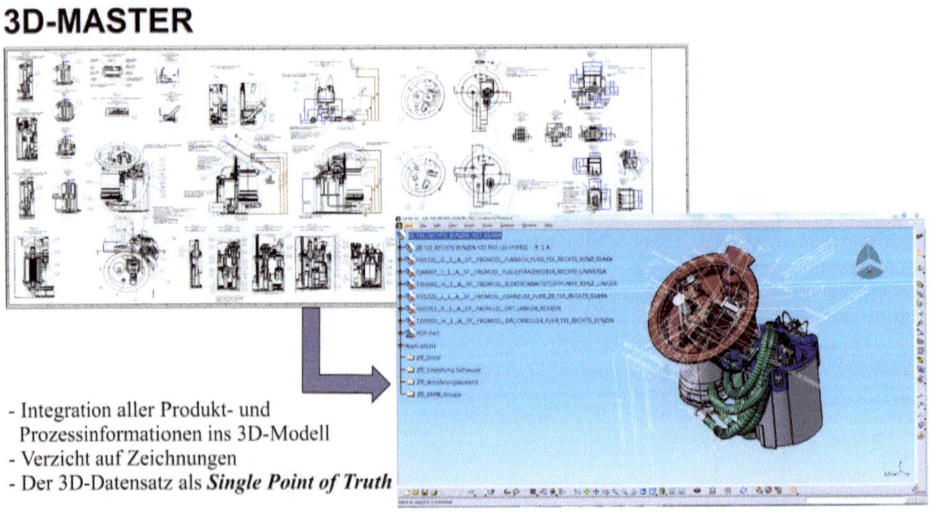

Bild 1-3: Der Prozess 3D-Master im Überblick

- Einfachere Zusammenarbeit zwischen Kooperationspartnern
- Bereitstellung von maschinenlesbaren Informationen für die Folgeprozesse
- Auswertung von Informationen direkt vom 3D-Datensatz
- Gezielte Weiterleitung von Daten unter Berücksichtigung von Know-how-Schutz

Die Nutzenaussagen werden im weiteren Verlauf des Buches erläutert bzw. mit Beispielen bestätigt.

1.3.3 Toolset 3D-Master

Folgende Workbenches werden benötigt um 3D-Master mit Hilfe von CATIA V5 zu realisieren:

- **Functional Tolerancing & Annotations** für die Erstellung und Visualisierung von produkt- und fertigungsrelevanter Informationen im 3D
- **Product Data Filtering** für die Verwaltung von Daten, dem Schutz von geistigem Eigentum und der gezielten Weiterleitung von Informationen und Daten.

Die für die Anwendung der zu berücksichtigten Methoden und Vorgehensweisen werden im jeweiligen Kapitel dieses Fachbuchs im Detail vorgestellt.

Zudem wird durch den Einsatz von neutralen Ersatzformaten und kostenfreien Viewern eine neue Methode vorgestellt, die vor allem Lösungen anbieten soll für die Visualisierung von 3D-Datensätzen, wenn das Originalsystem, in dem der Datensatz konstruiert wurde, nicht vorhanden ist und der Datenaustausch und die Visualisierung zu hohe Kosten mit sich bringt.

Alle Funktionen und Abläufe werden anschaulich dargestellt und erläutert. Der Leser erlernt über zahlreiche praktische Übungen die grundlegende Bedienung der Workbenches und Viewern. Anhand von anspruchsvollen Use-Cases, entnommen aus Praxisbeispielen der Automobilindustrie, werden die erlernten Grundlagen gefestigt.

1.3.4 Prozessbeschreibung 3D-Master

3D-Master bemüht sich vorrangig den Aufwand in der Erstellung der Daten zu verringern, aber auch die Prozesskette in der Verwendung von Daten auf die **Single Point of Truth** (SPOT) Methode umzustellen. Schauen wir uns jedoch zu Beginn einmal an was genau der Begriff **SPOT** bedeutet:

Dieses aus dem Datenmanagement stammende Prinzip besagt, dass es im Falle redundanter Datenbestände einen Datenbestand gibt beziehungsweise geben sollte, auf dessen Inhalt Verlass ist.

Für den Produktentstehungsprozess (PEP) bedeutet dies, dass sich dieser nun zukünftig auf einen einzigen Datensatz bezieht und Folgeprozesse mit Ableitungen bedient. Nur in Ausnahmefällen bedient sich die Prozesskette vom originalen Datensatz. Die nachfolgenden Abbildungen sollen ein besseres Verständnis darüber vermittelt, was genau **3D-Master** für den Produktentstehungsprozess und letzten Endes für die Bauteilfreigabe bedeutet.

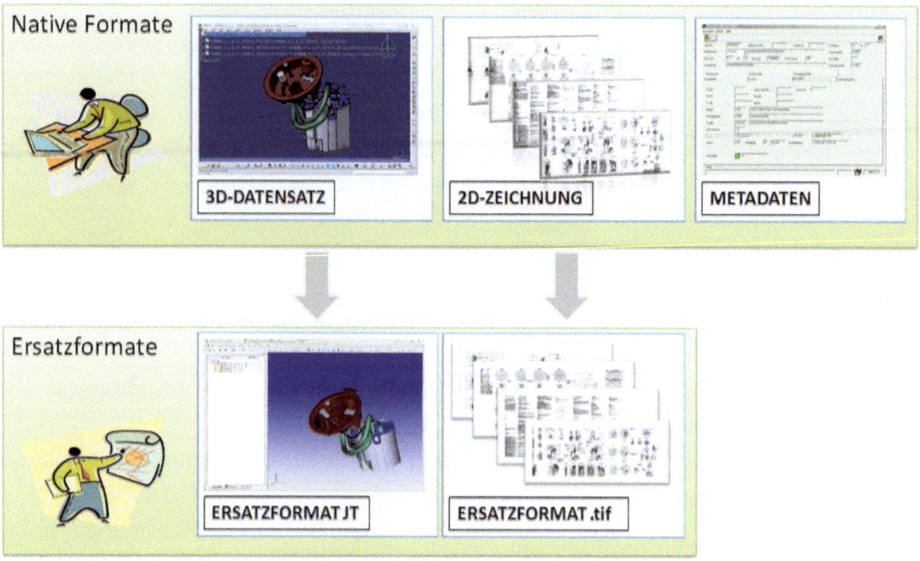

Bild 1-4: Bauteilfreigabe mit Zeichnung

Bild 1.4 stellt eine herkömmliche Bauteilfreigabe dar, genauso wie diese in fast jedem Unternehmen heute durchgeführt wird. Der Freigabeumfang umfasst den 3D-Datensatz des Bauteils und die daraus abgeleitete Zeichnung. Im PDM-System des Unternehmens werden die Metadaten zum Bauteil erzeugt (z.B. Änderungshistorie, Werkstoffeinträge,

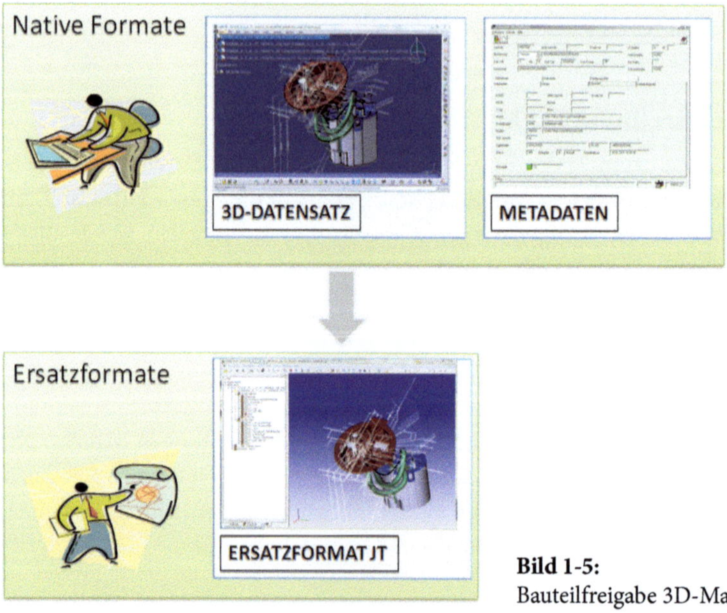

Bild 1-5:
Bauteilfreigabe 3D-Master

usw.). Die Zeichnung wird der Prozesskette zur Verfügung gestellt, indem diese als Ersatzformat (z. B. tiff-Datei) in das digitale Zeichnungsarchiv des Unternehmens abgelegt wird. Folgeprozesse (z. B. Geometrieprüfung), die auf den 3D-Datensatz zugreifen müssen tun dies über die entsprechende Schnittstelle zum Visualisierungsprozess. In diesem Fall wurde als Ersatzformat das JT verwendet.

Im Bild 1.5 wird dargestellt wie die Bauteilfreigabe zukünftig aussehen könnte, wenn das Bauteil gemäß den Vorgaben des Prozess **3D-Master** konzipiert wird. Der Freigabeumfang besteht ausschließlich aus dem 3D-Datensatz. In diesem befinden sich alle Produkt- und Fertigungsinformationen die nun im 3D-Datensatz enthalten sind. Dies wiederum führt zukünftig dazu, dass sich die komplette Prozesskette vom gleichen Datensatz bedient.

1.3.5 Welche Ziele verfolgt 3D-Master

Direkt zu Beginn der Prozessentwicklung wurden einige ambitionierte Ziele gesetzt, die diese neue Methode der Bauteilbeschreibung bzw. der Bauteilfreigabe erfühlen musste:

Reduzierung des Erstellungsaufwands bei der Produktbeschreibung des Bauteils

Der Erstellungsaufwand bei der Produktbeschreibung bezieht sich auf die Eingabe der Daten in das 3D-Modell. Direkt zu Beginn der Ausarbeitung der Lead-Szenarien hat sich

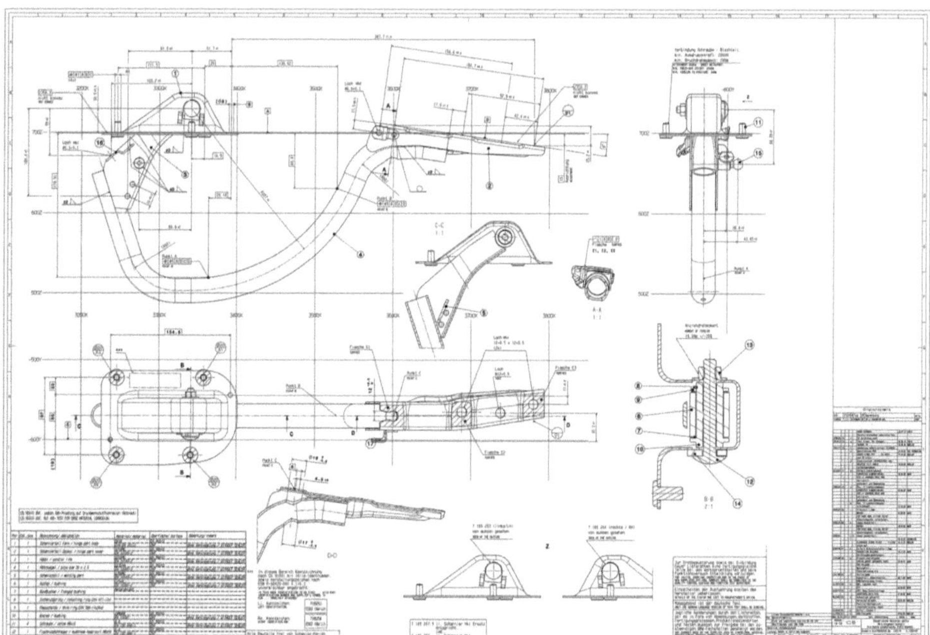

Bild 1.6: Vergleich im Erstellungsaufwand Teil 1, 2D-Zeichnung

herausgestellt, dass es viele Bauteilumfänge gibt, in denen die Erstellung von fertigungs- sowie funktionsrelevanten Informationen schneller im 3D-Modell erledigen lässt, als in einer Zeichnung. Anhand ausgewählter Fallbeispiele wird diese Behauptung im Kapitel 2 bestätigt. Um dem Leser jedoch einen kleinen „Vorgeschmack" auf die Ergebnisse zu geben, folgt nun ein kleines Beispiel, in dem die Eingabe der Informationen in der Zeichnung mit der im 3D-Modell verglichen wird.

Wie vom Bild 1.6 hervorgeht, besteht die Zeichnung des Bauteils *ZB Scharnier* aus drei Hauptansichten, einer ISO-Ansicht und drei Schnitt- und Detailansichten. Ferner sind die Ansichten und Schnitte vermaßt. Die Vermaßung war in der Zeichnung weitgehend vollständig, um auch nicht 3D-fähige Firmen mit den erforderlichen Informationen zu versorgen. Auch sind noch Zeichnungsvermerke vorhanden, die sich auf Firmenstandards berufen.

Im Bild 1.7 wird nun das gleiche Bauteil mit einer kompletten 3D-Masterbeschreibung dargestellt. Folgende Unterschiede können ausgemacht werden:

Projizierte Ansichten und Schnitte entfallen in 3D ersatzlos, da diese eine Grundeigenschaft einer 3D-Konstruktion sind und dadurch keinen zusätzlichen Aufwand zur Folge haben. Die Tatsache, dass die Erstellung der fertigungs- und funktionsrelevanten Informationen innerhalb des 3D-Datensatzes stattfindet, erlaubt es zudem dem Konstrukteur diese in seinen Konstruktionsprozess zu integrieren. Die Bemaßung des Bauteils kann z. B.

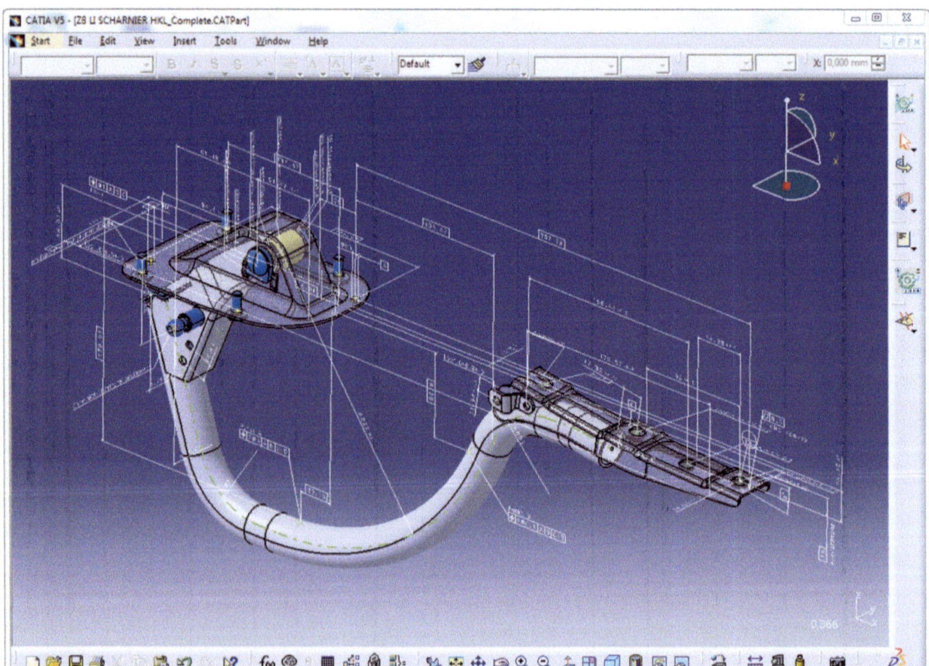

Bild 1.7: Vergleich im Erstellungsaufwand Teil 2, 3D Modell

direkt bei dessen Konstruktion vorgenommen werden und nicht erst dann wenn diese abgeschlossen und der Datensatz an den technischen Zeichner weitergeleitet wird. Zu diesem Zeitpunkt sollte erwähnt werden, dass hinsichtlich der Erstellung von Informationen, die Umstellung von 2D auf 3D als sehr gering eingeschätzt wurde, da die meisten CAD-Systeme die gleichen Werkzeuge für die Eingabe in 3D anbieten wie für die in der Zeichnung.

Reduzierung des Pflegeaufwandes von Daten

3D-Master muss bei den Unternehmen dazu beitragen, den Pflegeaufwand der Freigabedokumente zu reduzieren, da dieser in den meisten Fällen mit sehr hohen Kosten verbunden ist. Zum heutigen Stand wird für jeden dreidimensionalen Datensatz eine zweidimensionale Zeichnung erstellt und mit hohen Aufwand mit gepflegt. Dies geschieht entlang des gesamten *Life Cycle* des Bauteils. Der größte Beitrag von 3D-Master zur Reduzierung des Pflegeaufwands von Daten besteht darin, dass technische Zeichnungen nicht mehr Bestandteil des Freigabeumfangs sind. Die Pflege von Zeichnungen entfällt somit komplett, was wiederum zur Beschleunigung der Datenerstellung führt und zugleich Vereinfachung der Bauteilfreigabe beiträgt.

Erweiterung der Informationenmöglichkeiten für den Verwender ohne Mehraufwand

Hierbei richtet sich unser Fokus hauptsächlich auf die Prozesskettenpartner, die eine interaktive Ansicht auf die 3D-Daten benötigen, jedoch aus verschiedenen Gründen nicht auf die nativen Daten zugreifen können. Dazu zählen:

- Geometrieprüfer
- Qualitätsingenieure
- Funktionsspezialisten

An Beispielen, die uns Qualitätsingenieure zur Verfügung gestellt haben, wurde die Erweiterung der Informationsmöglichkeiten am Arbeitsmodell untersucht. Im Bild 1.8 wird dargestellt, wie ein 3D-Datensatz über Ersatzformate visualisiert wird.

Durch Verwendung dieser Ersatzformate und der damit verbundenen Viewer, erlaubt 3D-Master den Qualitätsingenieuren nicht mehr allein auf die Darstellungen innerhalb der technischen Zeichnung angewiesen zu sein. Der QI kann nun, über die entsprechenden Werkzeugleisten des Viewers, alternative Ansichten erstellen und in der Geometrie abbilden. Dazu zählen z. B.:

- Schnitte im Bauteil
- Umgebungsschnitte
- Markierungen für den Dialog innerhalb des Teams

Ein Beispiel dazu wird in Bild 1.9 dargestellt. Die Anwendung der Viewer wird noch im Kapitel ausführlich beschrieben.

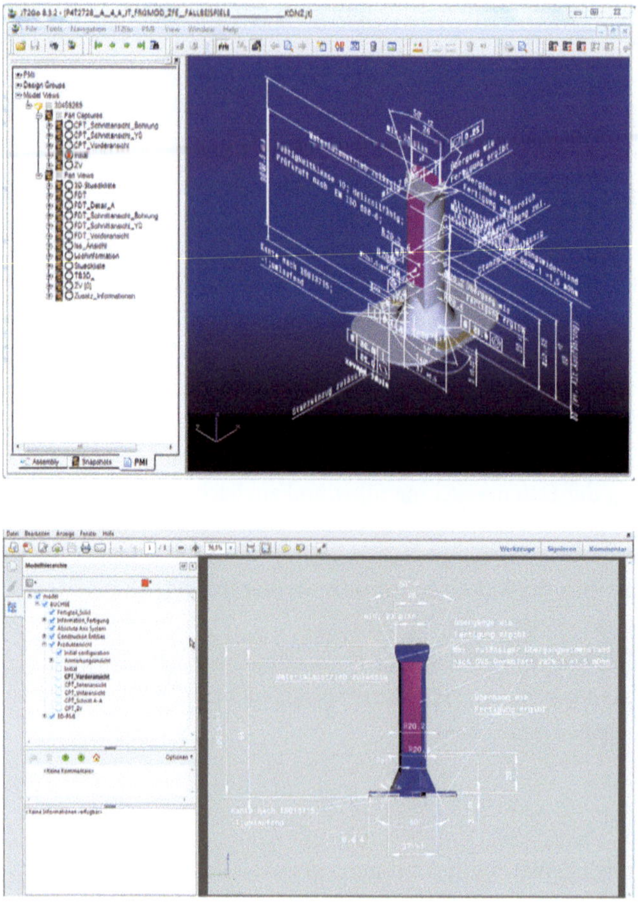

Bild 1-8:
Beispiel für die Visualisierung von 3D-Datensätzen über Ersatzformate

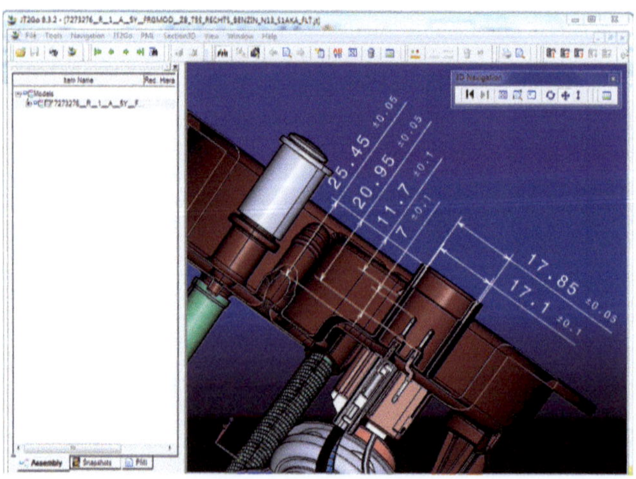

Bild 1-9:
Beispiel für die Erzeugung von Schnitten innerhalb des Ersatzformats inkl. Anmerkungen

Schutz von geistigem Eigentum und gezielte Weiterleitung von Informationen und Daten

Um Entwicklungsdienstleister, Lieferanten und Konstruktionsüros bei der Verwaltung von Daten und beim Schutz von geistigem Eigentum zu unterstützen, wurde eigens ein neuer Prozess entwickelt: *Datafiltering for 3D-Master*. Dieser Prozess bietet die Möglichkeit an, die dreidimensionale Produktbeschreibung eines Bauteils innerhalb des Entstehungsmodells vorzunehmen und regelrecht „per Knopfdruck“ ein vollständig bemaßtes Bauteil (Einzelteil sowie Baugruppe) auszuleiten, dessen Struktur den Anforderungen des jeweiligen Kunden entspricht. *Datafiltering for 3D-Master* wird noch in Kapitel 3 ausführlich beschrieben.

Informationen maschinenlesbar im Datenmodell unterbringen

Informationen, die nach heutigem Stand in technischen Zeichnungen abgelegt werden, können nur visuell ausgewertet werden. Dies bedeutet, dass sich der Anwender die Zeichnung „anschauen“ muss, um auf die Informationen zu gelangen. Wenn aber Informationen in einer ganz bestimmten Art und Weise im 3D-Modell abgelegt werden, wie im Kapitel 3 noch vorgestellt wird, können diese Informationen programmiertechnisch ausgelesen und ausgewertet werden. Folgeprozesse zum Beispiel, die früher auf die Darstellungen innerhalb einer Zeichnung angewiesen waren, werden nunmehr in die Lage versetzt, für Bauteile die gemäß den Vorgaben von **3D-Master** konzipiert wurden, ihre eigenen Prozesse direkt aus den dreidimensionalem Datensatz zu bedienen.

Einheitliche Viewerstrategie für die gesamte Prozesskette

Der Punkt „Einheitliche Viewerstrategie…“ zeigte uns die Notwendigkeit auf, ein dreidimensionales Ersatzformat in den Gesamtprozess zu integrieren. Über ein Ersatzformat würden Folgeprozesse ihre internen Abläufe weiterhin ausführen können, auch wenn zukünftig keine technischen Zeichnungen mehr bereitgestellt werden. Um dies jedoch zu

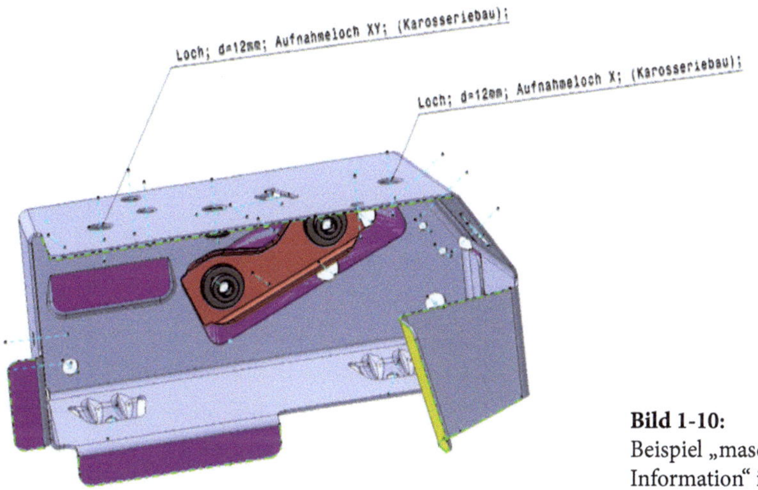

Bild 1-10: Beispiel „maschinenlesbarer Information“ im 3D-Modell

erreichen muss der Generierungsprozess von Ersatzformaten eine Reihe von Anforderungen erfüllen:

- Alle fertigungsrelevanten und qualitäts- sowie funktionsrelevanten Informationen müssen sichtbar sein.
- Ansichten müssen per Knopfdruck darstellbar sein, ohne aufwendiges Drehen des Bauteils und langer Suchzeit von fertigungsmittelrelevanten Informationen.
- Detaillierte Analysen (z. B. Schnitte) müssen möglich sein.
- Messfunktion innerhalb des Ersatzformats muss vorhanden sein.
- Alle Verbindungselemente wie Schrauben, Bolzen und Schweißpunkte müssen als räumliche 3D-Elemente visualisiert werden und können bei Bedarf ausgeblendet werden.
- Metadaten sind kontextsensitiv bereitzustellen.
- Darstellung von unterschiedlichen Lastsituationen, z. B. Handbremshebel, Motor-lager, Bremssattel muss sichergestellt sein.
- Die maschinelle Lesbarkeit des Ersatzformatdokuments ist sicherzustellen.
- Die funktionale Kontextinformation ist mit dem Dokument abgelegt (z. B. Elektrologik)
- Der Aufruf des Ersatzformates ist in allen Prozessen einheitlich.

Um all diesen Zielen\Anforderungen bei der Prozessentwicklung gerecht zu werden, wird **3D-Master** in drei größere Themengebiete aufgeteilt:
Datenerzeugung: Die Erzeugung von produkt- und fertigungsrelevanten Informationen (PMI) im dreidimensionalen Datensatz (s. Kapitel 2)
Datenaufbereitung: Anwendung neuer Methoden zur Aufbereitung von Datensätze, bevor diese in den Freigabeprozess integriert werden (s. Kapitel 3)
Datenumwandlung: Visualisierung von freigaberelevanten Daten, 3D inkl. Zusatzdokumentation (z. B. Prüfvorschriften), durch den Einsatz von dreidimensionalen Ersatzformaten (s. Kapitel 4).

Diese Themengebiete bilden das Grundgerüst des **3D-Master**-Prozesses und werden daher (im jeweiligen Kapitel dieses Buchs) ausführlich beschrieben.

1.4 Freigabemodelle

Folgende Freigabemodelle werden vom Prozess her vorgesehen:

Freigabemodell Einzelteil

Die Kategorie „Freigabemodell Einzelteil", umfasst CATIA V5-Modelle des Typs *CATPart*, die auch im PDM-System als solche abgelegt werden. Der Aufbau des Datenmodells entspricht dabei speziellen Vorgaben. Details zum Aufbau des Datenmodells folgen im Abschnitt 1.5.1. Zu diesem Zeitpunkt sollte jedoch auf die Bedeutung des Anmerkungssets

Information Fertigung für die Freigabe des Bauteils hingewiesen werden. Dort werden alle Produkt- und Fertigungsinformationen (PMI) abgelegt die dazu dienen sollen, die Produktbeschreibung des Bauteils zu vervollständigen. Hierbei kann es sich um spezielle Ansichten, Bemaßungen, Toleranzangaben, 3D-Texte und vieles mehr handeln.

Im PDM-System entsteht dabei die *Produktdokumentation Einzelteil* indem dort das Datenmodell in Form eines CATPart abgelegt wird. Die Ablage im PDM-System kann über mehrere Wege erfolgen: entweder direkt, über eine Ausleitung (überspeichern vorhander Datensätze) oder durch einen zuvor angewandten Filterprozess, um Know-How des Unternehmens zu schützen (Bild 1-11).

Freigabemodell Baugruppe

Die Kategorie „Freigabemodell Baugruppe", umfasst CATIA V5-Modelle des Typs *CATProduct.* die als solche auch im PDM-System des jeweiligen PRISMA abgelegt werden. Die Baugruppe kann beliebig tief unterstrukturiert sein und beliebig viele Instanzen aufweisen. Je nach Anwendungsfall werden Produkt- und Fertigungsinformationen im Produkt oder innerhalb eines Referenz-CATPart abgelgt.

Im PDM-System entsteht dabei die *Produktdokumentation Baugruppe* indem dort das Datenmodell in Form eines CATProducts und all seine Instanzen als CATParts abgelegt werden. Die Ablage im PDM-System kann über mehrere Wege erfolgen: entweder direkt oder durch einen zuvor angewandten Filterprozess, um Know-How des Unternehmens zu schützen (Bild 1-12).

Freigabedokument Office Beiblatt (OB)

Parallel zum CA-Dokument kann ein zusätzliches Freigabedokument zur Verfügung gestellt werden. Es kann sich hierbei um eine MS-Office-Anwendung handeln, die als Ablage von Daten dienen soll, derer Erzeugung und Pflege im 3D Modell schwierig bzw. mit großem Aufwand verbunden ist. Dort können zudem Daten abgebildet werden, die bereits in MS-Office erzeugt wurden.

Freigabemodell PDP-Part

Beim „Freigabemodell PDP-Part", handelt es sich um ein CATIA V5-Modell vom Typ CATPart. Dieses wird als Referenzbauteil zur Ablage aller FTA-Features eingesetzt, wenn die Produktbeschreibung innerhalb eines CATProducts erfolgt. Beim Filterprozess der Workbench **Product Data Filtering** (siehe Kapitel 3) wird dieses entsprechend angesprochen.

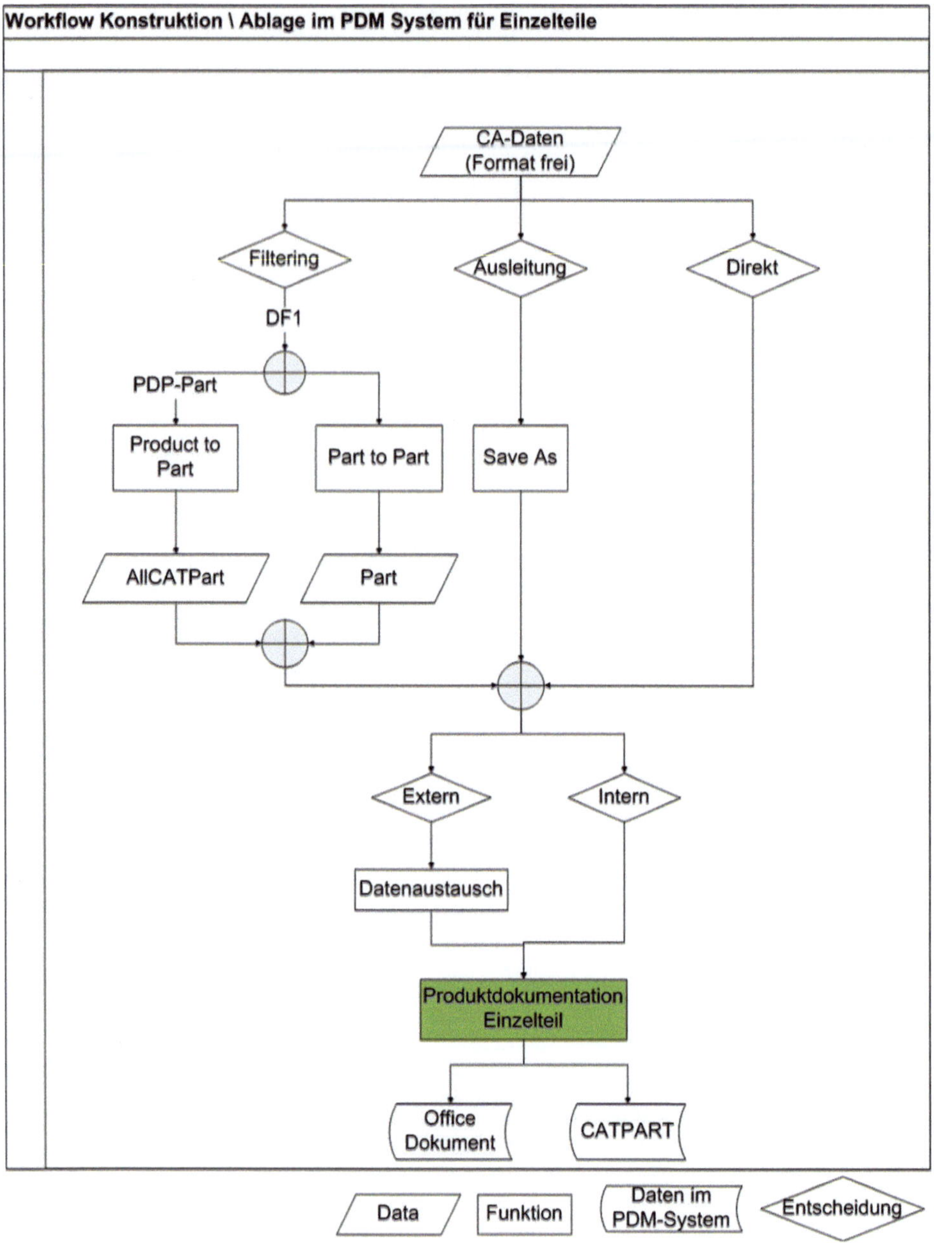

Bild 1-11: Workflow „Ablage im PDM System als Einzelteil“

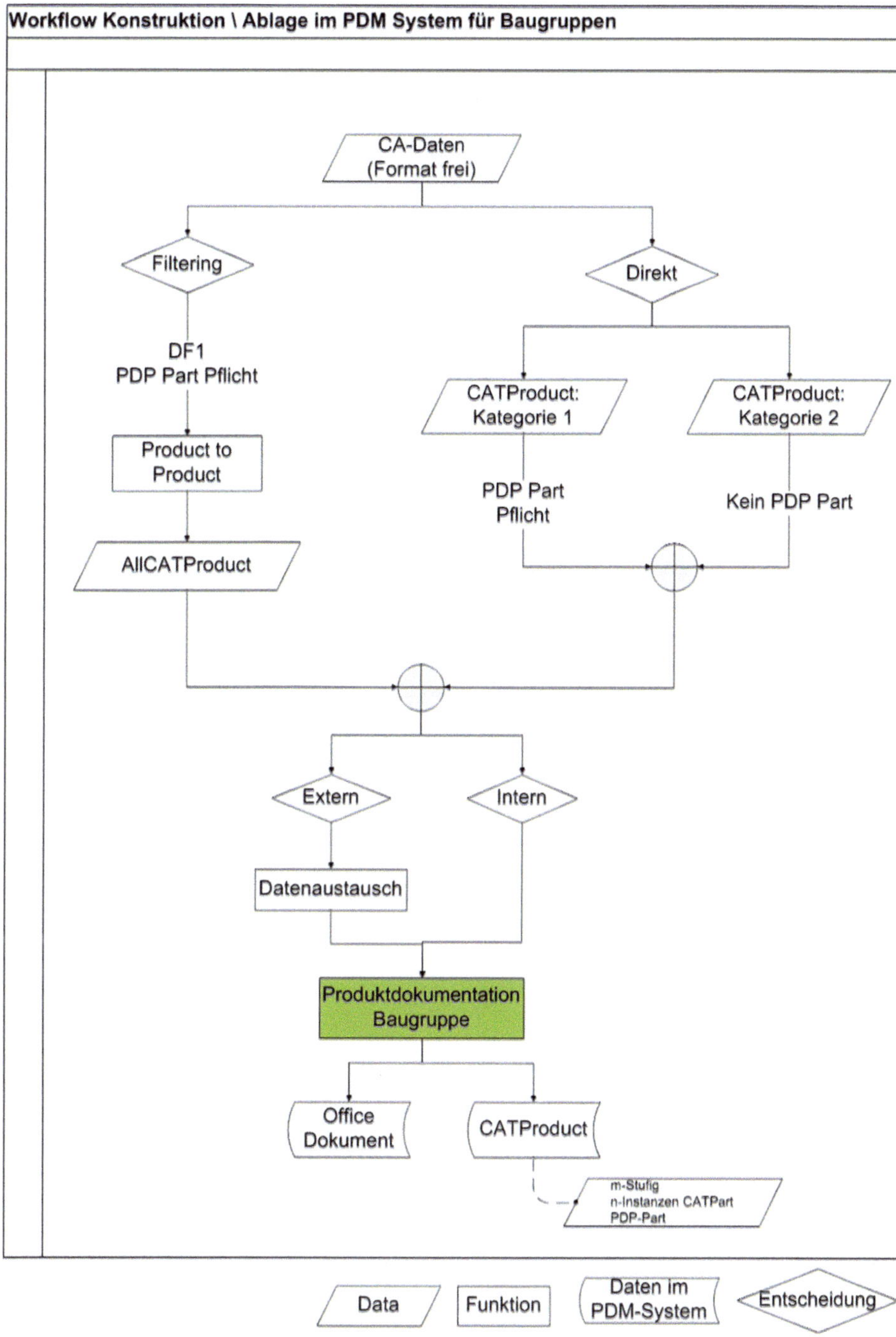

Bild 1-12: Workflow „Ablage im PDM System als Baugruppe“

1.5 Aufbau der Datenmodelle für den Prozess 3D-Master

Seit Einführung von CATIA V5 haben sich Original Equipment Manufacturer (OEM) dazu entschlossen, in ihre Konstruktionsprozesse sogenannte Grundmodelle einzuführen, um die Daten firmenspezifisch zu strukturieren. Bei der Erstellung dieser Grundmodelle stand jedoch vor allem der Wunsch im Vordergrund, fachbereichsspezifische Methodiken zu vereinheitlichen und somit u. a. die Zusammenarbeit mit den verschiedenen Lieferanten zu vereinfachen. Welche Vorteile ergeben sich aber konkret bei der Verwendung von Grundmodellen:

- Der Anwender benötigt nur eine allgemeingültige Schulung.
- Statische Strukturen erlauben eine gleichartige Weiterverarbeitung.
- Flexibilität
- Vordefinierte Strukturen sparen Konstruktionsarbeit und sorgen für einen gleichartigen Aufbau. Zudem führt eine Strukturierung zu verständlicheren und leichter änderbaren Bauteilen

Genau wegen dieser Vorteile muss der Einsatz von Grundmodellen auch bei der Einführung des Prozess **3D-Master** erhalten bleiben und besser noch, an die neue Thematik angepasst werden. Im Zuge der Umstellung auf den zeichnungsfreien Prozess hat sich der BMW-Fachbereich **Entwicklung Karosserie** dazu entschlossen, die vorhandenen Grundmodelle zu erweitern und zugleich neue Grundmodelle einzuführen (z. B. PDP-Part), um somit den Anforderungen des neuen Prozesses gerecht zu werden.

In diesem Abschnitt werden wir uns nun den Aufbau dieser Grundmodelle etwas genauer anschauen, jedoch nur die Inhalte die aus unserer Sicht jedes 3D-Master Grundmodell mindestens aufweisen muss.

1.5.1 Das Grundmodell StartCATPart

Das Grundmodell StartCATPart oder auch Konstruktionsstartmodell genannt, gilt als Grundlage für die Konstruktion von Einzelteilen. Hier werden alle Informationen abgelegt, die für die Beschreibung eines Bauteils benötigt werden.

Durch die vorgegebene Struktur soll ein Zurechtfinden im Baum für Personen, die nicht in die Erstellung eingebunden sind, deutlich erleichtert werden. Zusätzlich zur Solidstruktur enthält dieses Grundmodell eine vordefinierte Struktur aus geometrischen Sets. Diese dient weniger als Konstruktionsvorlage, sondern eher als Vorgabe notwendiger Elemente bzw. Informationen für die Prozesskette. Damit die Daten auch wieder gefunden werden können, ist hier eine strukturierte Ablage der geometrischen wie auch der prozessualen Daten notwendig. Im Buch beschreiben wir die Mindestanforderung an eine Struktur. Die meisten Unternehmen haben eine wesentlich breitere Struktur, die ihre Belange erfüllt.

Bevor mit der Beschreibung der wichtigtsen GeoSets begonnen werden kann, wird zunächst einmal vorgestellt wie genau eine CATIA V5-Struktur aufgebaut ist. Diese ist in folgenden Bereichen unterteilt:

- Parameter
- Flächen und Wireframe Elemente
- Volumenkörper
- Anmerkungen

Externe Daten

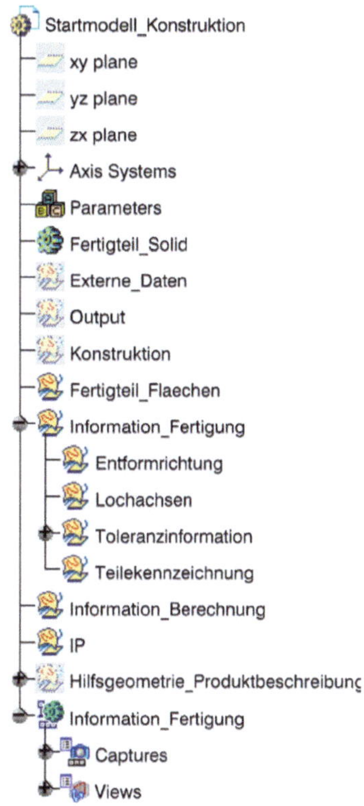

Im Geometrical Set *Externe Daten* werden Elemente abgelegt, die von anderen Bauteilen oder Konzeptmodellen benötigt werden. Die hier abgelegten Elemente werden nicht verlinkt abgelegt, sondern als Kopie.

Output

Unter *Output* werden die geometrischen Elemente abgelegt, die als verbindliche Schnittstellengeometrie für die benachbarten Bauteile verwendet werden können.

Konstruktion

Das Geometrical Set *Konstruktion* beinhaltet die gesamte Konstruktionshistorie des Bauteiles. Die darunter liegende Strukturierung kann vom Konstrukteur beliebig festgelegt werden.

Information Fertigung

Das geometrische Set *Information Fertigung* ist die verbindliche und einzige Schnittstelle des Bauteiles innerhalb der Prozesskette. Aufgeteilt in Unterstrukturen orientiert sich hier der Prozess, je nachdem welche Daten dieser benötigt oder welche Daten zur Verfügung gestellt werden können. Die Namensgleichheit zum Anmerkungsset *Information Fertigung* ist bewusst gewählt worden, da es sich hierbei um die gleiche Schnittstelle im Prozess handelt, jedoch mit anderen Inhalten.

Information Fertigung/Entformrichtung

Die Entformrichtung des Bauteiles wird hier in Form einer Ebene (Plane) oder einer Linie (Line) abgelegt. Auch evtl. Schieberrichtungen werden hier abgebildet.

Information Fertigung/Lochachsen

Sämtliche Löcher des Bauteiles werden in diesem GeoSet in Form eines Dreibeins oder mit einem Mittelpunkt inkl. einer senkrechten Achse dargestellt. Ein Dreibein ist ein „fiktives" Achsensystem. Dafür erzeugt man einen Punkt in der Mitte des Loches und konstruiert auf diesem Punkt drei Linien, die jeweils orthogonal zueinander stehen und eine Ausrichtung haben.

Information Fertigung/Toleranzangaben:

In diesem Geometrical Set werden alle geometrischen Elemente abgelegt, die zum Darstellung von Maßen und Toleranzen zusätzlich zum BREP des Bauteiles benötigt werden.

1.5.2 Das Grundmodell StartCATProduct

Eine Baugruppe kann beliebig viele Instanzen beinhalten und beliebig tief unterstrukturiert werden. Der Konstrukteur kann die Produktbeschreibenden Informationen auf der obersten Produktebene abgelegen.

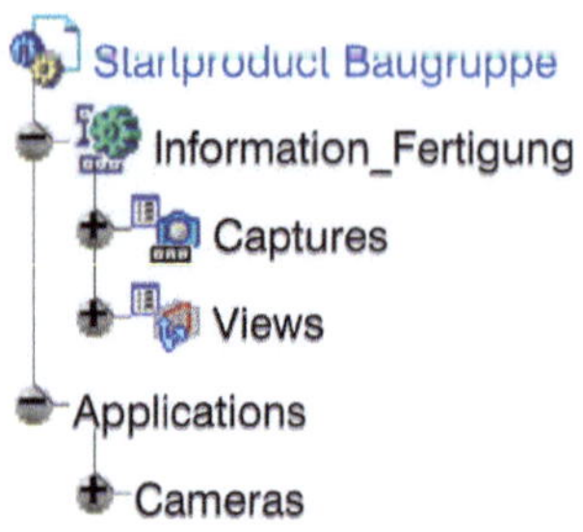

Dazu muss lediglich ein Anmerkungsset im CATProduct abgelegt und dies in *Information_Fertigung* umbenannt werden.

Zusätzlich zum Anmerkungsset werden in der Baugruppe auch Applikationen vom Typ *Camera* abgelegt. Diese sollen zur Ausrichtung des Baugruppe dienen. Beim Konstruktionsmodell sind die Cameras unter *Named Views* zu finden.

1.5.3 Das Grundmodell Product Definition Part

Im Gegensatz zur Ablage der Anmerkungen im CATProduct, ist für den Prozess 3D-Master auch die Ablage in einem Referenz-CATPart erlaubt. Hierbei handelt es sich um ein reguläres CATPart Dokument das innerhalb der Produktstruktur abgelegt wird und vom Konstruktionsprozess als PDP-CATPart gekennzeichnet wird. Dieses CATPart unterliegt eigenen Regeln die noch im Kapitel 2 detailliert beschrieben werden.

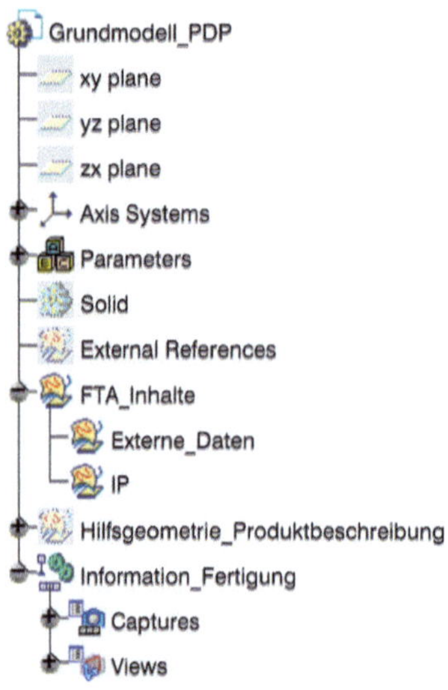

An dieser Stelle sollten wir jedoch kurz auf folgende Besonderheit eingehen: der strukturelle Aufbau des PDP-Parts ähnelt sehr dem des Konstruktionsmodells. Beide weisen eine vorgegebene Struktur an geometrischen Sets auf, sowie das Anmerkungsset *Information Fertigung*. Jedoch handelt es sich im Falle eines PDP-Parts um ein Anmerkungsset vom Typ *Assembly*. Dieses erlaubt die Erzeugung von „speziellen“ Anmerkungen. Deren Bezugselemente befinden sich nicht im PDP-Part selbst, sondern innerhalb der restlichen Instanzen der Baugruppe. Näheres dazu wird im Kapitel 2 beschrieben. Die Anzahl der geometrischen Sets sowie die Komplexität am Aufbau unterscheidet sich jedoch vom Konstruktionsmodell. Dies wurde bewusst so gewählt, da in diesem Modell nur Drahtgeometrie konstruiert werden soll, die zur Darstellung der Ersatzgeometrie benötigt wird und als Stützelemente für die Erzeugung von Anmerkungen dient. Hierzu gehören Schnitte, Achsen und Punkte.

FTA Inhalte

Das geometrische Set *FTA Inhalte* beinhaltet alle Wireframe Elemente die zur Produktbeschreibung der Baugruppe notwendig sind und daher beim Laden des Bauteils sichtbar sein müssen (Sichtbarkeitsstatus: Show). Das Set kann beliebig tief unterstrukturiert werden, je nachdem welche Anforderungen an die Produktbeschreibung der Baugruppe gestellt werden.

Hilfsgeometrie Produktbeschreibung:
Dieses geometrische Set beinhaltet alle Wireframe-Elemente die als Stützelemente für die Erzeugung von Anmerkungen dienen soll. Diese müssen beim Laden des Bauteils nicht sichtbar seien (Sichtbarkeitsstatus: no Show).

(Assembly-)Annotation Set „Information_Fertigung"

1. Ebene			2. Ebene	Inhalt	Speicher-zustand	Bemerkung
	Captures		**Initial**	Das Modell wird in der Grundstellung gezeigt!	SHOW	Das Arbeiten mit „Captures" ist Pflicht. Empfehlenswert ist der Einsatz besonders bei vielen Annotations oder bei komplexen Darstellungsformen. Die Erstellung der Capture **„Initial"** ist Pflicht! Diese muss vor dem Speichern des Bauteils aktiv geschaltet werden
			<Name der Capture>	Beliebiger Name für weitere „Captures".	SHOW	Empfehlenswert ist für jede befühlte Ansicht eine Capture zu erzeugen
	Views			Front-View, Section View, Section Cut		Nicht alle View-Typen werden momentan alle korrekt unterstützt, trotzdem sollen die Views entsprechend gesetzt werden.
			Iso_Ansicht*	Gilt als Grundansicht für das 3D Modell	SHOW	
			FDT	Hier werden alle **Toleranzangaben** abgelegt, die keine **Ebene** zur Darstellung benötigen (Beschnitte, Anmerkungen, Bezugs-flächen)	SHOW	Beispiel: Beschnitt;1+0.5mm;umlaufend [Bezeichnung; Maß und Toleranz; Bemerkung)
			Lochinformation	Hier werden sämtliche Beschriftungen für Funktionslöcher abgelegt.	SHOW	Beispiel: Loch;D=20±0.5;Vollstift;Durchgangsloc h für Kabelbaum [<L-Kennzeichnung>; <Anzahl>; Bezeichnung(Typ); Maß und Toleranz ; Verwendung Ausstattung]
			Zusatz_ Informationen	Hier werden alle sonstigen Texte zur allgemeinen Beschreibung des Bauteiles abgelegt.	SHOW	Beispiel: freie Texte Buckelschweissverbindung:[7)] RB; GS oder QV;
			FDT_<Detail_A>	Form- und Lagetoleranzen einer Ebene.	SHOW	Die Bezeichnung nach **„FDT_**********" ist freiwählbar und es können beliebig viele angelegt werden. Neben den Toleranzen können auch Texte und andere Inhalte abgelegt werden, die sich auf diese View beziehen!
			Stueckliste	Enthält alle Bauteile als Textnote, die in diesem **„ZB"** verbaut sind.	SHOW	
			ZV	Enthält alle ZV (Zeichnungsvermerke) die zur Freigabe des Bauteiles erforderlich sind.	SHOW	Die View für die ZV's liegt immer in der „XZ" Ebene und im Koordinatenursprung.
			3D-Stueckliste	Kaufteil- und Ersatzteilstücklisten von Lieferumfängen. View <3D-Stueckliste> ist im Hide!	HIDE	
	Constructio n Geometries		**Geometrical Representation**	Von CATIA automatisch erzeugte Geometrie.	HIDE	Diese Einträge sind nur nötig, wenn für bestimmte Features zusätzliche Geometriebeschreibung benötigt wird. Beispiel: Gewindedarstellung in einem Sackloch

Bild 1-13: Der Aufbau der Anmerkungssets für das Konstruktionsmodell sowie für das PDP-Part

1.6 Abgeleitete Anforderungen

Nach Fertigstellung des Prozesses hat sich herausgestellt, dass ein Unternehmen das den 3D-Master bei sich einführen möchte, eine Reihe von Anforderungen erfüllen muss. Diese Anforderungen richten sich an bestehende Systeme und Prozesse und zielen zum größten Teil auf die Weiter-, bzw. Neuentwicklung von Systemfunktionen- und Applikationen sowie auf die Entwicklung neuer Prozessvorschriften die im Unternehmen zukünftig gelten müssen. Es folgt nun eine Auflistung einiger der wichtigsten Anforderungen:

Systemanforderungen

Die Produktdokumentation der 3D-Daten aus Sicht der Produkthaftung muss sichergestellt werden.

- Die Infrastruktur und internen Prozesse des Unternehmens müssen angepasst werden, um den Datenaustausch von neutralen Formaten zu ermöglichen.
- Lizenzmodule zur Durchführung von Bemaßungen in 3D sowie ggf. weiterer Module die zur Umsetzung von 3D-Master notwendig sind, müssen beschafft werden.
- Sicherstellung der nötigen Infrastruktur (z. B. WLAN-Verfügbarkeit in allen Werken, Lesegeräte an den Werksarbeitsplätzen, etc.).
- Bereitstellung von maschinenlesbaren Tabelleninformationen / Metadaten
- Bereitstellung einer Druckfunktion mit Produktinformationen (ähnlich der heutigen Zeichnung). Im nativen CAD-Modell und bei der Visualisierung des Ersatzformats.
- Bereitstellung der 3D-Informationen lokal auf Lesegerät inkl. der Produktdokumentation und Sicherstellung des weltweiten Zugriffs.
- Qualifizierungsmaßnahmen: Das Unternehmen muss ausreichend Ressourcen einplanen, um seine Mitarbeiter auf den neuen Prozess entsprechend zu Qualifizieren.

Anforderungen an die Ersatzformatgenerierung

Ersatzformate tragen zur Effektivität des Prozesses 3D-Master bei. Wie genau deren Beitrag ausschaut, wird noch im Kapitel 4 dieses Buchs beschrieben. Folgende Anforderungen werden an das Ersatzformat gestellt:

- Allgemein muss der Vorsatz gelten, einen Gleichstand zwischen den nativen Format und dem Ersatzformat hinsichtlich der Visualisierung zu erreichen.
- Sowohl Captures als auch Anmerkungsebenen müssen in das Ersatzformat übertragen werden. Speziell für Anmerkungsbenden müssen folgende Typen unterstützt werden: Front View, Section View, Section Cut, Offset Section View\Cut, Alligned Section View Section\Cut.
- Ein Section Cut/Clipping darf nur bei den Anmerkungsebenen erzeugt werden, die ein solches Clipping auch im nativen Format aufweisen.
- Eine Sonderregelung für das Verhalten Captures innerhalb eines PDP-Parts muss geschaffen werden.
- Unterstützung der beiden Szenetypen „Partial" und „Full"

- Die Position der Instanzen von der Darstellung innerhalb eines Scene (s. Kapitel 2.10) in das Ersatzformat übernehmen.
- DMU Reviews im Ersatzformat übertragen. Speziell für das Ersatzformat JT die DMU Review **Initial** im Ersatzformat mit dem durch *JtActiveModelView* gegebenen Namen übertragen und als ACTIVELAYERFILTER markieren
- Unterstützung für die Speicherung der Szenen im *DMU Review Folder*
- 2D-Marker Features vom nativen Format in das Ersatzformat übertragen.. Dabei die Texteigenschaft *Monospace Font* unterstützen sowie die Features Text, Pfeil, Kreis, Linie, Freihandlinie und Rechteck (s. Kapitel 2.10).

Erweiterungen am PDM-System

Projektidentifikation: Bauteile, die gemäß den Vorgaben des Prozesses 3D-Master konzipiert wurden, müssen im PDM System als solche eindeutig zu erkennen sein

- Das PDP-Part muss als nicht stücklistenrelevant gekennzeichnet werden. Der Anwender kann diesbezüglich an der Instanz des PDP-Parts das Flag *Visualize in the Bill Of Material* entfernen. Dadurch wird vermieden, dass CATIA-interne Applikationen eine falsche Stückliste ableiten.
- Ausleitung von Ersatzformaten für alle CA-Dokumente die Teil des Freigabeprozesses sind. Dies gilt für Einzelteile sowie für Baugruppen.
- Prüfprofile anpassen: Das PDP-Part muss als solches eindeutig zu identifizieren sein. Dies erfolgt über einen entsprechenden Eintrag in den Dokumenteigenschaften des CA-Dokuments (z. B. PDP_Part_Version_1.0). Der Eintrag muss von der Prüfapplikation erkannt werden, um das PDP-Part als solches zu identifizieren. Ein entsprechendes Profil muss daher für das PDP-Part aufgebaut werden. Für die Produktbeschreibung gilt allgemein dass keine Anmerkungen (FAT-Features) vom Typ „Invalid Component" zulässig sind. Die Anforderung gilt sowohl für CATParts als auch für CATProducts.

Erzeugung von PMIs in 3D

2

Als PMIs werden alle produkt- und fertigungsrelevanten Informationen bezeichnet, die zur Beschreibung eines Bauteils erforderlich sind. Dieses Kapitel führt Sie stufenweise durch die Erzeugung dieser Informationen in 3D.

2.1 Grundlagen der dreidimensionalen Produktbeschreibung

Wie bereits im ersten Kapitel ausführlich beschrieben wurde, stellt der dreidimensionale Datensatz im Prozess 3D-Master den single point of truth dar. Mit dieser Eigenschaft nun ausgestattet, wird der Datensatz somit auch für die technische Produktdokumentation und Kommunikation innerhalb der Unternehmen verwendet.

- *„Was bedeutet dies aber in der Praxis?"*
- *„Wie können alle Informationen, die nach heutigem Stand Bestandteil einer herkömmlichen Technischen Dokumentation (Zeichnung) sind, zukünftig im 3D-Modell abgelegt werden?"*

Diese und viele weitere Fragen werden wir in diesem Kapitel auf den Grund gehen. Dabei wird zum einen Ihr Grundwissen aufgefrischt hinsichtlich der Technischen Produktbeschreibung eines Bauteils und der Informationen die dazu erforderlich sind und zugleich das notwendige Know-How vermittelt, damit Sie diese Informationen zukünftig im 3D-Datensatz erstellen können.

Für die Erstellung dieser produktbeschreibenden Informationen in 3D wird sich unser Fokus auf die CATIA Workbench **Functional Tolerancing & Annotations (FTA)** richten, die von Dassault-Systèmes eigens für den Zweck der dreidimensionalen Produktbeschreibung konzipiert wurde. Für spezielle baugruppenspezifische Informationen werden wir dann auch einen Abstecher auf die Workbench **DMU-Navigator** unternehmen. Die wichtigsten Funktionen dieser beiden Workbenches werden in den einzelnen Abschnitten dieses Kapitels beschrieben und anhand von ausgewählten Beispielen aus der Automobilindustrie im Detail erläutert. Mit diesen Beispielen soll vor allem demonstriert werden, dass alle

Informationen die bis dato auf einer technischen Zeichnung abgelegt werden, auch in 3D dargestellt werden können. Zudem werden Funktionen gezeigt, bei denen der Gesamtaufwand bei der technischen Produktbeschreibung im Vergleich zur herkömmlichen Zeichnungserstellung deutlich verringert wird. Zusätzlich werden im Laufe dieses Kapitels die methodischen Grundlagen vermittelt, um Informationen im 3D Modell in einer Art und Weise abzulegen, die es Folgeprozessen ermöglicht darauf zuzugreifen. Wir sprechen dabei davon, Informationen maschinenlesbar im Datenmodell abzulegen.

Das Kapitel enthält zudem mehrere Abbildungen, die lediglich als Illustration und zum besseren Verständnis der im Text beschriebenen Methoden und Verfahren dienen. In einigen Fällen sind die Bilder entsprechend detailliert, um bestimmte Merkmale hervorzuheben, in anderen Fällen sind nur Teilaspekte abgebildet, um ein bestimmtes Konzept oder einen Teilbereich davon zu veranschaulichen. Jeder einzelne Abschnitt dieses Kapitels ist dabei so aufgebaut, dass zu Beginn die Anforderung vorgestellt wird, die an die dreidimensionale Produktbeschreibung (**3D-MASTER**) gerichtet wurde, gefolgt von der jeweiligen Methode zu deren Umsetzung.

2.1.1 Produktbeschreibende Informationen

Um zu gewährleisten, dass der dreidimensionale Datensatz für die Produktbeschreibung eines Bauteils und für die technische Kommunikation zwischen den einzelnen Bereichen eines Unternehmens verwendet werden kann, muss dieser, zusätzlich zur Geometrie, auch mit den notwendigen Inhalten und Informationen ergänzt werden, die Auskunft über die Funktionalität des Bauteils, seiner Eigenschaften und/oder Qualität wiedergeben. Die dazu notwendigen Informationen werden in folgende Bereiche aufgeteilt:

- **Maßinformationen** oder Maßeinträge, die unter Berücksichtigung vorhandener Bemaßungsregeln dazu verwendet werden, das Bauteil in seinen Abmessungen zu definieren. Dazu gehören Parallelbemaßungen, steigende Bemaßungen, Koordinatenbemaßungen etc.
- **Toleranzangaben** wie *Längen- und Winkelmaßtoleranzen* und allgemeine Angaben zur *Form- und Lagetolerierung*, die benötigt werden, um die Funktion und die Austauschbarkeit von Bauteilen und Baugruppen zu sichern
- **Technologie\-Qualitätsinformationen**
  Dazu gehören Angaben, die das technische Sachverhalten des Bauteils verdeutlichen sollen:
  - *Textinformationen* für die Funktionsbeschreibung von Features und/oder Geometrieelementen (z. B. Lochkennzeichnung), für Werkstoffangaben Angaben zur Oberflächenbeschaffenheit, für Fertigungsrelevante Hinweise und Montageinformationen
  - *Grafische Darstellungen* zur Abgrenzung bestimmter Bereiche eines Bauteils, für die ganz bestimmte Eigenschaften und Bedingungen gelten
  - *2D-Komponenten* für die Darstellung von Schaubildern, Schaltplänen oder Diagrammen

- *Baugruppenspezifische Darstellungen,* die ein besseres Verständnis für das Zusammenwirken der Einzelteile innerhalb einer Baugruppe vermitteln, z. B. Explosionsdarstellungen, Darstellung von Entwicklungsstufen etc.

2.1.2 DIN ISO 16792

Die Internationale Norm DIN ISO 16792 „Technische Produktdokumentation Verfahren für digitale Produktdefinitionsdaten“ wurde vom ISO/TC 10 „Technical product documentation“ unter wesentlicher Beteiligung deutscher Fachleute erarbeitet. Diese internationale Norm legt Anforderungen fest für die Erstellung, die Änderung und die Präsentation digitaler produktdefinierender Daten. Sie unterstützt zwei Anwendungsarten: Nur-Modell und Modell und Zeichnung in digitalem Format.

*Die Anwendungsart Nur-Modell wurde als Grundlage für die Ausarbeitung des Prozesses **3D-Master** genommen. Die Norm wird daher in im Laufe dieses Kapitels noch öfter zitiert.*

2.1.3 Begriffsdefinition

Beginnen wir jedoch zunächst mit der Erläuterung der wichtigsten Begriffe, mit denen Sie in diesem Kapitel noch öfter konfrontiert werden.

FTA Features

Die Workbench Functional Tolerancing & Annotations (FTA) ermöglicht das Erstellen und das Verwalten von Toleranzen und Anmerkungen (Annotationen) direkt im 3D-Modell. Als FTA-Feature werden alle Merkmale bezeichnet, die mit Workbench Functional Tolerancing & Annotations erzeugt und verwaltet werden.

Wireframe Features

Die Bezeichnung Wireframe Feature wird im Laufe dieses Kapitels noch oft verwendet, zum einem in Bezug auf die Erstellung von Hilfsgeometrie, die den Konstrukteur bei der Produktbeschreibung unterstützen soll und für graphische Darstellungen. Die Bezeichnung bezieht sich hierbei auf jedes der folgenden geometrischen Merkmale.

Feature	Bezeichnung	Feature	Bezeichnung
	Text		Datum Elements
	Flag Note		Datum Targets
	Dimensions		Geometrical Tolerance
	Note Object Attribute		Roughness
	Restricted Area		Constructed Geometry Creation
	Anmerkungsebene		Capture

Bild 2-1: Übersicht über die FTA-Objekte

Feature	Bezeichnung	Feature	Bezeichnung
	Sketch		AchsenSystem
	Positioned Sketch		Ebene
	Linie		Punkt
	Achse erzeugen		Wiederholung der Punkt- und Ebenenerzeugung
	Polylinie		Extremwertelemente
	Projektion		Elemente mit polaren Extremwerten
	Kombinieren		Kreis
	Reflexionslinie		Ecke
	Silhouette		Verbindungsmodus
	Verschneidung		Kegelschnitt
	Parallele Kurve		Spirale
	3D-Kurvenoffset		Leitkurve
	Spline		Contour
	Helix		Isoparametrische Kurve

Bild 2-2: Übersicht über Wireframe-Elemente in CATIA

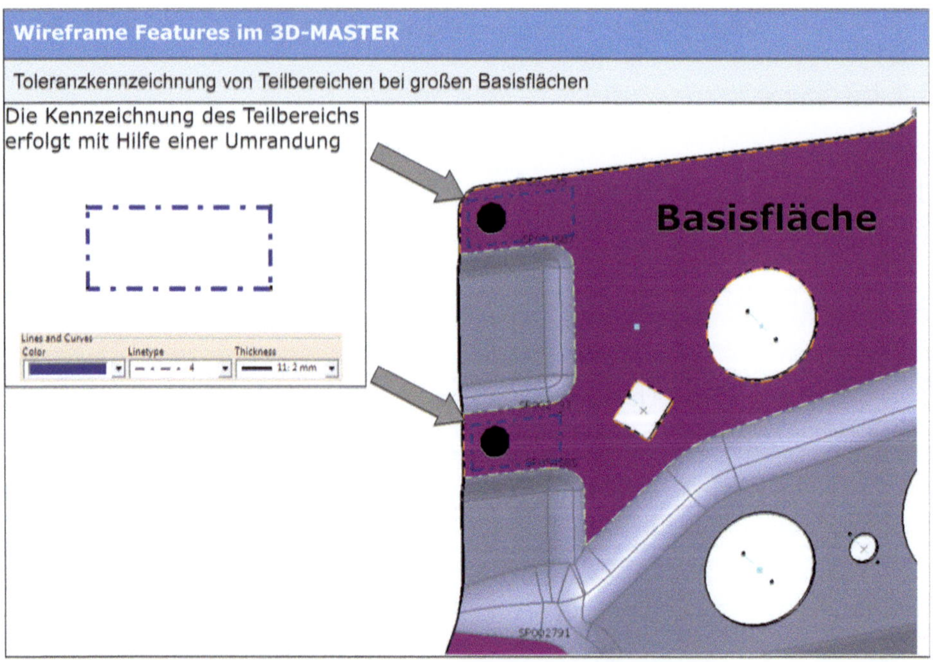

Bild 2-3: Wireframe-Elemente in der Anwendung als Toleranzkennzeichnung

Bei der Anwendung dieser Features wurde darauf geachtet, dass die Anforderung der Norm DIN ISO 16792 diesbezüglich eingehalten wird. Diese besagt, dass falls Hilfsgeometrie verwendet wird, ein klarer Unterschied zwischen der Hilfsgeometrie und der Konstruktionsmodellgeometrie bestehen muss. Ein Beispiel für die Anwendung von Wireframe Features im Prozess 3D-Master wird in Bild 2-2 dargestellt.

Anmerkungen

Bei Anmerkungen handelt es sich um genau die Elemente, die im 3D-Modell abgelegt werden müssen, um dieses in seinen Abmessungen zu definieren, textuell anzureichern und generell um die Produktbeschreibung des Bauteils zu ermöglichen. Eine Anmerkung wird gemäß der Ausrichtung der 3D-Ansicht (Anmerkungsebene) angezeigt in der diese abgelegt wurde. Bei der Erzeugung wird diese immer mit der gerade aktiven 3D-Ansicht verknüpft. Wenn die momentan aktive 3D-Ansicht nicht für die Erzeugung der Anmerkung geeignet ist, wird der Anwender durch eine entsprechende Fehlermeldung darauf hingewiesen.

2.1.4 Die Datenmodelle und die Bedeutung der Anmerkungssets

Ähnlich wie bei der herkömmlichen Zeichnungserstellung, unterscheiden wir im Prozess **3D-Master** auch zwischen einer Einzelteil- und einer Zusammenbaubeschreibung. Bei **3D-Master** sprechen wir jedoch von der Produktbeschreibung des Datenmodells **Einzelteil** und die des Datenmodells **Baugruppe**. Je nachdem, im welchem Datenmodell die Beschreibung stattfindet, passt sich die dazu benötigte Methode an. Jede Methode weist dabei ihre eigenen Besonderheiten auf, da jedes Datenmodell auch spezielle Anforderungen an die Produktbeschreibung stellt. Beim Anmerkungsset (Annotation Set) handelt es sich genau um eine dieser Besonderheiten. Ein Anmerkungsset wird von der Workbench Functional Tolerancing & Annotations für die Ablage aller produktbeschreibenden Informationen (Anmerkungen) verwendet. Zwei Typen von Anmerkungssets werden dem Konstrukteur zur Verfügung gestellt:

- Annotation Set
- Assembly Annotation Set.

Welches dieser Sets nun verwendet wird, ist abhängig von der Art der Bauteilbeschreibung.

Einzelteilbeschreibung

Bei der Einzelteilbeschreibung muss das Bauteil klar und eindeutig dargestellt werden, mit vollständiger Bemaßung, inklusive der einzuhaltenden Toleranzen, den Werkstoffen, den Oberflächenangaben und prinzipiell aller Informationen die zur Herstellung oder Fertigbearbeitung des Werkstückes notwendig sind.

Im Datenmodell wird für die Produktbeschreibung ein Anmerkungsset vom Typ Annotation Set abgelegt. Dieses befindet sich innerhalb des zu beschreibenden Einzelteils (CATPart) und dient zur Ablage aller FTA-Features, die zur Vervollständigung der Produktbeschreibung benötigt werden. Diese Features beziehen sich dabei ausschließlich auf Geometerie- und/oder Wireframeelemente innerhalb des gleichen CATParts.

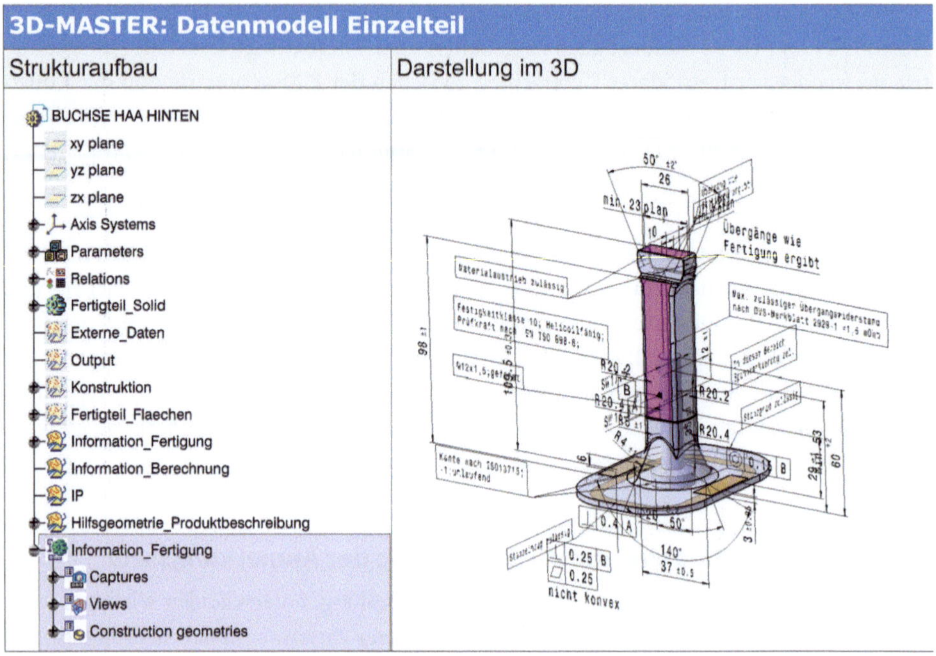

Bild 2-4: Darstellung Datenmodell Einzelteil

Baugruppenbeschreibung

Bei der Beschreibung von Baugruppen gelten die gleichen allgemeinen Vorgaben wie bei der Einzelteilbeschreibung. Jedoch sollte hier folgende Grundsatzregel beachtet werden:

„Eine Baugruppenbeschreibung ergibt sich nicht aus der Ansammlung der Beschreibungen der Einzelteile, die die Baugruppe definieren".

Das Bauteil, in dem Fall die Baugruppe, muss klar und eindeutig dargestellt werden, mit vollständiger Bemaßung (aus Sicht des Zusammenbaus), inklusive der einzuhaltenden Toleranzen etc.

Im Datenmodell der Baugruppe gibt es zwei Möglichkeiten die Informationen bzw. Anmerkungen abzulegen:

1. Das *Annotation Set* befindet sich auf Baugruppenebene und dient zur Ablage aller Features, die mit der FTA-Workbench erzeugt und zur Vervollständigung der Produktbeschreibung von **Baugruppen** benötigt werden. Die FTA-Features refenzieren hierbei auf Geometerie- und/oder Wireframeelemente der Instanzen des CATProducts.

ACHTUNG:

Bei der Verwendung eines Anmerkungssets auf Produktebene müssen jedoch folgende Aspekte bzw. Auswirkungen am Datenmodell mit berücksichtigt werden:

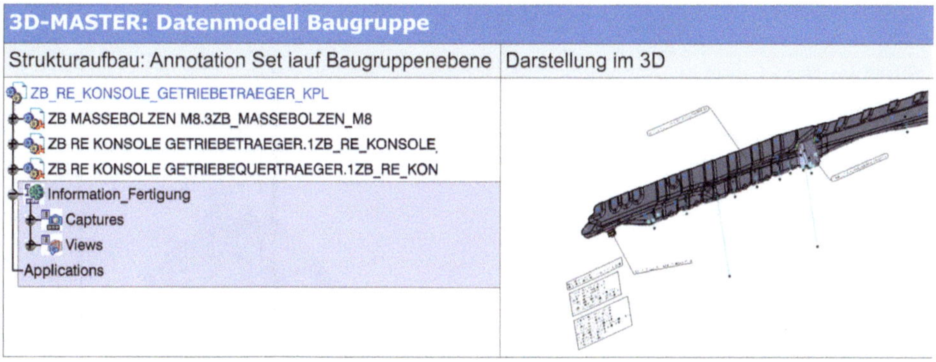

Bild 2-5: Darstellung Datenmodell Baugruppe mit Annotation Set auf Baugruppenebene

- Bei der Erstellung von Anmerkungen wird in der Regel eine Assoziativität und somit eine aktive Verknüpfung zu den selektierten Elementen (Geometrie) aufgebaut.
- Wenn mit aktivem Cachesystem gearbeitet wird, werden die Dokumente im Darstellungsmodus (Visualization Mode) geladen. Bei den geladenen Dokumenten handelt es dann um CGR-Dateien.
- Die Verknüpfung der Anmerkungen wird nur aktiviert, wenn zuvor die enstprechenden Instanzen im Entwurfsmodus (Design Mode) geladen werden. Bevor dies nicht passiert, erhalten die Annotations ein rotes Fragezeichen im Stukturbaum und werden farblich rot markiert.
- Die gesamte Produktstruktur muss im Design Mode geladen werden, um die Assoziativität zur Geometrie sicherzustellen.
- Der Träger der FTA-Features und somit der produktbeschreibenden Information ist das CATProduct selbst.

2. Für die Ablage der Informationen wird ein separates Part verwendet mit der Bezeichnung PDP-CATPart (**P**roduct**D**efinition**P**art). Dieses beinhaltet ein Anmerkungsset vom Typ Assembly Annotation Set , das wiederum als Ablage aller Features dienen soll, die mit der FTA-Workbench erzeugt und zur Vervollständigung der Produktbeschreibung von **Baugruppen** benötigt werden. Die FTA-Features refenzieren hierbei auf Geometerie- und/oder Wireframeelemente von übergeordneten Instanzen oder auf Geometerie- und/oder Wireframeelemente des PDP-CATParts.

ACHTUNG:

Bei der Verwendung eines PDP-CATParts müssen folgende Punkte beachtet werden:

- Die Produktbeschreibung der Baugruppe findet im PDP-CATPart statt. Bei der Erzeugung der Anmerkungen wird die Assoziativität zur Geometrie über **Import links** aufgebaut. Diese werden automatisch vom System erstellt und im Geometrical Set *External References* abgelegt.
- Das PDP-CATPart muss in der Struktur auf oberster Ebene abgelegt werden.

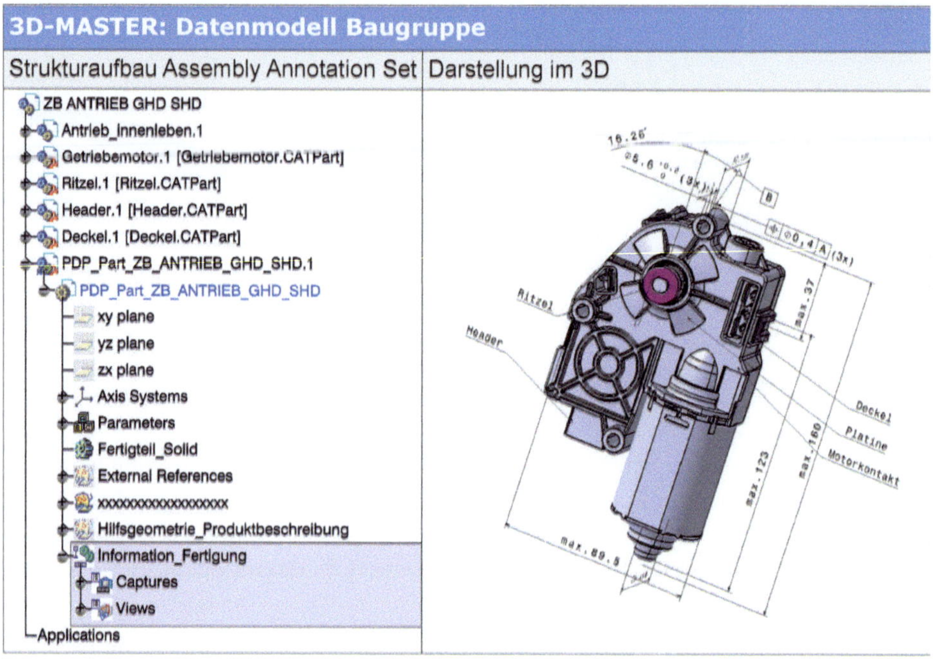

Bild 2-6: Darstellung Datenmodell Baugruppe mit Annotation Set im PDP Part

Die Vorgehensweise, die bei der Erstellung von Anmerkungen angewandt werden muss, ist für alle Anmerkungssets identisch. In den folgenden Abschnitten wird daher öfter zwischen den unterschiedlichen Typen der Anmerkungssets gewechselt, um genau diese „Gleichheit" darzustellen.

2.1.5 Maschinenlesbare Information in 3D

Bevor wir mit der Definition des Begriffs maschinenlesbare Information in 3D und dessen allgemeine Bedeutung für den Prozess **3D-Master** fortfahren, beginnen wir zunächst mit der Erläuterung des Grundbegriffs **maschinenlesbar**:

*„Als **maschinenlesbar** werden Schriften bezeichnet, wenn sie speziell darauf ausgelegt wurden, auch für Maschinen lesbar zu sein, anstatt nur für Menschen."*

Um die Bedeutung der maschinenlesbaren Information für den Prozess **3D-Master** zu verdeutlichen, kann ein Vergleich mit einem herkömmlichen Zeichnungsdokument im Sinne der Auswertung des Inhalts helfen. Informationen, die nach heutigem Stand in technischen Zeichnungen abgelegt werden, können nur visuell ausgewertet werden. Dies bedeutet, der Anwender muss sich die Zeichnung „anschauen", um zur Information zu gelangen. Wenn aber Informationen in einer ganz bestimmten Art und Weise im Modell abgelegt werden, wie in diesem Kapitel noch vorgestellt wird, können diese Informationen programmiertechnisch ausgelesen und ausgewertet werden. Folgeprozesse zum Beispiel, die früher auf die Darstellungen innerhalb einer Zeichnung angewiesen waren, werden nunmehr in die Lage versetzt, für Bauteile die gemäß den Vorgaben von **3D-Master** konzipiert wurden, ihre eigenen Prozesse direkt aus dem dreidimensionalen Datensatz zu bedienen.

Im folgenden Abschnitt wird anhand eines Beispiels das Prinzip der maschinenlesbaren Information noch stärker verdeutlicht.

2.1.6 Programmierbeispiel für maschinenlesbare Informationen

Bevor wir mit dem Programmierbeispiel beginnen, wird zunächst einmal anhand eines einfachen Beispiels demonstriert, wie Informationen maschinenlesbar im 3D Modell abgelegt werden. Dieses wird auch in der folgenden Abbildung dargestellt. Hierbei handelt es sich um eine Textanmerkung, die dazu verwendet wurde, um Löcher zu kennzeichnen. Die Lochkennzeichnung wurde dabei anhand einer festen, vordefinierten Nomenklatur in 3D abgelegt.

Das **Semikolon** (;) wurde hierbei als Trennzeichen für Gruppen von Informationen verwendet werden und das **Komma** (,) als Trennzeichen für eine Aufzählung.

Auswertung

Schauen wir uns nun an wie Informationen, die vom Konstrukteur maschinenlesbar im Modell abgelegt wurden, auch wieder ausgelesen werden. Dies wird anhand eines

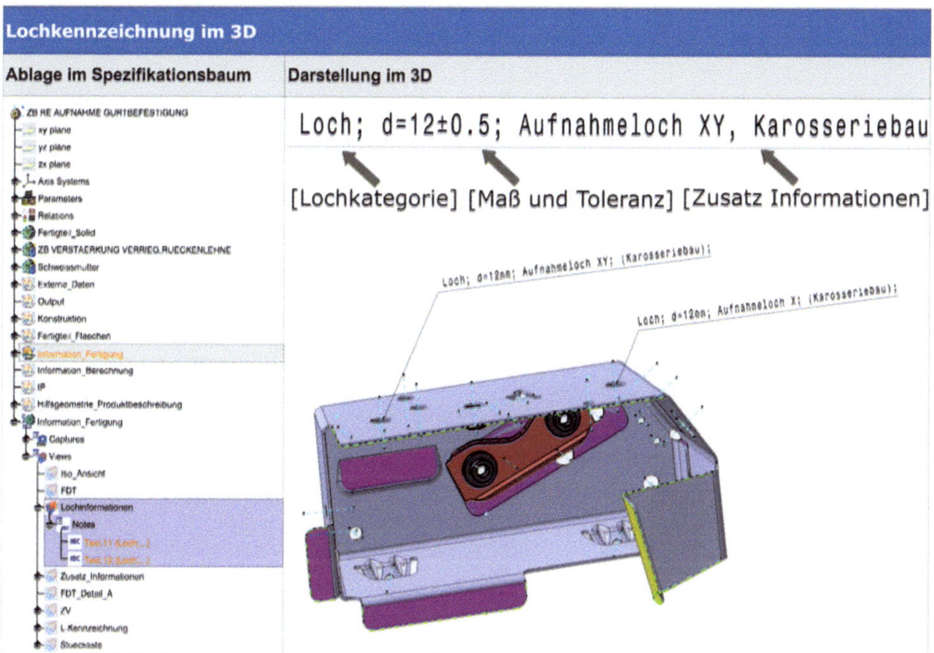

Bild 2-7: Darstellung von maschinenlesbarer Information „Lochkennzeichnung“

CATVBA-Programms demonstriert. Auf die Auswertung der Daten nach dem Auslesen wurde bewusst verzichtet, da es den Rahmen dieses Buchs sprengen würde.

Zuerst legen wir das Format des Zugriffes im XML-Dokument fest. Dazu unterscheiden wir zwischen zwei Themen, „Text“ und „Dimension“. Den Grund für die Unterscheidung bietet uns CATIA selbst, da wir zwei Objekte haben, auf die unterschiedlich zugegriffen werden muss. Das Objekt „Text“ nennen wir im XML <Texts>, und die Dimensions werden <Dimensions> genannt.

```
<?xml version="1.0" encoding="utf-8"?>
<Annotations>
  <Texts>
  </Texts>
  <Dimensions>
  </Dimensions>
</Annotations>
```

Textinformationen werden im Prozess 3D-Master in Themengebiete unterschieden, z. B. Lochinformationen, Beschnitttoleranzen etc.

Diesen verschiedenen Themengebieten widmen wir im XML eigene Unterknoten. Im Beispiel haben wir das Thema Lochinformation als <Hole> abgelegt. Um jetzt auch Löcher in den vielen Texten innerhalb eines CATParts zu finden, müssen wir einer Suchroutine die Typen verständlich machen. Wir verwenden dazu den Knoten <Search> und füllen ihn mit den Lochtypen (Rundloch, Rechteckloch, Kragenloch) auf.

```
  <Texts>
    <Hole>
      <Search>
        <Type>Rundloch</Type>
        <Type>Rechteckloch</Type>
        <Type>Kragenloch</Type>
      </Search>
      <Lochstring>
        <Element>Type</Element>
        <Element>Abmass</Element>
        <Element>Verwendung</Element>
      </Lochstring>
    </Hole>
  </Texts>
```

Um jetzt den Textaufbau zu verstehen, benötigen wir noch das Muster. Dies legen wir im Knoten <Lochstring> ab. Nacheinander werden die Gruppeninformationen unter den

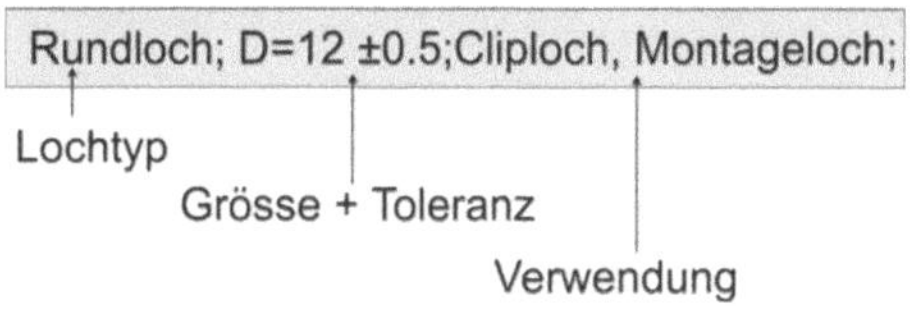

Kindknoten <Element> aufgeführt. Im Beispiel des „Lochstrings" sind das der Lochtyp, die Größe und die Verwendung.
Diesen Aufbau kann man jetzt für alle Themengebiete wiederholen.

Für die zweite Struktur der Dimensions sieht das XML folgendermaßen aus. Wir haben

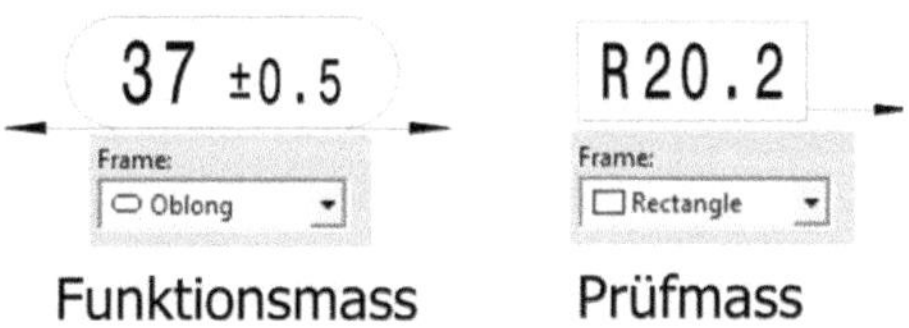

dazu zwei Arten von Maßen verwendet, das Funktionsmaß und das Prüfmaß. Die Unterscheidung zwischen beiden Varianten ist die Rahmenform des Texteintrages.
Das Attribut des Frames kann man mit Hilfe der Programmierung auslesen. Dazu tragen wir den Wert <Value> für das Attribut als ganze Zahl ein. Bei OBLONG ist das der Wert 6 und beim RECHTECK der Wert 5. Näheres dazu kann man im Programmierhandbuch von CATIA erfahren.

```
<Dimensions>
    <Pruefmass>
      <Frame>Oblong</Frame>
      <Value>6</Value>
    </Pruefmass>
    <Funktionsmass>
      <Frame>Rectangle</Frame>
      <Value>5</Value>
    </Funktionsmass>
</Dimensions>
```

Das gesamte XML sieht folgendermaßen aus:

```
<?xml version="1.0" encoding="utf-8"?>
<Annotations>
  <Texts>
    <Hole>
      <Search>
        <Type>Rundloch</Type>
        <Type>Rechteckloch</Type>
        <Type>Kragenloch</Type>
      </Search>
      <Lochstring>
        <Element>Type</Element>
        <Element>Abmass</Element>
        <Element>Verwendung</Element>
      </Lochstring>
    </Hole>
  </Texts>
  <Dimensions>
    <Pruefmass>
      <Frame>Oblong</Frame>
      <Value>6</Value>
    </Pruefmass>
    <Funktionsmass>
      <Frame>Rectangle</Frame>
      <Value>5</Value>
    </Funktionsmass>
  </Dimensions>
</Annotations>
```

Beginnen wir jetzt mit dem Auslesen der Information aus der XML-Datei. Dazu benötigen wir erstmals eine Klasse in VBA. Diese nennen wir „clsAnnotation“.
Folgende globalen Variablen müssen wir jetzt definieren:

```
/* Globale Variablen   */
Private oPart As Part
Private oAnnotationSet As AnnotationSet
Private oAnnotations As Annotations
Private sCurrentDirectory As String
Private xmlDoc As New DOMDocument
Private xmlRoot As IXMLDOMNode
```

Um mit der Klasse arbeiten zu können, brauchen wir zunächst die Funktionen "Initialize" und "Terminate". Beim Initialisieren holen wir uns zunächst vom CATIA das „Annotation Set" und die gesamten „Annotations". Parallel dazu lesen wir sofort die XML-Datei aus und setzen auf den ersten Knoten unsere Zugriffsvariable „xmlRoot" darauf. Das aktuelle Verzeichnis des VBA Scripts wird mit Hilfe der Funktion „GetVBAPath" ermittelt. Diese findet man im Anhang.

```
Private Sub Class_Initialize()
On Error GoTo Fehler
 Set oPart = CATIA.ActiveDocument.Part
 Set oAnnotationSet = oPart.AnnotationSets.Item(1)
 Set oAnnotations = oAnnotationSet.Annotations
 sCurrentDirectory = GetVBAPath
 If sCurrentDirectory <> "" Then
   If Not xmlDoc.Load(sCurrentDirectory + "\MaschinenLesbar.xml")
Then
     Call MsgBox("XML LOAD ERROR")
     Class_Terminate
   Else
    Set xmlRoot = xmlDoc.childNodes(1)
   End If
 End If
 Exit Sub
Fehler:
 Call MsgBox(Err.Description)
End Sub
```

Die Funktion „Terminate" bereinigt die globalen Variablen und die Klasse.

```
Private Sub Class_Terminate()
 Set oPart = Nothing
 Set oAnnotationSet = Nothing
 Set xmlDoc = Nothing
End Sub
```

Eine weitere benötigte Standardfunktion ist die Funktion „SplitString". Mit dieser wird ein beliebiger Text nach einem bestimmten Trennzeichen aufgebrochen. In unserem Fall sind die Texte mit einem Semikolon „;" aufgeteilt. Da wir die Funktion universell einsetzen wollen, hat sie neben dem eigentlichen String noch ein optionales Argument, um auf einen bestimmten Teilstring zugreifen zu können. Kurz gesagt ruft man die Funktion ohne Argument auf, so bekommt man ein Array der übergebenen Zeichenkette zurück, ansonsten den erwarteten Teilstring.

```
Function SplitString(ByVal sText As String, Optional ByVal iNumber As
                    Integer) As Variant
Dim sSplit() As String
On Error GoTo Fehler
 sSplit = Split(sText, ";")
 If IsMissing(iNumber) = True Then
  SplitString = sSplit
 Else
  iNumber = iNumber - 1
  If iNumber >= 0 And iNumber <= UBound(sSplit) Then
   SplitString = sSplit(iNumber)
  Else
   SplitString = ""
  End If
 End If
 Exit Function
Fehler:
 SplitString = ""
End Function
```

Aufruf:
sReturn = SplitString(„Rundloch; D=12±0.5; Cliploch,Montageloch“,1)

Ergebnis:
sReturn = “Rundloch”

Aufruf:
sReturn = SplitString(„Rundloch; D=12±0.5; Cliploch, Montageloch“)

Ergebnis:
sReturn(0) = “Rundloch”
sReturn(1) = “D=90”
sReturn(2) = “Clipsloch, Montageloch”

Die erste Aufgabe, die wir jetzt angehen werden, ist alle Löcher in einem CATPart zu finden. Wie schon vorher erwähnt, haben wir im XML drei Lochtypen eingetragen. Diese müssen jetzt ausgelesen und einer Suchroutine übergeben werden.
Dazu verwenden wir folgende Funktion.

```
Public Function GetHoleTypesXML() As String
Dim oNodeList As IXMLDOMNodeList
Dim i As Integer
Dim sHoleType As String
On Error GoTo Fehler
  sHoleType = ""
  Set oNodeList = xmlRoot.selectNodes("//Texts/Hole/Search/Type")
   For i = 0 To oNodeList.Length - 1
    sHoleType = sHoleType + oNodeList.Item(i).Text
   Next
  GetHoleTypesXML = sHoleType
  Exit Function
Fehler:
  GetHoleTypesXML = ""
End Function
```

In der Routine wird der Knoten „//Texts/Hole/Search/Type“ gesucht und alle Typen der Reihe werden aufgesammelt. Diese werden zu einem Gesamtstring verbunden. Der String sieht dann folgendermaßen aus:

„RundlochRechtecklochKragenloch“

Die nächste Frage, die sich stellt, ist: wie finde ich eigentlich die Texte im CATPart. Dazu bedienen wir uns der Standardsuchfunktion von CATIA „Search“.

Wir verpacken diese Funktion in einem Aufruf, der uns alle „Texte“ als „Collection“ zurückgibt.

```
Private Function GetTextAnnotations() As Collection
Dim osel As Selection
Dim oColl As New Collection
Dim i As Integer
On Error GoTo Fehler
 Set osel = CATIA.ActiveDocument.Selection
 osel.Clear
 Call osel.Search("'Functional Tolerancing & Annotations'.Text;all")
 For i = 1 To osel.Count2
  Call oColl.Add(osel.Item2(i).Value)
 Next i
 Call osel.Clear
```

```
  If oColl.Count > 0 Then
   Set GetTextAnnotations = oColl
  Else
   Set oColl = Nothing
  End If
  Exit Function
Fehler:
  Set GetTextAnnotations = Nothing
End Function
```

Wird mit der Suchfunktion nichts gefunden oder gibt es einen Fehler, kommt die Funktion mit einem „**Nothing**" zurück.

Nun müssen wir die beiden Funktionen „unter einen Hut" bringen. Damit man nicht verschiedene Routinen für das Suchen von Löchern oder Auswerten von Löchern hat, haben wir eine Funktion für beide Fragestellungen entwickelt.

Der Aufruf ist folgendermaßen, wenn man nach bestimmten Lochmerkmalen sucht:

```
Dim oColl As New Collection
Dim a As clsAnnotation
 Set a = New clsAnnotation
 If a.SearchLochInformationen(oColl, sType:="Rundloch") = True then
  If oColl.count > 0 then
   -> Mach was aus den Informationen
  End if
 End if
```

oder

```
If a.SearchLochInformationen(oColl, sVerwendung:="Clip") = True then
```

oder wenn man alle Löcher aus dem Modell auswerten will:

```
Dim oColl As New Collection
Dim a As clsAnnotation
 Set a = New clsAnnotation
 If a.SearchLochInformationen(oColl) = True then
  If oColl.count > 0 then
   -> Mach was aus den Informationen
  End if
 End if
```

Die aufgerufene Funktion hat folgenden Header:

```
Public  Function  SearchLochInformationen(ByRef  oCollection  As
                       Collection, Optional sType, Optional sAbmass ,
                   Optional sVerwendung) As Boolean
```

Man sieht, dass alle Merkmale „Optional" angegeben sind. Deshalb sind wir in der Lage, den Aufruf beliebig zu erweitern. Hier ein Beispiel für die ersten optionalen Argumente. Ist kein Argument angegeben, so werden alle Lochtypen aus dem XML gelesen und die Variable „bGlobalSearch" auf „TRUE" gesetzt, ansonsten auf „FALSE"

```
Public  Function  SearchLochInformationen(ByRef  oCollection  As
                        Collection, Optional sType, Optional sAbmass,
                   Optional sVerwendung) As Boolean
Dim oAnnotation As Annotation
Dim oDrawingDimension
Dim oColl As New Collection
Dim i As Integer, iNumber As Integer
Dim sText As String, sSearch As String
Dim bGlobalSearch As Boolean
On Error GoTo Fehler
    bGlobalSearch = False
  'Evaluate Arguments
  If IsMissing(sType) And IsMissing(sAbmass) And IsMising(sVerwendung)
    Then
    ' Lese alle Löcher aus XML und fasse sie zu einem String zusammen
    sSearch = GetHoleTypesXML
    iNumber = 1
    bGlobalSearch = True
   Else
    If IsMissing(sType) = False Then
     sSearch = sType
     iNumber = 1
    End If
    If IsMissing(sAbmass) = False Then
     sSearch = sAbmass
     iNumber = 2
    End If
    If IsMissing(sVerwendung) = False Then
     sSearch = sVerwendung
     iNumber = 3
    End If
   End If
```

Nach dem Auswerten der Argumente müssen alle Textelemente aus dem CATPart gelesen werden. Dazu verwenden wir die schon bekannte Funktion „GetTextAnnotations".

```
'Get all Textelements
  Set oColl = GetTextAnnotations
  'Setze Suchmethode
  If oColl Is Nothing = False Then
   For i = 1 To oColl.Count
    Set oAnnotation = oColl.Item(i)
    Set oDrawingDimension = oAnnotation.Text.Get2dAnnot
    sText = oDrawingDimension.Text
    'Search erfolgreich
```

Nach dem Einlesen durchlaufen wir die Collection „oColl" und holen uns von jedem Objekt den „Text" mit der Methode „Get2dAnnot". Je nachdem welches Merkmal gesucht wird, wird eine andere Auswertefunktion angewendet.

```
If bGlobalSearch = False Then
     ' wir suchen nach einen Merkmal
     If InStr(1, SplitString(sText, 1), sSearch) > 0 Then
      Call oCollection.Add(oAnnotation)
     End If
    Else
     ' wir suchen nach allen Löchern
     If InStr(1, sSearch, SplitString(sText, 1)) > 0 Then
      Call oCollection.Add(oAnnotation)
     End If
    End If
   Next
```

Wenn die Variable „bGlobalSearch" = FALSE, dann wird im ersten „InStr" Aufruf geprüft, ob im String „Rundloch; D=90; Clipsloch, Montageloch" an der ersten Stelle der Lochtyp „Rundloch" vorkommt.

Ist die Variable „bGlobalSearch" = TRUE, dann wird die zweite „Instr" Funktion aufgerufen und die Suche umgekehrt. Danach wird im globalen String „RundlochRechtecklochKragenloch" geprüft, ob der Teilstring 1 vom String „Rundloch; D = 90; Clipsloch, Montageloch" vorkommt.

Liefert die „Instr" Funktionen einen Treffer, so wird das Annotation-Objekt der „Collection" hinzugefügt.

```
    If oCollection.Count > 0 Then
     SearchLochInformationen = True
     Set oColl = Nothing
     Exit Function
    Else
     SearchLochInformationen = False
     Set oCollection = Nothing
     Set oColl = Nothing
     Exit Function
    End If
  Fehler:
   SearchLochInformationen = False
   Set oCollection = Nothing
   Set oColl = Nothing
  End Function
```

Am Ende der Funktion wird nur noch ermittelt, ob ein Eintrag in der Collection vorhanden ist und dementsprechend die Funktion „SearchLochInformationen“ mit einem Rückgabewert belegt.

Jetzt widmen wir uns noch dem Auslesen von „Dimensions“. Im vorherigen Absatz über die XML-Beschreibung lernten wir die Attribute von Dimensions kennen. Die Skizze soll nochmals den Umfang verdeutlichen, über den wir jetzt sprechen.

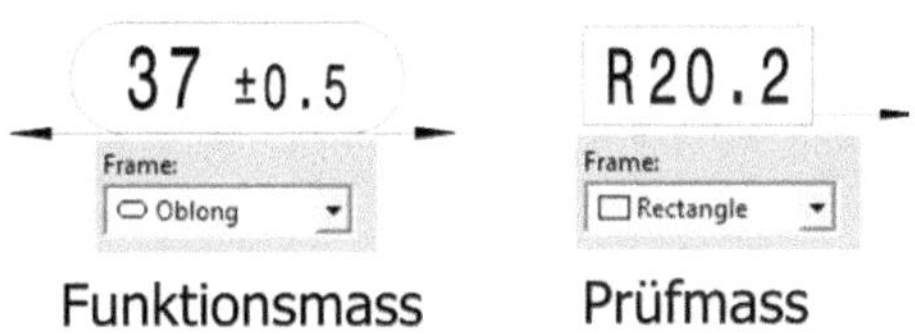

Als erstes lesen wir die Beschreibung eines z. B. Funktionsmaßes aus der XML-Datei. Dazu verwenden wir die Funktion: GetXMLDimension

```
Private Function GetXMLDimension(ByVal sType As String, ByRef oType As
                  Integer) As Boolean
Dim oNodeList As IXMLDOMNodeList
Dim i As Integer
On Error GoTo Fehler
 Set oNodeList = xmlRoot.selectNodes(„//Dimensions/“ + sType)
 If oNodeList.Length > 0 Then
  For i = 0 To oNodeList.Item(0).childNodes.Length - 1
   If oNodeList.Item(0).childNodes.Item(i).nodeName = „Value“ Then
```

```
      GetXMLDimension = CInt(oNodeList.Item(0).childNodes.Item(i).Text)
      GetXMLDimension = True
      Exit Function
     End If
   Next
  End If
 Fehler:
 GetXMLDimension = False
 End Function
```

Dieser Funktion übergeben wir den String des auszulesenden Attributes z. B. „Pruefmass“. Mit dem Aufruf „xmlRoot.SelectNodes(„//Dimensions/“ + sType)“ wird der dazu gehörige „Value“ aus dem XML gelesen.

```
<Pruefmass>
  <Frame>Oblong</Frame>
  <Value>6</Value>
</Pruefmass>
```

Um jetzt die Dimensions mit den Attributen zu finden, bedienen wir uns folgender Funktion: Im ersten Schritt werden alle Dimensions mit der Routine „GetDimensions“ abgeholt und dann wird das „ValueFrame“-Attribut der Dimension mit dem übergebenen Attribut „sType“ verglichen.

```
Private Function SearchAttributesInDimensions(ByRef oCollection As
                Collection, Optional sType) As Boolean
Dim oAnnotation As Annotation
Dim oDrawingDimension
Dim oColl As New Collection
Dim i As Integer
On Error GoTo Fehler
Set oColl = GetDimensions
If oColl Is Nothing = False Then
 For i = 1 To oColl.Count
  Set oAnnotation = oColl.Item(i)
  Set oDrawingDimension = oAnnotation.Dimension3D.Get2dAnnot
  If oDrawingDimension.ValueFrame = sType Then
   Call oCollection.Add(oAnnotation)
  End If
 Next
End If
```

Liefert die Funktion einen Treffer, so wird das „Dimension Object" der Collection hinzugefügt.

```
If oCollection.Count > 0 Then
 SearchAttributesInDimensions = True
 Set oColl = Nothing
 Exit Function
Else
 SearchAttributesInDimensions = False
 Set oCollection = Nothing
 Set oColl = Nothing
 Exit Function
End If
Fehler:
 SearchAttributesInDimensions = False
 Set oCollection = Nothing
 Set oColl = Nothing
End Function
```

Am Ende der Funktion wird nur noch ermittelt, ob ein Eintrag in der Collection vorhanden ist und dementsprechend die Funktion „SearchAttributesInDimensions" mit einem Rückgabewert belegt.

Innerhalb der Klasse definieren wir noch eine Funktion, um den Zugriff vom Modul aus zu vereinheitlichen.

```
Public Function SearchPruefDimension(ByRef oColl As Collection) As
Boolean
Dim oType As Integer
 If GetXMLDimension(szPruefMass, oType) = True Then
  If SearchAttributesInDimensions(oColl, oType) = True Then
   SearchPruefDimension = True
  Else
   SearchPruefDimension = False
  End If
 Else
  SearchPruefDimension = False
 End If
End Function
```

Der Aufruf der Klasse erfolgt wie bei den Texten aus einem Modul und kann folgendermaßen ausschauen:

```
Dim oColl As New Collection
Dim a As clsAnnotation
 Set a = New clsAnnotation
 If a.SearchPruefDimension(oColl) = True then
  If oColl.count > 0 then
   -> Mach was aus den Informationen
  End if
 End if
```

Dies war jetzt ein kleiner Ausflug in die Programmierung, um Sie mit einem Handwerkszeug auszurüsten, damit man auch die eingegebenen „maschinenlesbaren Informationen" außerhalb vom CATIA-Editor lesen und weiter verarbeiten kann.

2.2 Darstellung von Ansichten

Eine notwendig umzusetzende Anforderung in fast jedem technischen Dokument (besonders in einer technischen Zeichnung) besteht darin, die Geometrie des Bauteils klar und eindeutig bestimmen zu können. Um dieser Anforderung gerecht zu werden, wird die Geometrie in verschiedenen Ansichten und Schnitten dargestellt, die wiederum durch eine Reihe von vordefinierten Darstellungsmethoden, Konventionen und Normen erstellt werden. Die Ansichten sollen zudem als Träger von Informationen verwendet werden, die man zur Produktbeschreibung des Bauteils benötigt (z. B. Maßeinträge, Toleranzangaben). Dabei ist zu beachten, dass je komplexer das Bauteil, desto höher die Anzahl der notwendigen Ansichten zu dessen Beschreibung ist.

Um solche Ansichten nun zukünftig im 3D ablegen zu können, stellt die Workbench Functional Tolerancing & Annotations Anmerkungsebenen zur Verfügung. Diese dienen zugleich als Ablage für alle Anmerkungen, die der Konstrukteur für die Produktbeschreibung erstellen muss. Eine Anmerkungsebene ist mit anderen Worten, das 3D Äquivalent zur zweidimensionalen Ansicht einer Zeichnung. Um die Produktbeschreibung aber zu vervollständigen, werden zumeist mehrere Anmerkungsebenen von unterschiedlichen Typen und aus unterschiedlichen Blickrichtungen benötigt. Daher stellt die Workbench mehrere Funktionen zur Auswahl, die sämtlich über die Symbolleiste ***View*** aufrufbar sind.

Bevor wir jedoch mit der Beschreibung fortfahren, muss noch erwähnt werden, was laut DIN ISO 16792 hinsichtlich der Ablage von Ansichten im 3D-Datenmodell beachtet werden muss. Dort steht geschrieben, dass im Zuge der dreidimensionalen Produktbeschreibung und der Darstellung eines Bauteils, Ansichten im Datenmodell hinterlegt und gespeichert werden können. Dabei muss jedoch die Ansicht eine Kennung aufweisen, zu jedem Zeitpunkt aufrufbar sein und ein Koordinatensystem enthalten, das die Richtung der Ansicht im Verhältnis zum Bauteil kennzeichnet. Wie Sie noch im Laufe dieses Kapitels feststellen werden, wird der Prozess **3D-Master** diesen Vorgaben zu 100 % gerecht.

Im den folgenden Abschnitten werden nun die notwendigen Funktionen vorgestellt, um Ansichten bzw. Anmerkungsebenen in 3D zu erzeugen. Zugleich werden Sie mit den Besonderheiten der Ansichtserzeugung im dreidimensionalen Umfeld vertraut gemacht und Methoden werden vorgestellt, die Sie dabei unterstützen sollen, den Gesamtaufwand, den die technische Produktbeschreibung in Anspruch nimmt, so gering wie möglich zu halten.

2.2.1 Grundregeln bei der Erzeugung von Anmerkungsebenen

Anmerkungsebenen können isoliert sowie auch assoziativ zu einem Element im Modell abgelegt werden. Bei einem assoziativen Aufbau wird direkt bei der Erzeugung der Anmerkungsebene eine Verknüpfung zum ausgewählten Element hergestellt, das nun als Bezugselement für diese dient. Jede am Bezugselement vorgenommene Änderung wird somit in der Definition der Anmerkungsebene berücksichtigt. Wenn es nach einer Änderung am Bezugselement oder am Profil jedoch vorkommen sollte, dass Anmerkungen nicht mehr angezeigt werden können, bedeutet dies, dass diese Anmerkungen ihre Assoziativität mit der Anzeige verloren haben und dass deren Definition nicht mit der neuen Bezugsebene oder Profil konform ist.

Jede Anmerkungsebene hat ihr eigenes Achsensystem und ihren eigenen Ursprung. Diese werden bei der Erzeugung immer angezeigt, wobei als Ursprung der Ursprung des absoluten Achsensystems des Bauteils angenommen wird. Hier kommen wir nun zu einem sehr wichtigen Punkt, und zwar zur Ausrichtung der Anmerkungsebene. Bei der Erzeugung einer Anmerkungsebene ist die Ansichtsebene immer parallel zur Bezugsebene aufgebaut, jedoch werden deren X- und Y-Achse nicht unbedingt parallel zu den Kantenrichtungen des Bezugselements ausgerichtet. Um Ursprung sowie Ausrichtung der Anmerkungsebene steuern zu können, muss ein Referenzachsensystem verwendet werden, das der Konstrukteur nach Aufruf der Funktion, im Spezifikationsbaum auswählen muss. Als Ansichtsebene wird dabei immer die XY-Ebene des Referenzsachsensystems herangezogen, wobei die Z-Achse die Normale zur Ansicht ist. Über das steuern der einzelnen Parameter des Achsensystems, kann dann die Anmerkungsebene entsprechend verändert werden.

Es sollte außerdem erwähnt werden, dass bei Schnittanschichten der Schnitt nicht räumlich begrenzt werden kann. Dies bedeutet, dass sobald eine Schnittansicht bzw. eine Schnittebenenansicht aktiviert wird, der komplette Geometrieumfang der in diesem Moment in der Sitzung geladen ist, entlang der Bezugsebene begrenzt wird.

Wenn ein Anmerkungsset mehrere Anmerkungsebenen umfasst, kann eine Ebene entweder durch Doppelklick oder über den Befehl ***Activate View*** im Kontextmenü aktiviert werden. Die momentan aktive Anmerkungsebene wird im Spezifikationsbaum immer orangefarbig angezeigt. Alle Anmerkungen, die der Konstrukteur erzeugt, werden mit der momentan aktiven Anmerkungsebene verknüpft.

2.2.2 Einstellungen und Eigenschaften von Anmerkungsebenen

Bei der Darstellung von Anmerkungsebenen und der Ablage von Anmerkungen im Modell sollten folgende Punkte immer im Vordergrund bleiben:

- Übersichtlichkeit
- Effektivität
- Vermeidung redundanter Datenhaltung

Unter *Tools/Options/Mechanical Design* und der Rubrik *Funktional Tolerancing & Annotations* stehen dem Anwender mehrere Einstellungen zur Verfügung, die FTA-Workbench und entsprechend, die Erzeugung von Anmerkungsebenen und die Ablage von Anmerkungen zu personalisieren bzw. zu optimieren. Es folgt eine Kurzbeschreibung der notwendigen Einstellungen, die vor der Bearbeitung eines Bauteils oder Baugruppe aktiviert bzw. deaktiviert werden sollten, um Anmerkungsebenen schnell und effizient zu erzeugen und Anmerkungen übersichtlich im Spezifikationsbaum abzulegen.

- *Create Views associative to Geometries (View)*: Die Einstellung ermöglicht die Erstellung von assoziativen Anmerkungsebenen. Diese sollte vom Anwender aktiv geschaltet werden, um direkt nach Auswahl des Bezugselements eine Verknüpfung zwischen der erzeugten Anmerkungsebene und Bezugselement herzustellen.

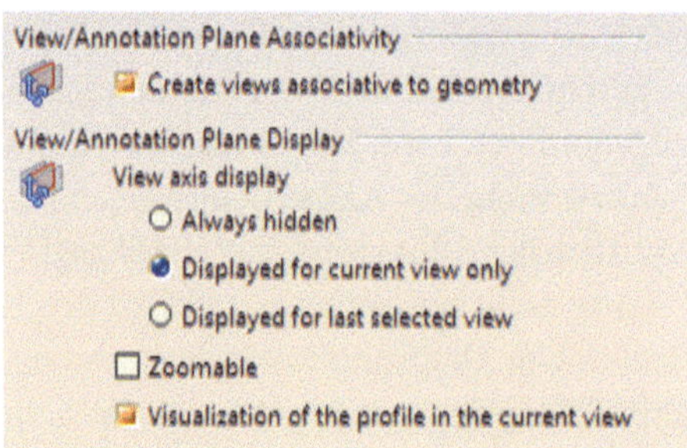

- *Under Geometric Feature nodes (Display)*, um Anmerkungen unter den Komponentenknoten abzulegen, auf die sie angewendet wurden.
- *Under View/Annotation Plane nodes (Display)*, um Anmerkungen unter dem Knoten der Anmerkungsebene anzuzeigen, mit denen sie verknüpft sind.
- *Under Annotation Set node (Display)*, um Anmerkungen im Spezifikationsbaum unter dem Anmerkungsset anzuzeigen. Die Option ist jedoch nur verfügbar, wenn zuvor die Einstellung *Under View/Annotation Plane nodes* ausgewählt wurde.

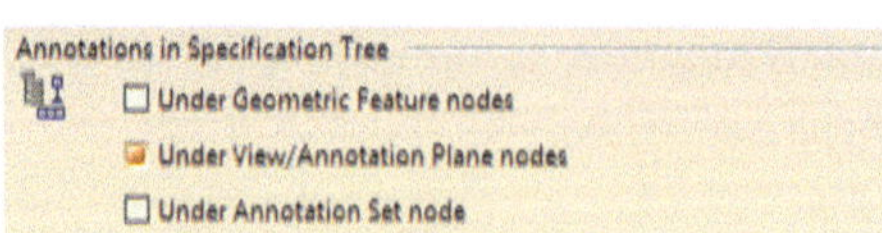

Im Bild wird die Konfiguration dargestellt, mit der alle zu Beginn erwähnten Ziele eingehalten werden. Die Anmerkungsebenen werden hiermit als Strukturierungselement für Anmerkung genommen, da diese sich ausschließlich in den Anmerkungsebenen befinden, mit denen sie verknüpft wurden. Damit erhalten zudem Folgeprozesse (z. B. Ersatzformatgenerierung) die Möglichkeit, Anmerkung gezielt anzusprechen.

Eigenschaften

Über das Kontextmenü einer Anmerkungsebene kann dessen Eigenschaftenfenster aufgerufen werden. Folgende Eigenschaften können hier zur jeder Zeit beeinflusst werden

- Im Eingabefeld ***Name*** kann für die Anmerkungsebene ein geeigneter Name vergeben werden.

Bei der Namensgebung sollte man soweit möglich darauf achten, dass der Name Anmerkungsebene den Inhalt dieser widerspiegelt. Zudem kann man noch mit Hilfe von vordefinierten Textstrings, die vor dem eigentlichen Namen der Anmerkungsebenen gesetzt werden, Informationsgruppen bilden. Diese sollten jedoch im Prozess vorher abgestimmt sein. Beispiele dazu sieht man im Bild 2-8.

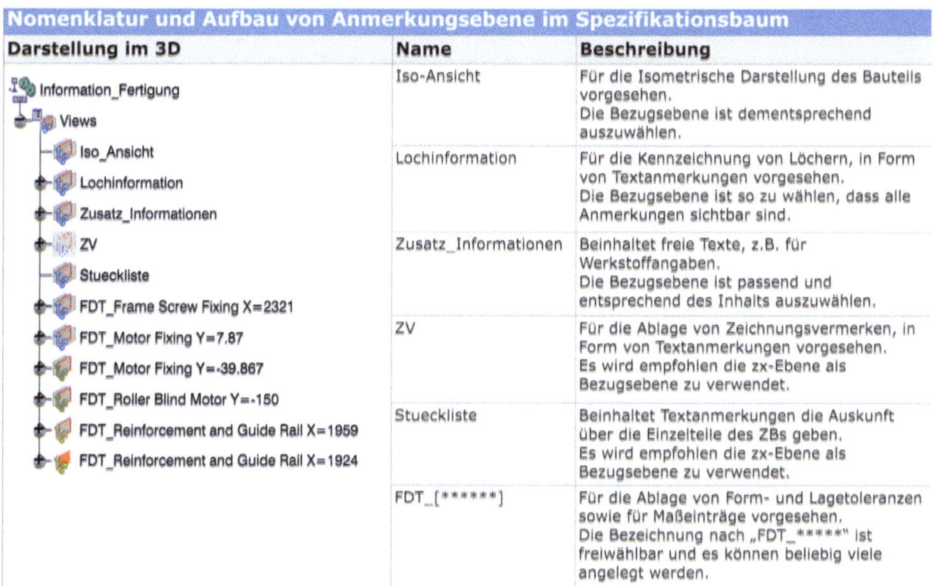

Nomenklatur und Aufbau von Anmerkungsebene im Spezifikationsbaum

Darstellung im 3D	Name	Beschreibung
	Iso-Ansicht	Für die Isometrische Darstellung des Bauteils vorgesehen. Die Bezugsebene ist dementsprechend auszuwählen.
	Lochinformation	Für die Kennzeichnung von Löchern, in Form von Textanmerkungen vorgesehen. Die Bezugsebene ist so zu wählen, dass alle Anmerkungen sichtbar sind.
	Zusatz_Informationen	Beinhaltet freie Texte, z.B. für Werkstoffangaben. Die Bezugsebene ist passend und entsprechend des Inhalts auszuwählen.
	ZV	Für die Ablage von Zeichnungsvermerken, in Form von Textanmerkungen vorgesehen. Es wird empfohlen die zx-Ebene als Bezugsebene zu verwendet.
	Stueckliste	Beinhaltet Textanmerkungen die Auskunft über die Einzelteile des ZBs geben. Es wird empfohlen die zx-Ebene als Bezugsebene zu verwendet.
	FDT_[******]	Für die Ablage von Form- und Lagetoleranzen sowie für Maßeinträge vorgesehen. Die Bezeichnung nach „FDT_*****" ist freiwählbar und es können beliebig viele angelegt werden.

Bild 2-8: Aufbau der Anmerkungsebenen im Spezifikationsbaum

- Im Feld ***Ratio*** kann der Maßstab der Anmerkungsebene gesteuert werden. Hierbei sollte jedoch beachtet werden, dass sich der Maßstab ausschließlich auf die **Anmerkungen** bezieht, die mit der Anmerkungsebene verknüpft sind und keinerlei Auswirkungen auf die Geometrie hat.

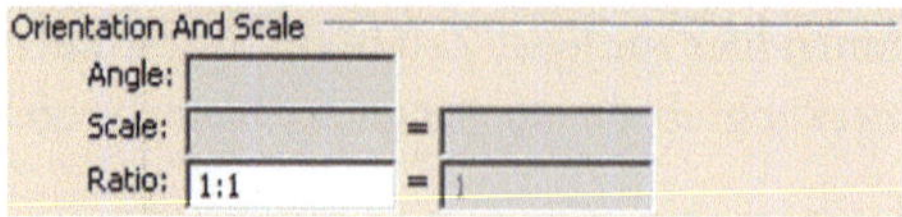

- Um den Rahmen der Anmerkungsebene zu entfernen bzw. anzeigen zu lassen, muss lediglich der Haken ***Display view frame*** entfernt bzw. gesetzt werden.

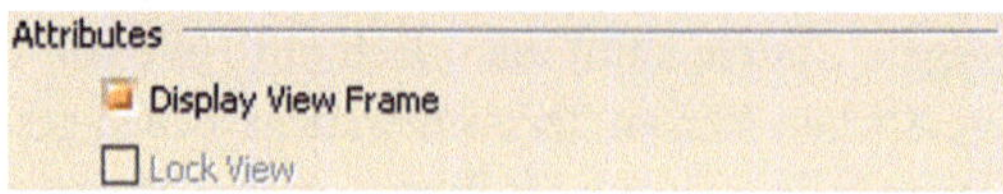

Bezugsebene ändern

Über das Kontextmenü der Anmerkungsebene und der Funktion ***Change View Support*** kann zu jeder Zeit das Bezugselement verändert werden. Falls es jedoch vorkommen sollte, dass nach der Änderung, Anmerkungen nicht mehr angezeigt werden können, bedeutet dies, dass die Definition dieser Anmerkungen nicht mit der neuen Bezugsebene konform ist.

Anmerkungsebenen begrenzen

Um das Bauteil entlang der Bezugsebene der gerade aktiven Anmerkungsebene zu begrenzen, kann die Funktion ***Clipping Plane*** der Symbolleiste **Visualization** verwendet werden. Besonders bei Schnittdarstellungen kann diese Funktion sehr hilfreich sein, da die Schnittansicht bei der Erstellung der Anmerkungen, aktiv bleibt.

2.2.3 Standardansicht erzeugen

Als Standardansicht wird jede Anmerkungsebene bezeichnet die normal zum Bezugselement ausgerichtet ist. Zu dieser Kategorie gehören:

- Projizierte Ansicht (Front View)
- Schnittansicht (Section View)
- Schnittebenenansicht (Section Cut)
- Grundansichten (Principal Views CATIA V5-6 R2013) für die Erzeugung von Draufansichten, Seitenansichten (links und rechts), Untersichten und Rückansichten

All diese Typen von Standardansichten können über die entsprechende Funktion der Symbolleiste **View** aufgerufen werden.

Für die Erzeugung einer Standardansicht muss dem Aufruf der Funktion die Auswahl eines planaren Elements folgen. Hierbei kann es sich um eine ebene Fläche der fertig

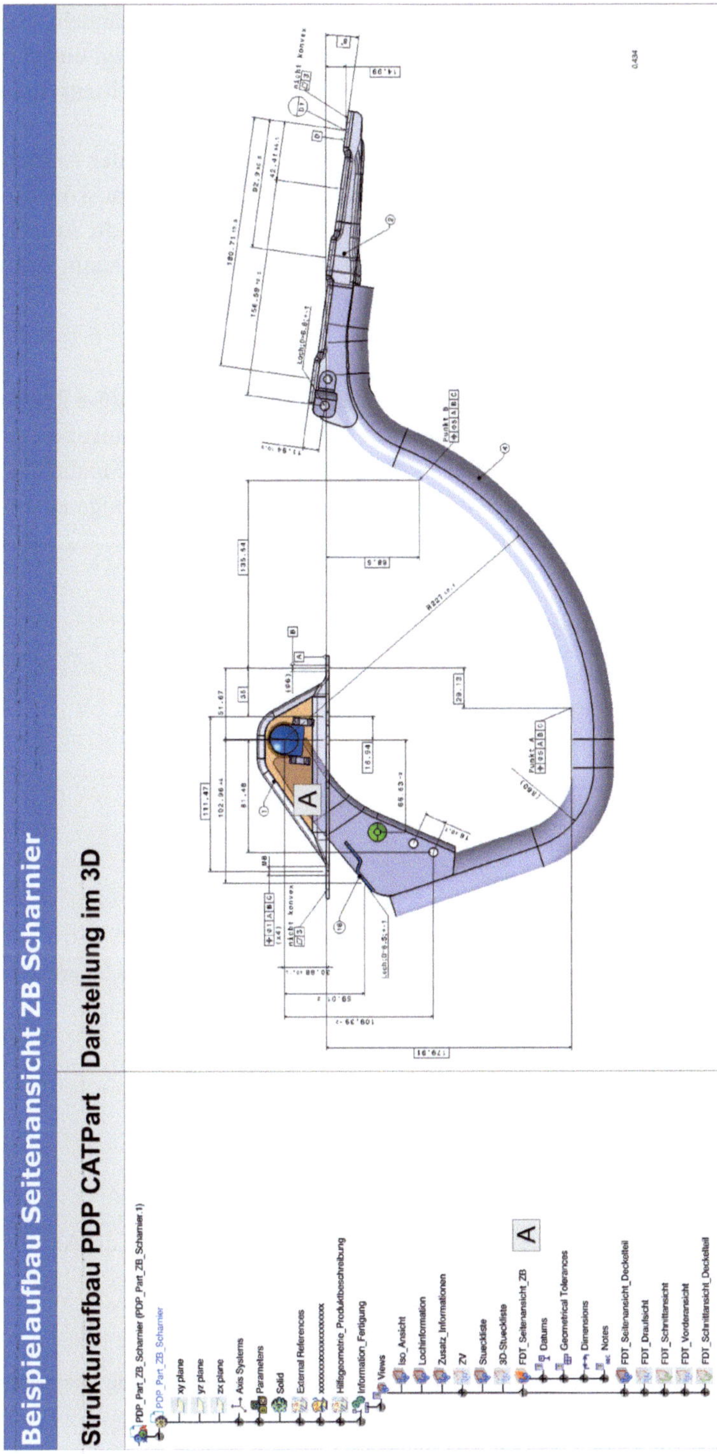

Bild 2-9: Beispiel für die Darstellung von Anmerkungen und deren Ablage innerhalb einer Standardansicht

konstruierten Geometrie oder um ein Wireframe Feature (z. B. eine *Plane*) handeln. Die Anmerkungsebenen werden nach der Erstellung im Spezifikationsbaum abgelegt und entsprechend ihrem Typ mit einem blauen, einem grünen oder einem gelben Achsensystem gekennzeichnet.

Ein Beispiel einer Anmerkungsebene zeigt Bild 2-9. Für die Erzeugung der Anmerkungsebene *FDT_Seitenansicht_ZB* wurde als Bezugselement die Fläche A der auskonstruierten Geometrie genommen. Im Spezifikationsbaum erkennt man genau, wie die Anmerkungsebene als Strukturierungselement für Anmerkungen eingesetzt werden kann, wenn zuvor vom Konstrukteur die richtigen Einstellungen gesetzt wurden.

CATIA V5-6 R2013

Der Erstellungsvorgang von Standardansichten unterscheidet sich für CATIA V5-6 R2013. Die Erstellung wird über die Funktion ***View from Reference*** initiiert. Nach Aufruf dieser Funktion öffnet sich das Dialogfenster **View Creation**. Sie erhalten nun die Möglichkeit unmittelbar nach dem Funktionsaufruf unter den Standardansichten diejenige auszuwählen, die erzeugt werden soll sowie Merkmale und Eigenschaften der zu erzeugenden Anmerkungsebene festzulegen.

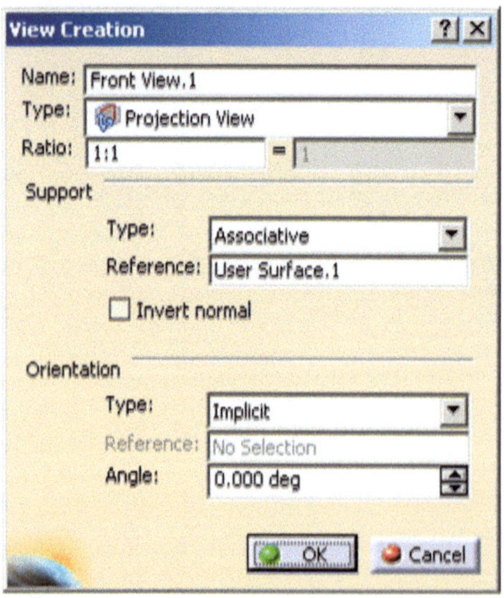

Name
Den neuen Namen in das Feld eingeben, um den default Namen zu ändern und die Anmerkungsebene entsprechend umzubenennen

Type
Im Auswahlfenster können Sie aus den drei Typen der Standardansichten die geeignete auswählen: Projection View, Section View und Section Cut.

Ratio
Definiert das Ansichtsverhältnis, das auf alle Anmerkungen angewendet wird, die mit dieser Anmerkungsebene verknüpft werden, ungeachtet der eigenen Eigenschaften. Die Standardeinstellung ist hier 1:1.

Support
Über *Type* können Sie entscheiden ob die Anmerkungsebene assoziativ zu einem Bezugselement oder isoliert erstellt werden soll. Unter *Reference* wird dann bei einem assoziativem Aufbau das Bezugselement angezeigt.

InvertNormal
Durch Anklicken der Schaltfläche lässt sich die Normale der Anmerkungsebene umkehren.

Orientation
Die Ausrichtung der Anmerkungsebene entlang der X- und Y-Achse wird in diesem Abschnitt mit Bedingung festgelegt, wobei zwischen den Typen *Implicit*, *X-,Y-,Z-Achse*, *Parallel to Line* oder *Normal to surface* die gewünschte ausgewählt werden kann.

2.2.4 Abgeleitete Schnittansicht erzeugen

Bei abgeleiteten Schnittansichten handelt es sich um Ansichten, die nicht eine einzelne Ebene als Bezug aufweisen, sondern bei denen der Schnitt entlang eines Profils verläuft. Mit Hilfe dieser besonderen Anmerkungsebenen können mehrere Komponenten angezeigt werden, die nicht auf der gleichen Ebene liegen, was besonders hilfreich beim Erzeugen von Schnittansichten für unregelmäßige Objekte sein kann.

Um eine abgeleitete Schnittansicht zu erzeugen, wird zusätzlich zum planarem Element noch ein Schnittprofil als Input benötigt, entlang dessen dann die Schnittansicht verlaufen soll. Dabei wird auf jeder sich ergebenden Ebene des Profils eine Anmerkungsebene vom selben Typ abgelegt. Jede der einzelnen Anmerkungsebenen, die zusammen die abgeleitete Schnittansicht bilden, verhält sich wie eine reguläre Anmerkungsebene die per Doppelklick aktiviert werden kann. Jede dieser Anmerkungsebenen ist zudem assoziativ zu der skizzierten Linie, durch die sie definiert ist und in jeder können Anmerkungen erzeugt werden.

Abhängig nun davon, ob der Schnitt entlang parallel versetzter Ebenen verlaufen soll oder nicht, unterscheidet man zwischen zwei Typen von abgeleiteten Ansichten:

Ausgerichtete Schnitte (Aligned Section View/Section Cut) 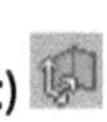

Eine Anmerkungsebene vom Typ *Alligned Section View/Section Cut* ist eine Ansicht, die aus einem Schnittprofil erzeugt wurde, das aus nicht parallelen Ebenen definiert ist. Wenn ein Schnitt bestimmte gewinkelte Elemente enthalten soll, wird die Schnittebene so gebogen, dass sie durch diese Komponenten verlaufen soll.

Abgesetzte Schnitte erzeugen (Offset Section View/Section Cut)

Wenn nun das Schnittprofil aus parallelen Ebenen definiert wird, kann dieses für die Erzeugung einer Anmerkungsebene vom Typ *Offset Section View/Section Cut* verwendet werden.

In beiden Fällen erscheint nach Aufruf der Funktion ein Dialogfenster, in dem folgende Auswahlmöglichkeiten angeboten werden:

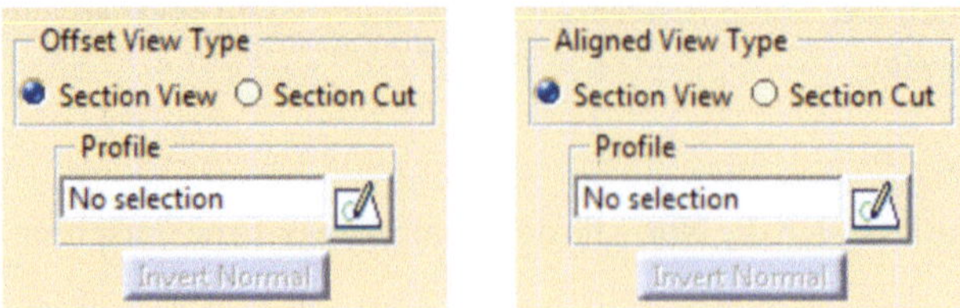

[a] [b]

Bild 2-10
Dialogfenster für abgesetzte [a] und ausgerichtete [b] Schnittansichten

- *View Type*
  Im Dialogfenster kann sich der Konstrukteur entscheiden, ob es sich bei den Anmerkungsebenen, die die abgeleitete Schnittansicht bilden sollen, um Schnittansichten oder um Schnittebenenansichten handeln soll. Für jede sich ergebende Ebene des Schnittprofils wird eine Anmerkungsebene erzeugt.
- *Profile*
  Hier wird das Schnittprofil angegeben. Dieses kann entweder im Vorfeld skizziert und hier ausgewählt werden (Sketch) oder auch per Auswahl des Sketch-Symbols neu erstellt werden.
- *Invert Normal*
  Durch Anklicken der Schaltfläche lässt sich die Normale der Schnittansicht umkehren.

In Bild 2-11 wird eine Anmerkungsebene vom Typ Offset Section View dargestellt. Die Schnittansichten, die zusammen den abgesetzten Schnitt bilden, werden zusammen mit dem Schnittprofil (Sketch) unter der Offset Section View referenziert.

CATIA V5 R19 vs CATIA V5-6 R2013

Im direkten Vergleich zwischen den beiden CATIA-Versionen ist hinsichtlich der Erstellung abgesetzter Schnitte Folgendes zu erwähnen: Ein abgesetzter Schnitt kann vollständig nur in CATIA V5-6 R2013 dargestellt werden [b]. In CATIA V5 R19 muss jede Anmerkungsebene, die zum abgesetzten Schnitt gehört, einzeln aktiviert werden, was dazu führt, dass die Anwendung der Funktion in der konkreten CATIA-Version nicht empfehlenswert ist.

2.2.5 Zeichnungsableitungen aus dem 3D mit „View from 3D"

Es kommt sehr oft vor, dass Unternehmen den Weg der dreidimensionalen Produktbeschreibung gehen wollen, jedoch Bedenken bezüglich des Aufwands äußern, da einige ihrer

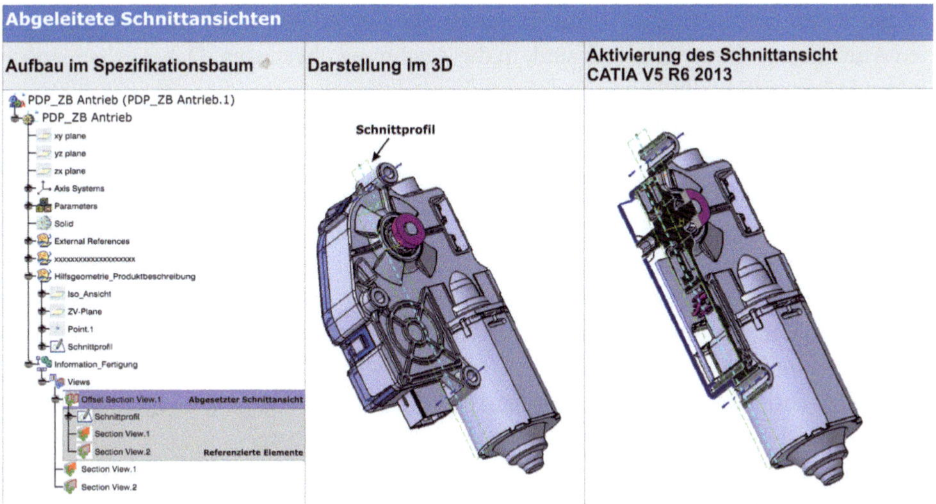

Bild 2-11: Darstellung einer Offset Section View im 3D

Folgeprozesse oder Unterlieferanten immer noch auf einen 2D-Ausdruck angewiesen sind. Hier zeigt sich nun ein großer Vorteil des 3D-Master Prozesses, der bereits im ersten Kapitel erwähnt wurde:

„Wenn die produktbeschreibenden Informationen einmal im 3D-Modell abgelegt wurden, kann man sich nach Belieben aus diesen Informationen bedienen und Folgeprozessen zur Verfügung stellen."

Die Funktion ***View from 3D*** der Workbench **Generative Drafting** ermöglicht genau dies. Da hier die notwendige Funktionalität zur Verfügung gestellt wird, um Anmerkungsebenen und die damit verknüpften Anmerkungen in einem CATIA-Zeichnungsdokument (CATDrawing) auszuleiten. Mit anderen Worten erhält der Konstrukteur über ***View from 3D*** die Möglichkeit, wenn erwünscht, schnell und unkompliziert ein zweidimensionales technisches Dokument (Zeichnung) aus den Inhalten in 3D zu erstellen.

Grundregeln

Nun werden Sie mit einigen Grundregeln vertraut gemacht, die Ihnen vor der Anwendung ***View from 3D*** bekannt seien sollten.

Es können sowohl aus Einzelteilen (CATPart) sowie auch aus Baugruppen (CATProducts) 2D-Ansichten ausgeleitet werden. Dabei werden ausschließlich Elemente übernommen bzw. in der 2D-Ansicht dargestellt, die zum Zeitpunkt der Ausleitung sichtbar waren. Das heißt, dass alle verdeckten 3D-Elemente in der 2D-Ansicht nicht dargestellt werden. Falls jedoch Elemente nachträglich im 3D hinzugefügt bzw. angezeigt werden, erscheinen diese nach der Aktualisierung in der 2D-Ansicht. Bezüglich der Ausrichtung ist darauf zu achten, dass die horizontale Achse der Ansicht immer parallel zur horizontalen Achse des Zeichnungsblatts ausgerichtet wird.

Bei der Ausleitung einer 2D-Ansicht werden alle Anmerkungen, die mit der ausgewählten Anmerkungsebene verknüpft sind, in die Zeichnung übertragen. Dabei gelten jedoch folgende Regeln/Restriktionen:

- Verdeckte Texte und URLs in Flaggenanmerkungen (Kapitel) gehen während der Ableitung verloren.
- Das Objekt ***Note Object Attribute***, das noch im Kapitel detailliert beschrieben wird, inkl. der dazugehörigen 2D-Komponente, wird bei der Ausleitung übernommen. Es gelten jedoch einige Einschränkungen:
  - Ein in 3D definierter Rahmen wird nicht in der 2D-Ansicht angezeigt. Es wird daher empfohlen, für die Definition von NOA-Referenzen keine 3D-Anmerkungsrahmen zu verwenden.
  - Informationen zu den verknüpften Dokumenten, die zum Erzeugen des Dittos verwendet werden (z. B. Pfad der Kataloge), gehen verloren.
- Die Position der Anmerkung in 3D und der in der Zeichnung kann in einigen Fällen nicht übereinstimmen. Der Fall tritt ein wenn:
  - eine Bezugslinie in der Anmerkungsebene nicht assoziativ ist und daher nicht auf die 3D-Geometrie zeigt,
  - die abgeleitete Geometrie, auf die die Bezugslinie zeigt, in der Zeichnung von einer anderen abgeleiteten Geometrie verdeckt wird.
- Anmerkungen können in der ausgeleiteten 2D-Ansicht verschoben oder geändert werden, jedoch werden alle Änderungen verloren gehen, wenn eine Aktualisierung des Zeichnungsdokuments vorgenommen wird. Es empfiehlt sich deshalb alle Änderungen direkt am 3D durchzuführen.

Eigenschaften

Es sollte noch erwähnt werden, dass dem Konstrukteur einige Möglichkeiten zur Verfügung gestellt werden, die Ausleitung von 2D-Ansichten aus dem 3D zu personalisieren bzw. den eigenen Anforderungen anzupassen. Dazu unter *Tools/Options/Mechanical Design/Drafting* in den Reiter *View* wechseln.

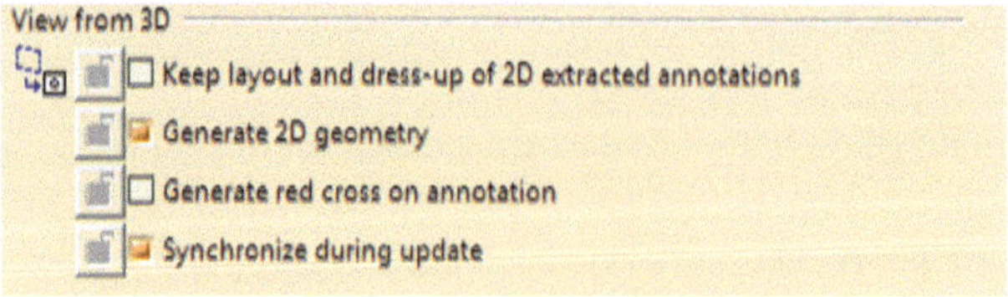

- *Keep Layout and dress-up of 2D extracted annotation*
  Wenn die Einstellung aktiviert wird, werden das Layout und die Aufbereitung der aus 2D abgeleiteten Anmerkungen beibehalten. Dabei wird die Assoziativität der Anmerkungen mit der 3D-Geometrie berücksichtigt und die Aufbereitungsänderungen die in der 2D-Ansicht vorgenommen wurden, werden auch nach der Aktualisierung des Dokuments beibehalten.

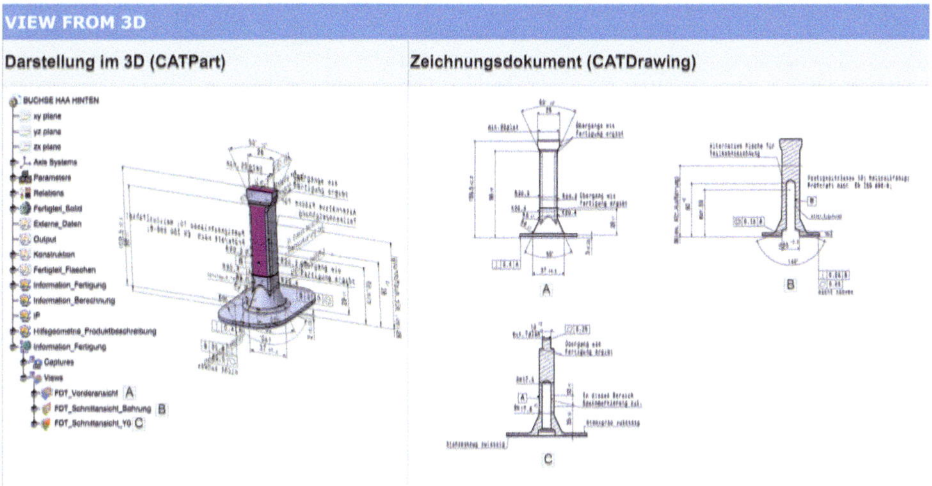

Bild 2-12: Die Funktion „View from 3D" im Einsatz einer automatischen Zeichnungsableitung.

- *Generate 2D geometry*
  Hiermit kann der Konstrukteur steuern, ob zweidimensionale Komponenten wie Punkte, Linien usw. bei der Ausleitung in die 2D-Ansicht mit übernommen werden oder nicht.
- *Generate red cross on annotation*
  Bei der Ausleitung von Anmerkungsebenen kann es vorkommen, dass die Anmerkungen in der Zeichnung mit einem roten X markiert werden. Dies bedeutet, dass die Bezugslinie der Anmerkung im 3D mit Geometrieelementen verknüpft ist, die in der Zeichnung nicht sichtbar sind (z. B. verdeckte Kanten). In diesem Fall ist es entweder möglich, die Eigenschaften der Ansicht von 3D so zu ändern, dass die verdeckten Linien angezeigt werden oder es können die markierten Anmerkungen in eine Anmerkungsebene übertragen werden, in der die zugeordnete Geometrie nach der Ableitung sichtbar ist. Mit Hilfe der Einstellung *Generate red cross on annotation* kann dieser „Markierungsvorgang" aus- bzw. eingeschaltet werden.

Ein Beispiel für die Anwendung dieser Funktion zeigt Bild 2-12. Hierbei wurde aus jeder Anmerkungsebene des 3D-Modells eine 2D-Ansicht in einem Zeichnungsdokument abgeleitet.

2.3 Textinformationen

Ein einfacher und direkter Weg, um in einem technischen Dokument Technologie- und Qualitätsinformationen abzulegen, besteht darin Texte zu verwenden. In der heutigen technischen Dokumentation gibt es daher auch viele Anwendungsbereiche für Texte, die

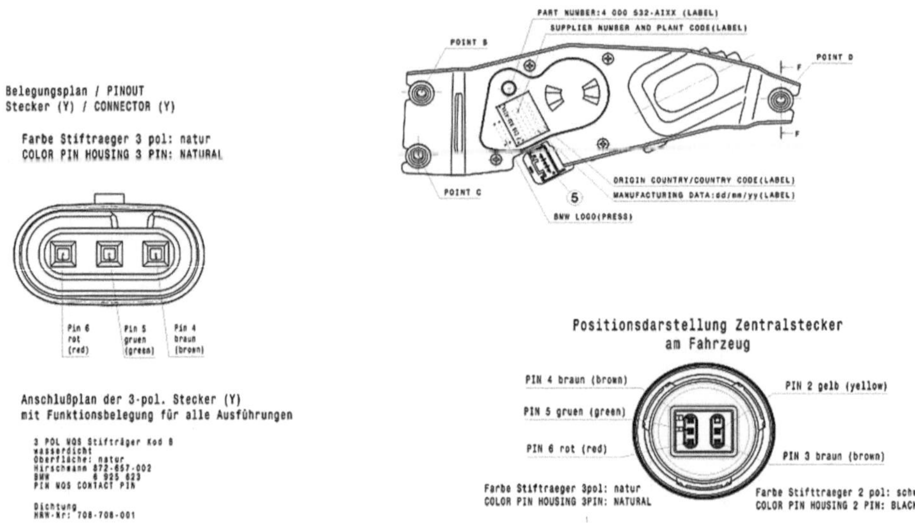

Bild 2.13: Beispiel für Textangabe in technischen Dokumentationen

wiederum nach DIN 6774 genormt sind. Durch die Norm wird sichergestellt, dass die Texte lesbar und einheitlich im Dokument abgelegt werden.

Klassische Anwendungsbeispiele für den Einsatz von Texten in technischen Dokumenten werden in der Abbildung 2-13 dargestellt. In diesen Beispielen werden Texte verwendet, um die Funktion eines Elements zu beschreiben, auf Qualitätsvorschriften zu verweisen, für fertigungsrelevante Hinweise und Montageinformationen.

Im Laufe dieses Abschnitts wird anhand von einfachen und anschaulichen Beispielen beschrieben, wie Textinformationen im dreidimensionalen Datensatz abgelegt und bearbeitet werden können.

Sie werden dabei mit den technischen Möglichkeiten vertraut gemacht, die Ihnen nun im 3D zur Verfügung stehen und erhalten dabei einen ersten Einblick dafür, was es bedeutet Informationen maschinenlesbar im Modell abzulegen.

2.3.1 Textanmerkungen

Die Funktionen der Symbolleiste **Text** ermöglichen, Anmerkungen vom Typ Text im 3D-Modell abzulegen. Je nach Anwendungsfall kann zwischen drei möglichen Textvarianten ausgewählt werden:

- ***Text with Leader*** erzeugt ein dreidimensionalen Text mit Bezugslinie.
- Die Funktion ***Text*** erzeugt ein 3D-Text mit frei definierbarem Format.
- ***Text parallel to screen*** anwenden, um eine Textanmerkung mit Bezugslinie zu erzeugen, wobei die Ausrichtung der Anmerkung immer parallel zur Anzeige bleibt.

Erzeugungsregeln

Um assoziative Textanmerkungen zu erzeugen, muss eine Verknüpfung zwischen der Anmerkung und dem Bezugselement aufgebaut werden. Dies geschieht indem nach Aufruf der Funktion, das entsprechende Element ausgewählt wird. Beim Bezugselement kann es sich um ein beliebiges Element der Geometrie handeln, um eine Hauptkörper- oder Körperkomponente, um eine Teilekonstruktionskomponente (z. B. Block, Tasche, Welle, Nut usw.), um ein Achsensystem oder um eine Benutzerkomponente.

Neben dem klassischen assoziativen Aufbau besteht außerdem die Möglichkeit den Text isoliert im Modell abzulegen. Um einen isolierten Text zu erzeugen, muss dem Aufruf der Funktion ein Mausklick im leeren Raum folgen. Der isolierte Text wird im Spezifikationsbaum mit einem roten x markiert. Über die Funktion ***Geometry Connection Management*** kann jedoch jederzeit einem isolierten Text ein Bezugselement zugeordnet werden.

Die Eingabe eines Texts erfolgt über das Dialogfenster „Text Editor“, das direkt nach Auswahl des Bezugselements angezeigt wird. Der Anwender gibt im Editor den gewünschten Text ein und bestätigt die Eingabe über die Schaltfläche „OK“.

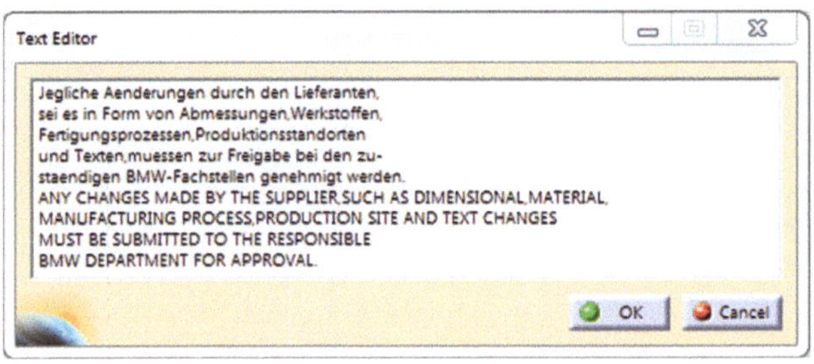

Bei der Texteingabe besteht außerdem die Möglichkeit, einen vorhandenen Text aus einer anderen Anwendung in den Editor zu kopieren, jedoch sollte dabei in Betracht gezogen werden, dass Textlayout und Eigenschaften beim Kopieren/Einfügen verloren gehen. Über die Tastenkombination ***Umschalttaste*** + ***Eingabetaste*** kann im Editor eine neue Zeile eingefügt werden.

Textanmerkungen lassen sich mit den Befehlen ***Kopieren / Ausschneiden / Einfügen***, von einem Dokument zu einem anderem übertragen, z. B. aus Vorlagen, wobei jedoch folgende Richtlinien/Restriktionen beachtet werden sollten:

- Textanmerkungen, die aus einem CATPart kopiert wurden, können in ein anderes CATPart oder in ein CATProdukt eingefügt werden.
- Textanmerkungen, die auf Produktebene erzeugt wurden, können nicht mit dem Befehlen dupliziert werden.
- Textanmerkungen werden nur in die aktive Ansicht eingefügt.
- Die Position der kopierten Anmerkung entspricht im Zieldokument möglicherweise nicht der Position der Anmerkung im ursprünglichen Dokument.

Die Position der Anmerkung kann zum einem über Drag & Drop (Ziehen und Ablegen) angepasst werden oder über die Schaltfläche *„Position and Orientation“*, falls präzisere Angaben zur Position und Ausrichtung erwünscht sind.

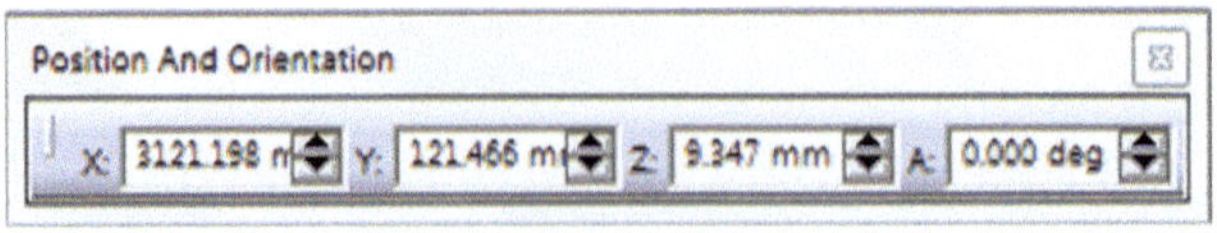

Bei der Erzeugung einer Textanmerkung vom Typ Text with Leader, wird die Bezugslinie dem ausgewählten Element zugeordnet. Jegliche Änderung am Bezugselement wirkt sich entsprechend auf die Bezugslinie aus. Wird z. B. eine Verschiebung am Bezugselement oder am Text vorgenommen, verlängert (oder verkürzt) sich die Bezugslinie entsprechend. Somit wird sichergestellt, dass die Zuordnung zum Bezugselement aufrecht erhalten bleibt. Der Bezugslinientyp wird automatisch beim Erzeugen der Anmerkung festgelegt, sofern die Standarddateien zuvor nicht geändert wurden. Die Eigenschaften der Bezugslinie können vom Anwender jederzeit geändert werden. Dazu mit der rechten Maustaste den gelben Kontrollpunkt am Ende der Bezugslinie anklicken und im Kontextmenü die gewünschte Änderung vornehmen.

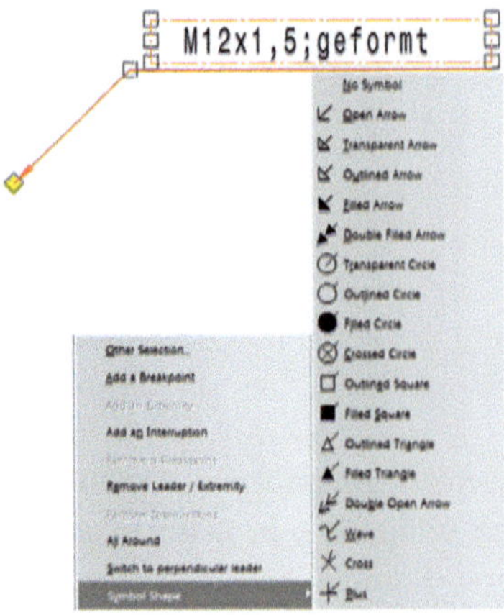

Texteigenschaften wie Schriftart, Schriftgröße, Ausrichtung usw. können entweder vor oder nach dem Erstellen des Textes festgelegt werden. Dies kann zum einem über das Eigenschaftenfenster geschehen oder über die Schaltfläche **Text Properties**. Den Zugriff auf das Eigenschaftenfenster einer Anmerkung erhält man über deren Kontextmenü und die Funktion ***Properties***.

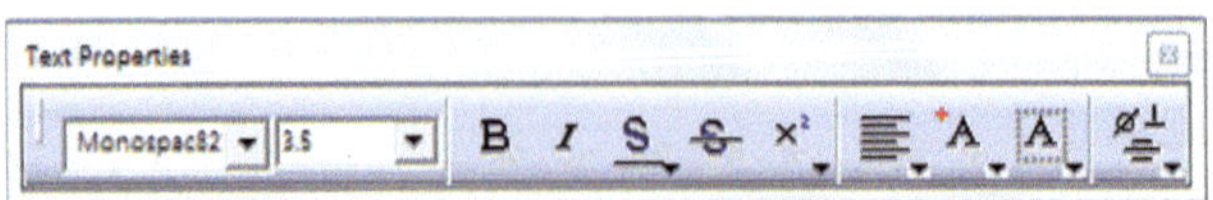

Im folgenden Szenario wird beschrieben, wie eine assoziative Anmerkung vom Typ ***Text*** erzeugt werden kann. Als Bezugselement wird dabei ein Punkt aus dem GeoSet *Hilfsgeometrie_Produktbeschreibung* verwendet.

- Im Anmerkungsset *Information_Fertigung* die Anmerkungsebene *ZV* per Doppelklick aktivieren.

- Die Funktion *Text* aufrufen und im geometrischen Set *Hilfsgeometrie Produktbeschreibung*, **Point.1** als Bezugselement auswählen. Das Dialogfenster **Text Editor** erscheint.
- Im Dialogfenster den gewünschten Text eingeben, z. B.

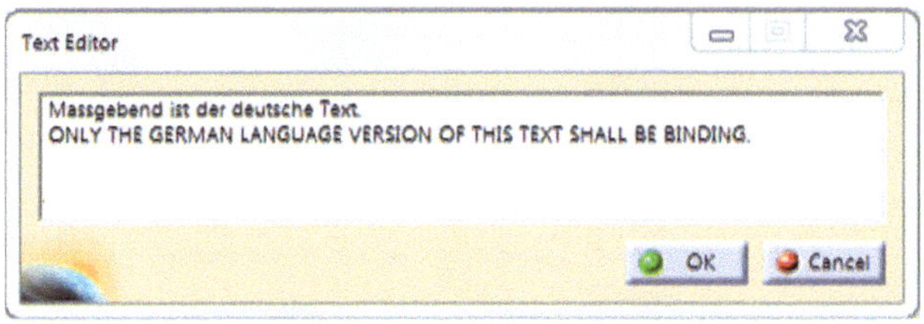

- Über die Schaltfläche *Text Properties* den Text mit einem rechteckigen Rahmen versehen.
- Mit „*OK*" den Erstellungsvorgang abschließen.
- Der Text wird im Spezifikationsbaum unter dem Knoten „Notes" abgelegt.

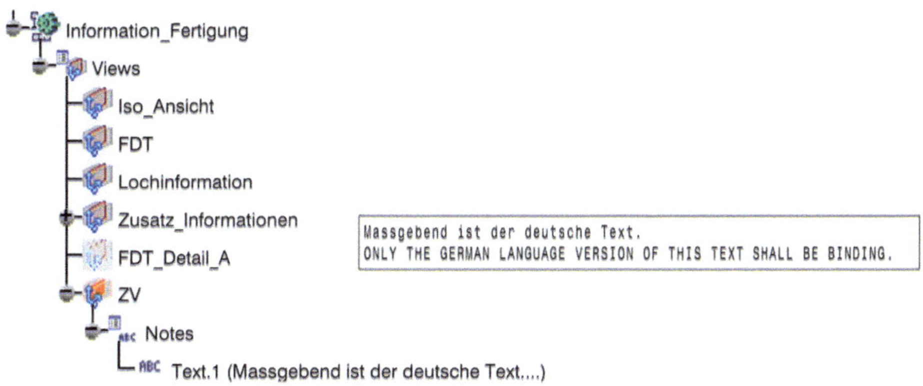

Bild 2-14: Position eines Zeichnungsvermerkes im Spezifikationsbaum

2.3.2 Parametrisch assoziative Texte

Folgendes sollte dem Anwender vor der Erstellung einer Textanmerkung bewusst sein: Beim Erstellungsvorgang wird zwar eine Assoziativität zwischen dem Bezugselement und der Textanmerkung aufgebaut, jedoch besteht zwischen Textinhalt und Geometrie bzw. einem Parameter im Modell keinerlei Assoziativität. Die Funktion ***Attribute Link*** ermöglicht genau dies. Diese erlaubt den Aufbau einer Verknüpfung/Assoziativität zwischen dem Inhalt der Anmerkung und Modellparametern oder Relationen, wobei auch eine modellübergreifende Verknüpfung/Assoziativität aufgebaut werden kann. Die Verknüpfung kann jederzeit über die Funktion ***Query Object Link*** sichtbar geschaltet werden und die Befehle ***Kopieren/Ausschneiden/Einfügen*** vererben die Verknüpfung weiter.

Im folgenden Szenario wird demonstriert, wie eine Verknüpfung zwischen einer Textanmerkung und einem Parameterwert im Modell aufgebaut werden kann:

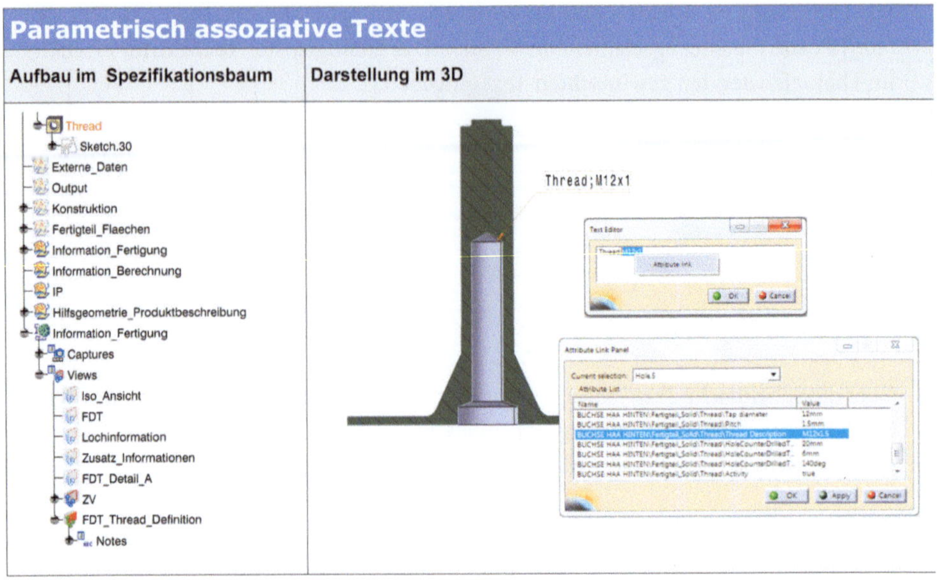

Bild 2-15: Anwendung von parametrischen Texten

- Im Annotation Set Information_Fertigung die Anmerkungsebene *Zusatz Informationen* per Doppelklick aktivieren,
- die Funktion „*Text with Leader*" aufrufen und im Spezifikationsbaum das Feature„*Hole.5*" als Bezugselement auswählen,
- im Dialogfenster Texteditor den Text „*M12x5;geformt*"eingeben,
- den Textabschnitt „M12x5" selektieren und per RMT die Funktion ***Attribute Link*** auswählen,
- im Spezifikationsbaum „Hole.5" auswählen.
- Es öffnet sich das Dialogfenster „Attribute Link Panel" mit einer Auflistung aller verfügbaren Parametern zum Feature „Hole.5".
- Den Parameter „Thread Description" mit dem Wert „M12x1,5" aus der Liste auswählen,
- die Auswahl mit OK bestätigen und das Dialogfenster „Text Editor" ebenfalls mit „OK" verlassen.

Der selektierte Bereich des Textinhalts wurde nun mit dem Parameter Thread Description verknüpft. Jegliche Änderung am Parameter wirkt sich am Inhalt der Textanmerkung entsprechend aus.

2.3.3 Textanmerkungen im Einsatz (Werkstoffe, Löcher, Beschnitte, ZBs)

Es folgt nun eine Reihe von Beispielen aus der Praxis, mit deren Hilfe demonstriert werden soll, wie Textanmerkungen im Prozess 3D-Master verwendet werden, um ganz spezielle Informationen über das Bauteil darzustellen und vor allem wie diese Informationen maschinenlesbar im Modell abgelegt werden können.

Werkstoffeinträge

Die Dokumentation der Werkstoffe und derer Spezifikationen ist ein wichtiger Bestandteil einer jeder technischen Produktbeschreibung. In der Automobilindustrie werden heute mehrere Methoden angewandt, um Werkstoffe zu dokumentieren. Welche Methode letzten Endes verwendet wird, ist abhängig von den Anforderungen, die seitens der Folgeprozesse gestellt werden. Zwei der gängigsten Methoden sind:

- Methode A: Werkstoffinformationen sind Bestandteil der technischen Zeichnung des Bauteils.
- Methode B: Werkstoffe werden im PDM-System des Unternehmens gepflegt und sind damit Bestandteil der Metadaten des Datenmodells (Bauteils).

Die Dokumentation erfolgt in beiden Fällen durch den Konstrukteur, der zugleich auch die Verantwortung für die Pflege des Werkstoffeintrags hat.

Der Prozess **3D-Master** bietet nun die Möglichkeit (Methode) an, zukünftig Informationen zum Werkstoff im 3D-Modell des Bauteils abzulegen, direkt bei dessen Konstruktion. Im Detail sieht der Prozess vor, jedem Körper (Bodies), der sich im Modell befinden, ein Material zu zuweisen (über den hausinternen Material-Katalog), und mit einer assoziativen Textanmerkung zu versehen. Diese soll dann Auskunft über die Eigenschaften des Materials geben.

Für die Textanmerkung kann eine Anmerkung vom Typ ***Text with Leader*** verwendet werden, wobei die Bezugslinie auf den Körper zeigt, für den der Werkstoff gilt. Da die Textanmerkung natürlich mehrere Informationen zum Werkstoff enthaltet kann (z. B. Regelart, Gültigkeit etc.), muss diese inhaltlich mit den beteiligten Folgeprozessen abgestimmt und vereinbart werden. Der Konstrukteur kann dann mit dem Eintragen im Modell fortfahren.

Mit dieser Vorgehensweise wird zum einem sichergestellt, dass kein Informationsverlust eintritt, wenn Zeichnungen nicht mehr im Prozess vorgesehen sind (Methode A) und zum anderem kann über die Textanmerkung ein dreidimensionaler Verweis zum Eintrag im PDM-System hergestellt werden (Methode B). Der große Vorteil jedoch der sich hieraus ergibt ist, dass Folgeprozesse nunmehr in die Lage versetzt werden, auf die Werkstoffinformationen im 3D zu zugreifen. Somit kann zum Beispiel direkt bei der Ablage im PDM System die Werkstoffinformationen aus dem 3D ausgelesen werden und für das Befüllen der Datenbank (PDM) verwendet werden. Der Nutzen der sich daraus im Sinne der Prozesssicherheit und Aufwandsreduzierung ergibt, ist nicht als gering einzuschätzen, besonders bei Einzelteilen mit einem Mehrkörper (Multibody)-Aufbau. Dies jedoch setzt voraus, dass die Informationen in maschinenlesbarer Form im Datenmodell abgelegt werden.

Um die Maschinenlesbarkeit der Informationen zu gewährleisten, muss diese anhand einer festen, vordefinierten Nomenklatur im 3D abgelegt werden. Hierbei kann **Semikolon** als Trennzeichen für Gruppen von Informationen verwendet werden und „**Komma**" als Trennzeichen für die Aufzählung. Der letzte Schritt in Richtung Prozesssicherheit besteht dann darin, die Textanmerkungen, die Informationen zu Werkstoffen beinhalten, von anderen Textanmerkungen im Modell zu trennen. Dazu müssen diese klar und eindeutig als Werkstoffeinträge gekennzeichnet werden. Hierzu kann das Zeichen **W** verwendet werden, indem es vor den eigentlichem Werkstoffeintrag gesetzt wird.

Nomenklatur für Werkstoffangaben im 3D
[W];[Regelart,Regelnummer];[Kurzbezeichnung];[Merkmal nach Regel];[Gültigkeit]

Bild 2-16: Nomenklatur für eine Werkstoffangabe im 3D

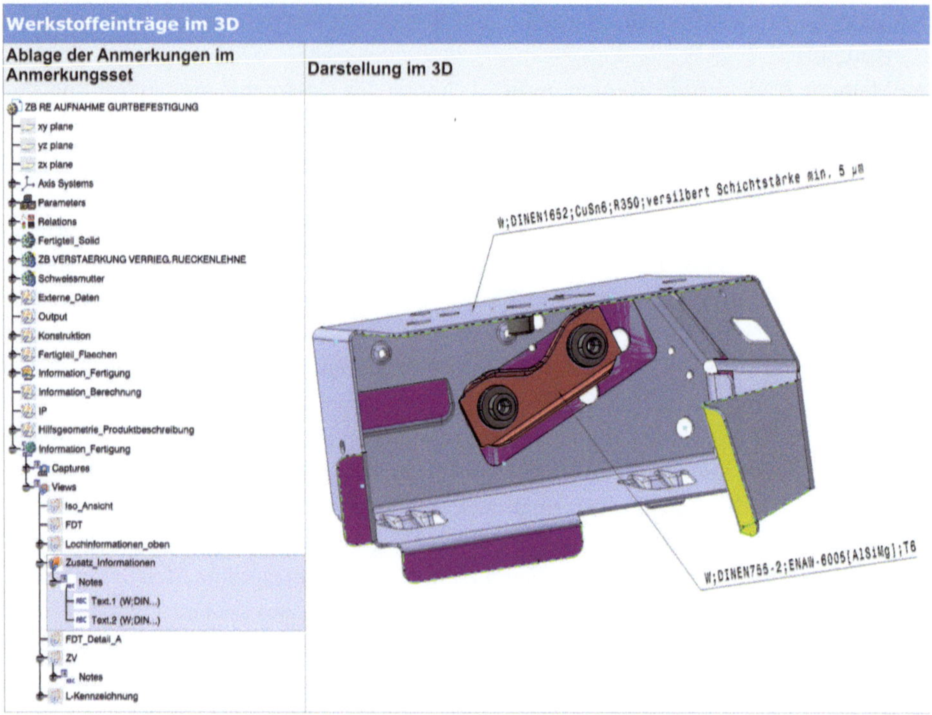

Bild 2-17: Werkstoffeintrag an der Geometrie und im Spezifikationsbaum

Ein Beispiel, wie dies in der Praxis umgesetzt werden kann, wird in den beiden Abbildungen 2-16 und 2-17 dargestellt.

Lochkennzeichnung

Es wurde schon mehrfach das Prinzip der maschinenlesbaren Information im 3D-Modell erwähnt. Einen praktischen Anwendungsfall dieses Prinzips, der heute schon in der Industrie gelebt wird, lernen wir nun kennen, die Lochkennzeichnung.

Über eine feste Nomenklatur werden Löcher im 3D-Modell in einer Art und Weise gekennzeichnet, die es Folgeprozesse ermöglicht auf diese Informationen zugreifen. Die Textanmerkung gibt somit nicht nur rein visuell Auskunft über die Eigenschaften des Features (Lochs), sondern wird zudem auch als Träger von Informationen verwendet, um Folgeprozesse mit ihrem Text-Inhalt zu bedienen. Heute wird diese Methode schon angewandt, um aus CAD-Modellen von Blechumfängen, Stopfenpläne automatisiert auszuleiten.

Nomenklatur für Lochkennzeichnung im 3D
[Lochkategorie];[Maß und Toleranz];[Zusatz Informationen]

Bild 2-18: Nomenklatur für eine Lochkennzeichnung im 3D

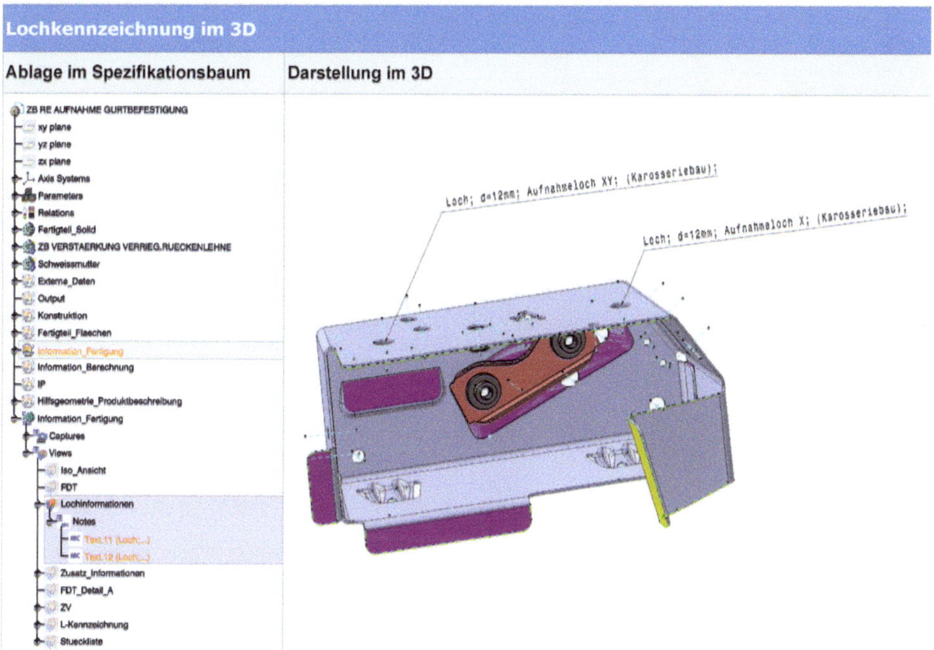

Bild 2-19: Lochkennzeichnung an der Geometrie und im Spezifikationsbaum

Die Kennzeichnung der Löcher erfolgt dabei über eine Textanmerkung vom Typ ***Text With Leader***, wobei die Bezugslinie auf den Mittelpunkt des Lochs zeigt. Die Textanmerkung selbst wird in der Anmerkungsebene Lochinformationen abgelegt, um diese aus Sicht der Programmierung schnell und gezielt ansprechen zu können. Das Wireframe Feature des Lochmittelpunkts (Point) wird im dafür vorgesehenen geometrischen Set, unter Information Fertigung abgelegt.

Der Inhalt der Textanmerkung wird im Prozess abgestimmt, wobei wieder **Semikolon** als Trennzeichen für Gruppen von Informationen verwendet wurde und „**Komma**" als Trennzeichen für die Aufzählung.

Lochkategorie und Maß und Toleranz gelten dabei als Mussfelder, wobei Zusatzinformationen optional eingetragen werden.

Einzelteilinformationen innerhalb eines ZBs

Wie bereits im ersten Kapitel ausführlich beschrieben wurde, werden Stücklisten und die darin enthaltenen Informationen in Datenverwaltungssysteme wie SAP eingetragen und

Einzelteilinformationen bei ZBs
[PNStructureIdentifier];[Beschreibung];[Zusätzliche Angaben]

Bild 2-20: Nomenklatur für die Einzelteilkennzeichnung bei ZB's im 3D

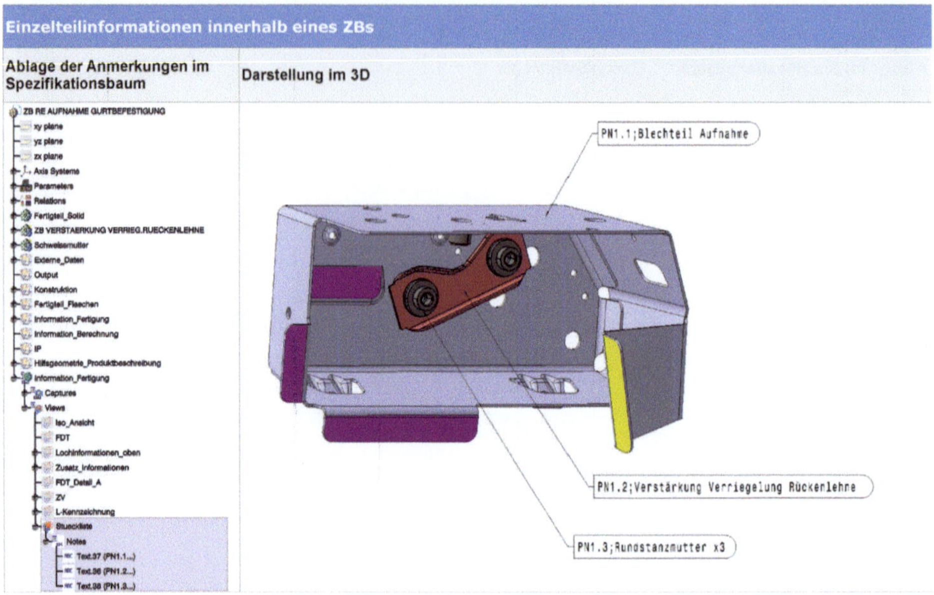

Bild 2-21: Einzelteilinformationen innerhalb des ZB's an der Geometrie und im Spezifikationsbaum

gepflegt. Diese sind dann auch die verbindlichen Stücklisten, anhand derer die Baugruppe insgesamt verwaltet wird. Mit Hilfe von Positionsnummern wird dann ein visueller Bezug zwischen der Stückliste in SAP und den Darstellungen der Einzelteile in der Zusammenbauzeichnung hergestellt.

Für die dreidimensionale Produktbeschreibung kann diese Vorgehensweise natürlich 1:1 übernommen werden, indem die Positionsnummer zukünftig im 3D eingetragen wird und zwar in Form einer Textanmerkung. Dabei wird eine Textanmerkung vom Typ ***Text with Leader*** verwendet, wobei die Bezugslinie auf das angesprochene Einzelteil zeigt.

Das Arbeiten im 3D bringt einige Vorteile mit sich (z. B. erweiterte Filterfunktionen, neue Darstellungsmöglichkeiten etc.), die der Prozess **3D-Master** zu nutzen weiß. Dieser sieht nämlich vor, mehr Informationen über die Einzelteile im 3D unterzubringen als nur die Positionsnummern. Es kann z. B. die Benennung des Einzelteils eingetragen werden, besondere Eigenschaften die für den verbauten Zustand und in der gerade geladenen Baugruppe gelten und vieles mehr. Der genaue Inhalt der Textanmerkung kann mit den betroffenen Folgeprozessen, abgestimmt und festgelegt werden.

Um nun die Maschinenlesbarkeit dieser Informationen zu gewährleisten, wird wieder **Semikolon** als Trennzeichen für Gruppen von Informationen verwendet und „**Komma**" als Trennzeichen für die Aufzählung. Um diese Textanmerkungen, wie in den vorherigen Beispielen auch, von den restlichen Textanmerkungen im Modell zu unterscheiden/trennen, müssen diese entsprechend gekennzeichnet werden. Dazu kann die Zeichenfolge **PN** (**P**art-**N**umber) verwendet werden.

Ein Beispiel, wie dies in der Praxis aussehen kann, wird in den beiden Bildern 2-20 und 2-21 dargestellt.

Beim StructureIdentifier handelt es sich um die Positionsnummer des Bauteils, so wie diese in der Stückliste des ZBs festgelegt wurde. Zur visuellen Unterscheidung erhält die Anmerkung selbst zudem einen Rahmen vom Typ ***Oblong Right.***

Beschnitttoleranzen

Das letzte Praxisbeispiel für Textanmerkungen im Prozess **3D-Master** handelt von der Darstellung von Beschnitten und derer Toleranzen. Um Beschnitttoleranzen im 3D zukünftig zu kennzeichnen, kann folgende Methode angewandt werden:

- Den Beschnitt aus dem Modell als Kurve extrahieren. Die Kurve beschreibt dabei ein Toleranzfeld, was wiederum dazu führt, dass sich bei mehreren Toleranzfeldern mehrere Kurven ergeben. Dazu kann die Funktion ***Boundary*** verwendet werden.
- Pro Kurve wird eine Textanmerkung vom Typ ***Text with Leader*** im Modell abgelegt und assoziativ zur Kurve aufgebaut. Der Inhalt der Textanmerkung wird in Abstimmung mit den Prozesspartnern vereinbart. Ein Beispiel dazu folgt in der Abbildung 2-22.

Nomenklatur für Toleranzangaben von Beschnitten
[Bezeichnung];[Toleranz];Bemerkung]

Bild 2-22: Nomenklatur für Toleranzangaben bei Beschnitten

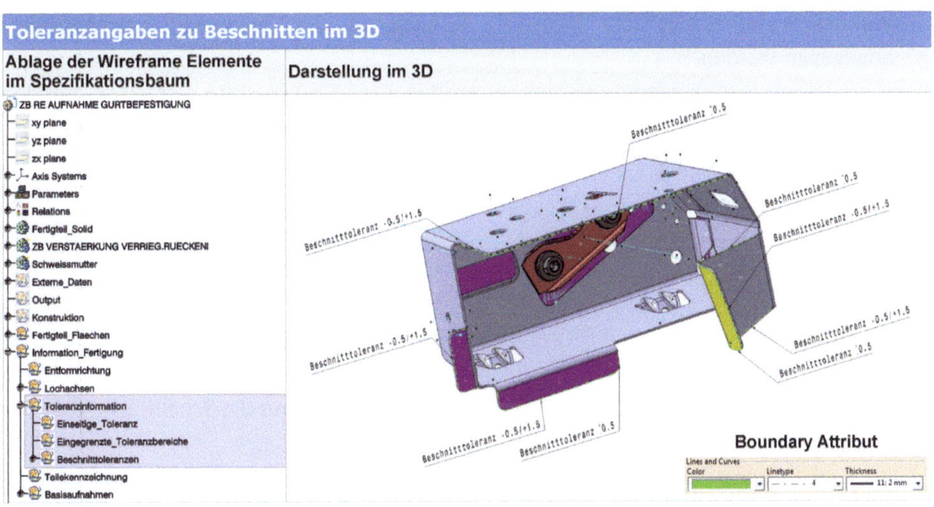

Bild 2-23: Toleranzangaben bei Beschnitten an der Geometrie und im Spezifikationsbaum

Die Maschinenlesbarkeit dieser Informationen wird gewährleistet, indem wir wieder **Semikolon** als Trennzeichen für Gruppen von Informationen und „**Komma**" als Trennzeichen für die Aufzählung verwenden.

Das Wireframe-Element der Kurve (Curve) wird im dazugehörigem geometrischen Set „Toleranzinformation" abgelegt.

Ein Beispiel wie dies in 3D aussehen kann, zeigt Bild 2-23.

2.3.4 Flaggenanmerkungen

Bei einer Flaggenanmerkung handelt es sich um eine besondere Kategorie von Textanmerkungen. Die Workbench Functional Tolerancing & Annotations bietet hier dem Konstrukteur die Möglichkeit an, im 3D-Modell Verknüpfungen in Form von Hyperlinks auf externe Dokumente abzulegen. Dies geschieht mit Hilfe der gleichnamigen Funktion ***Flaggenanmerkungen***. Anwendungsmöglichkeiten hierfür gibt es viele. Es kann sich zum Beispiel bei den angezogenen Dokumenten um Qualitäts- und Prüfvorschriften, Textdokumente, die lokal oder serverbasierend abgelegt werden, handeln oder auch auf HTML-Seiten im Intranet verweisen. Dabei können Verknüpfungen CATProducts, CATParts sowie sämtliche Bestandteile hinzugefügt werden.
Dem Anwender werden zwei Arten von Flaggenanmerkungen zur Verfügung gestellt:

- ***Flag Note with Leader*** erzeugt eine Flaggenanmerkung mit Bezugslinie
- ***Flag Note*** eine Flaggenanmerkung mit frei definierbarem Format

Unmittelbar nach Auswahl des Bezugselements wird das Dialogfenster **Flag Note Definition** angezeigt. Hier kann nun die Verknüpfung der Textanmerkung zum externen Dokument hergestellt werden.

- Im Feld **Name** wird die Namensverknüpfung der Flaggenanmerkung angegeben.
- Im Feld **URL** erfolgt die Zuordnung der Verknüpfung zur Flaggenanmerkung. Durch Anklicken der Schaltfläche **Browse...** können ein oder mehrere Verknüpfungen angegeben werden.

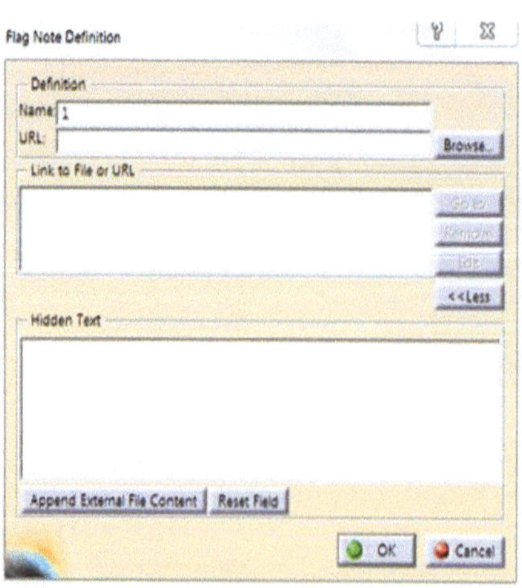

- Das Feld **Link to File or URL** beinhaltet eine Auflistung der gerade aktiven Verknüpfungen.
- Zum Aktivieren einer Verknüpfung muss diese zunächst markiert werden und anschließend die Schaltfläche **Go to** angeklickt werden.
- Zum Entfernen einer Verknüpfung muss diese ebenfalls zunächst markiert werden und anschließend die Schaltfläche **Remove** angeklickt werden.
- Soll eine Verknüpfung bearbeitet werden, wird sie ebenfalls zuerst markiert. Dann die Schaltfläche **Edit** anklicken.

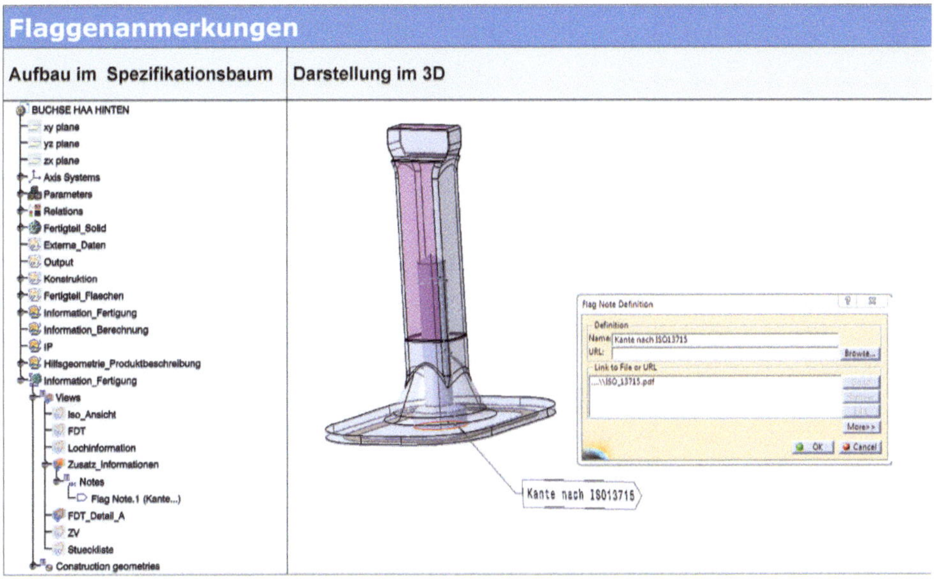

Bild 2-24: Flaggenanmerkung an der Geometrie und im Spezifikationsbaum

- Per Klick auf die Schaltfläche **More** kann ein verdeckter Text definiert werden, der mit der Liste der Verknüpfungen als QuickInfo angezeigt wird, wenn der Mauszeiger auf eine Flaggenanmerkung gesetzt wird. Es kann Text eingegeben oder aus einer Textdatei importiert werden. Das Feld kann auch leer gelassen werden.

2.3.5 Weld Design

Für die Darstellung von Schweiß- und Lötverbindungen wird in 3D die Funktion ***Weld Design*** zur Verfügung gestellt. Hierbei handelt es sich nicht um eine reguläre Funktion der FTA-Workbench. Auf ***Weld Design*** kann über mehrere (auf Einzelteile bezogene) Workbenches zugegriffen werden, wie Part Design oder Generative Shape Design. Dazu muss lediglich der Befehl *Weld Creation* ausgeführt werden. Dazu wie folgt vorgehen:

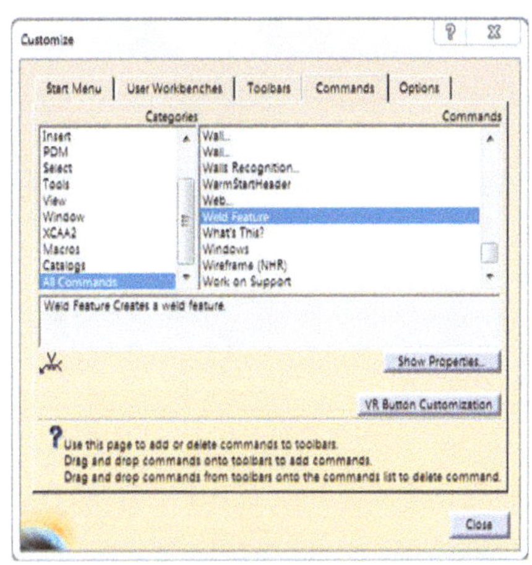

- Ein Einzelteil laden und in die Workbench Part Design wechseln.
- Über Tools-Customize das Fenster Customize aufrufen und nach dem Befehl *Weld Feature* suchen (s. Bild).
- Um den Befehl *Weld Feature* ausführen zu können, muss dieser in einer Symbolleiste abgelegt werden. Nachdem

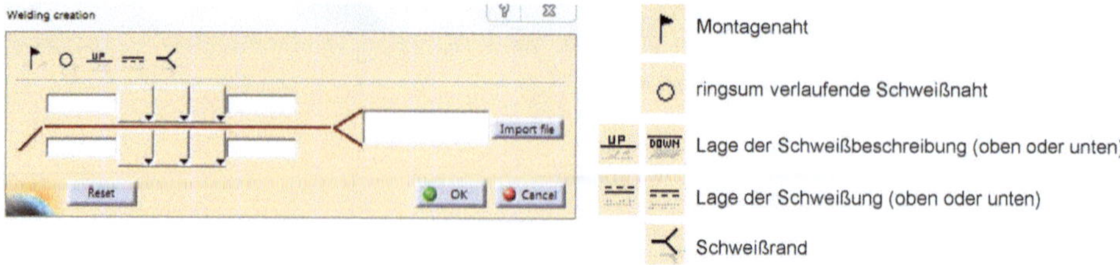

Bild 2-25: Das Dialogfenster Welding creation und die Bedeutung der Ergänzungssymbole

dies erfolgt ist, können wir mit der Darstellung der Schweiß- und Lötverbindungen beginnen.

– Das Bezugselement auswählen und den Befehl über die Symbolleiste ausführen. Es öffnet sich das Fenster **Welding creation**, indem nun die Spezifikationen der Verbindung abgelegt werden.

Durch Anklicken der entsprechenden Symbolschaltflächen innerhalb des Fensters **Welding creation** kann das Schweißsymbol sowie Ergänzungssymbole und/oder Abschlusssymbole ausgewählt werden. Welche Schweißsymbole hier verfügbar sind, ist vom dedizierten Standard abhängig.

Nach Abschluss des Erstellungsvorgangs wird im Spezifikationsbaum und in 3D das Weld-Feature abgelegt. Das Feature besteht aus der Bezugslinie, aus einer Pfeillinie (je Stoß), aus der Gabel und aus dem graphischen Symbol. Bei der Bezugslinie handelt es sich um zwei Parallellinien, die Bezugsvolllinie und die Bezugsstrichlinie. Die Bezugsstrichlinie wird je nach Projektionsmethode über oder unter der Bezugsvolllinie angegeben.

Ein Beispiel für die Anwendung der Funktion Weld Design für die Punktschweißverbindung wird in Bild 2-26 dargestellt.

Bei allen anderen Schweißverbindungstypen wird das entsprechend Symbol am Weld Feature ausgetauscht.

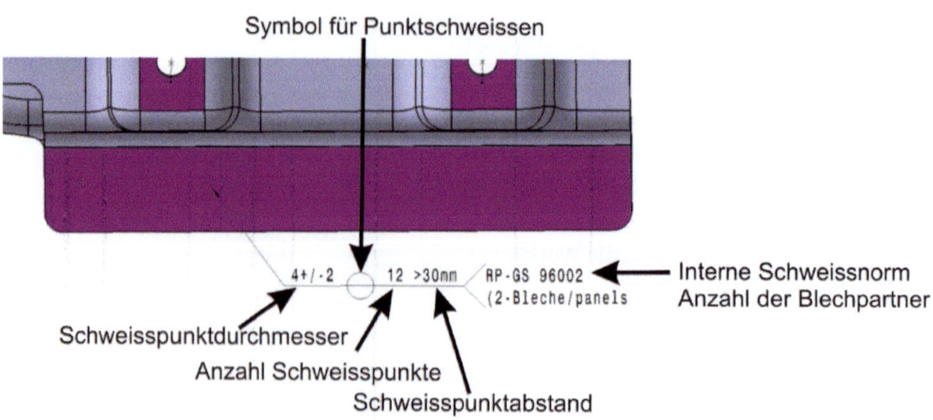

Bild 2-26: Beispiel Kennzeichnung einer Punktschweißverbindung

Fügetechnik: Einstanz-, Einniet-, Einpresselemente darstellen

Die Funktion ***Weld Creation*** kann nicht nur für die Darstellung von Schweißverbindungen verwendet werden, sondern auch bei der Fügetechnik, um Funktionselemente entsprechend zu kennzeichnen. Als Funktionselemente werden in diesem Fachbuch überwiegend Gewindeträger bezeichnet, die die Funktion einer Mutter bzw. eines Bolzens übernehmen. Sie bestehen aus einem Funktionsabschnitt und einem Befestigungsabschnitt. Eingeteilt werden sie in Einniet-, Einstanz- und Einpress-elemente.

3D-Referenz für Funktionselemente

Funktionselemente können in 3D als 3D-Geometrie abgelegt werden, entweder als Instanz innerhalb einer Baugruppe oder als Körper (Body) in einem Einzelteil (Multi-Body). Wenn dies nicht der Fall sein sollte, muss in 3D auf dieses Element verwiesen werden. Hier kommt nun die Funktion ***Weld Creation*** zum Einsatz.

Das Weld-Feature wird auf der Mittelachse des Lochs bzw. des Elements erzeugt, in der ein Funktionselement angebracht werden soll. Innerhalb des Features sollten Kurzbezeichnung und Abmaß (z. B. SBF–M6x20), Anziehdrehmoment M_A oder die Verschraubungsklasse eingetragen werden. Ein Vorschlag, wie dies in der Praxis aussehen könnte, wird in den Bildern 2-27 und 2-28 dargestellt.

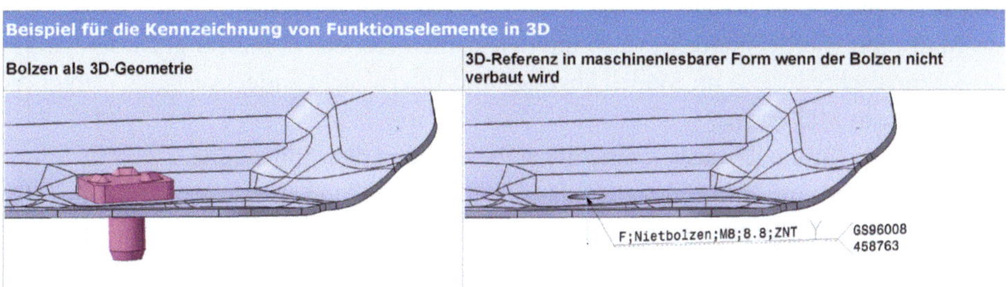

Bild 2-27: Beispiel für Darstellung in 3D

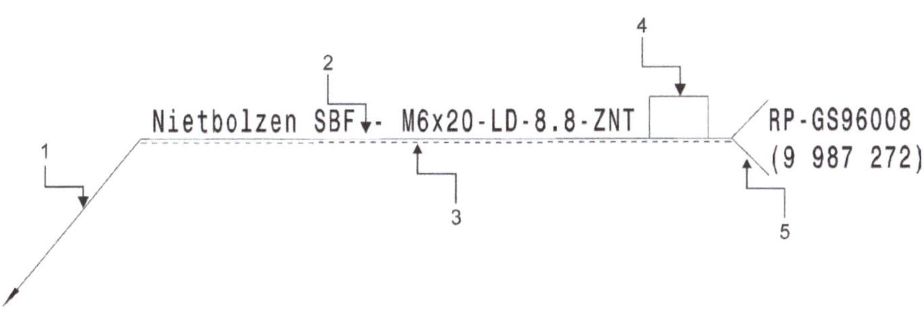

1 - Pfeillinie
2 - Bezugslinie als Volllinie
3 - Bezugslinie als Strichlinie
4 - Symbol
5 - Gabel

Bild 2-28: Bezugszeichen des Weld-Features

2.4 Maßeinträge

Maßeinträge werden in technischen Dokumentationen eingesetzt um Bauteile, Einzelteile sowie Baugruppen in ihren Abmessungen zu definieren. Die Geometrie des Bauteils wird somit eindeutig festgelegt und Folgeprozesse können dann Bauteile fertigen, innerhalb von Baugruppen montieren und Qualitätskontrollen durchführen.

Der Leser wird im Laufe dieses Kapitels einen Überblick über die wichtigsten Elemente des Bemaßungsprozesses erhalten und zugleich mit dem Erstellungsvorgang einer dreidimensionalen Bemaßung mit CATIA vertraut gemacht.

2.4.1 Normgerechte Maßeintragung

Das normgerechte Eintragen von Bauteilmaßen gilt als Grundlage jeder technischen Dokumentation. Die allgemeinen Grundregeln für die Eintragung und letzten Endes der Darstellung von Maßen innerhalb eines Technischen Dokuments (z. B. einer technischen Zeichnung) sind in den Normen DIN 406-10 und DIN 406-11festgelegt. Diese Regeln, wenn es nicht anders im Prozess vereinbart wurde, werden auch in der dreidimensionalen Produktbeschreibung übernommen.

Die Bemaßung selbst besteht aus mehreren konstruktiven Elementen:

- **Maßwert:** Hierbei handelt es sich um den Zahlenwert der Abmessung. Dieser wird in Dezimalschreibweise im Modell abgelegt und sofern nicht anders verlangt, erfolgt die Angabe in Millimeter.
- **Maßlinie,** für die Kennzeichnung der zu beschreibenden Abmessung.
- **Maßhilfslinie** um den Anfang und das Ende der Bemaßung anzuzeigen. Die Linie führt vom bemaßten Element bis zur Maßlinie.

  Maßlinienbegrenzungen:  Diese markieren die Endpunkte der Maßlinie.

Ein Beispiel für eine Bemaßung eines Werkstücks im 3D-Umfeld zeigt das Bild 2-29.

Bei diesem Beispiel handelt es sich natürlich um ein sehr einfaches Bauteil. Bei „komplexeren" Einzelteilen und Baugruppen kann jedoch die technische Produktbeschreibung schnell sehr umfangreich werden. Daher gibt es mehrere Bemaßungsmethoden, die angewendet werden können, um die Beschreibung übersichtlicher zu gestalten.

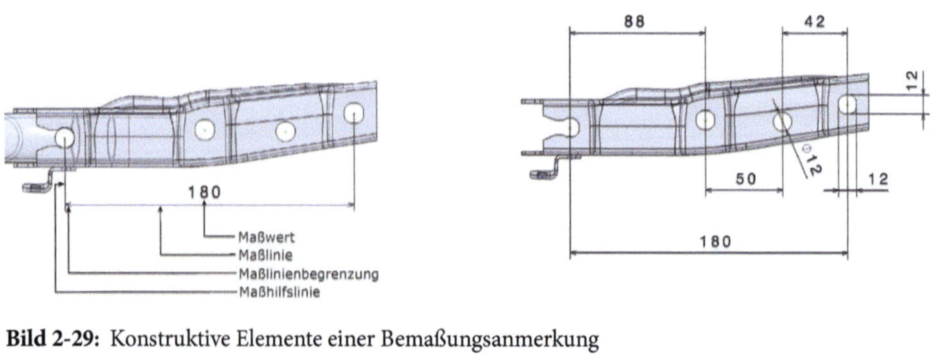

Bild 2-29: Konstruktive Elemente einer Bemaßungsanmerkung

Funktionsbezogen bemaßen

Bei einer funktionsbezogenen Bemaßung wird das Bauteil in einer Art und Weise bemaßt (und toleriert), so dass dieses im fertigen bzw. verbauten Zustand seine Funktion erfüllt. Mit anderen Worten erfolgt die Bemaßung des Bauteils ausschließlich unter dem Gesichtspunkt der Funktionalität.

Fertigungsbezogen bemaßen

Die fertigungsbezogene Bemaßung nimmt Rücksicht auf die Herstellung des Bauteils in Hinblick auf das Fertigungsverfahren. Eine fertigungsbezogene Bemaßung soll es dem Fertigungsprozess somit ermöglichen das Bauteil herzustellen.

Prüfbezogen bemaßen

Bei der prüfbezogenen Bemaßung werden im Modell nur die Maße und Toleranzen eingetragen, die für die Prüfung des Einzelteils wichtig sind.

Welche Methode angewendet wird, ist dabei abhängig vom Bauteil das beschrieben werden soll und vom Verwendungszweck der technischen Dokumentation. Der Anwender sollte aber unabhängig von der angewandten Methode immer darauf achten, dass

- die Bemaßungen in der am besten geeigneten Anmerkungsebene positioniert werden, so dass das Erzeugen dieser Bemaßung in anderen Ansichtsebenen nicht mehr notwendig ist,
- nur die Maße im Modell eingetragen werden, die für die eindeutige Beschreibung des Gegenstands notwendig sind,
- die Maße sich immer nur auf den dargestellten Zustand beziehen sollten.

Die Maßeintragungen selbst können dabei auf folgende Arten vorgenommen werden:

Parallelbemaßung

Die Maßlinien werden parallel zueinander angeordnet, jeweils als separate Maßlinien. Die Maße werden vom Bezugspunkt ausgehend in einer oder mehreren senkrecht zueinander stehenden Richtungen eingetragen. Falls es sich um Winkelbemaßung handelt, werden die Linien konzentrisch zueinander angeordnet.

Im System bemaßen

Ein Bemaßungssystem umfasst eine Gruppe von Bemaßungen, die entweder global oder einzeln bearbeitet werden können. Im Modell können beliebig viele Bezugsbemaßungen erzeugt werden, jedoch ausschließlich aus Abstands- und Winkelbemaßungen. In diese Kategorie gehören auch s**teigende Bemaßungen**. Bei der steigenden Bemaßung wird für jede Bemaßungsrichtung nur eine Maßlinie gezeichnet. Die erste Maßhilfslinie stellt den Ursprung dar, der durch ein Kreissymbol gekennzeichnet wird. Die Maßwerte zählen dann vom Ursprung aus kontinuierlich hoch.

Koordinatenbemaßung

Unter dem Begriff Koordinatenbemaßung versteht man allgemein die Bemaßung mittels Polarkoordinaten und die Bemaßung mittels kartesischen Koordinaten. Bei der Bemaßung mit kartesischen Koordinaten werden über die x-, y- und z-Koordinaten Punkte angegeben.

Besondere Maße

Im Laufe des Bemaßungsprozesses können besondere Maße im Modell abgelegt werden, die den Zweck des Maßeintrags wiederspiegeln. Dazu gehören:

- **Prüfmaße** die beim Prozess der Qualitätsabsicherung besonderer Prüfung bedürfen. Diese werden mit Hilfe eines Rahmens mit Halbkreisen gekennzeichnet.
- **Theoretisch genaue Maße** oder auch **ideale Maße** genannt, zur Angabe der geometrisch idealen Lage der Toleranzzone. Diese Maße werden ohne Toleranzen eingetragen und mit einem rechteckigen Rahmen umrandet.
- **Hilfsmaße,** die für die Fertigung des Bauteils nicht relevant sind und rein Informativ im Modell abgelegt werden. Diese werden mit Hilfe von runden Klammern im Modell gekennzeichnet.

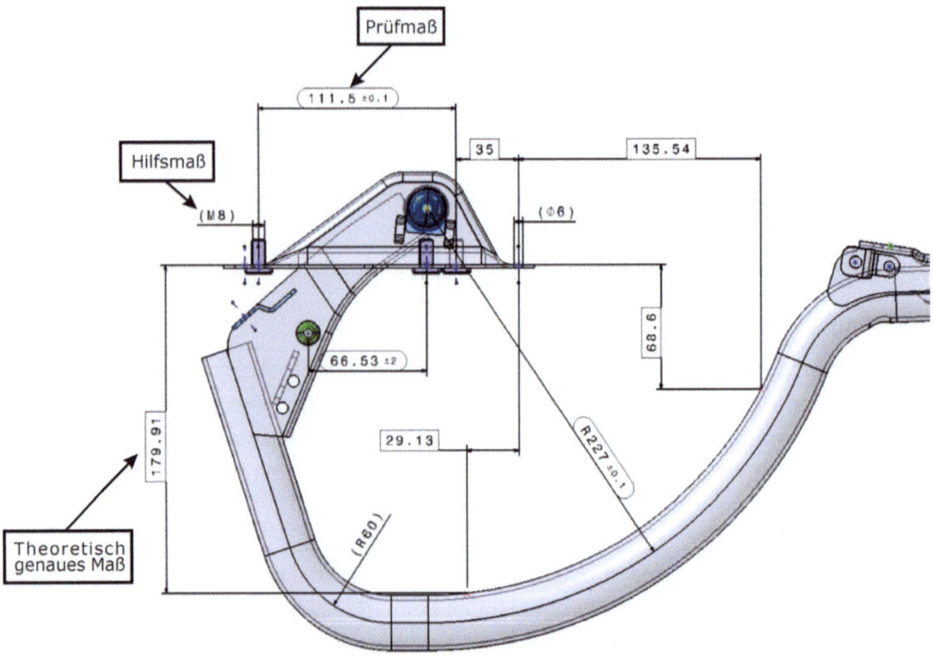

Bild 2.30: Besondere Maße an einem mit 3D-Master beschriebenen Bauteil

2.4.2 Bemaßung in 3D

Um alle unterschiedlichen Bemaßungstypen im 3D-Modell einzutragen, stellt die Workbench Functional Tolerancing & Annotations die Symbolleiste **Dimensions** und deren Funktionen zur Verfügung:

- *Dimension* für die Erzeugung von Längen-, Abstands-, Radius-, Durchmesser-, und Winkelbemaßungen
- *Stacked Dimension* für die Erstellung von Bezugsbemaßungssystemen
- *Cumulated Dimensions* für steigendende Bemaßungen
- *Coordinate Dimension* für Koordinatenbemaßung von Punkten. Die Bemaßung bezieht sich dabei immer auf das absolute Achsensystem des Bauteils. Diese Einschränkung kann jedoch mit der Anwendung von parametrisch-assoziativen Texten umgangen werden.
- *Curvilinear Dimension* für Bogenbemaßungen

Beim Erzeugungsvorgang kann sich die Bemaßung auf ein oder mehrere Elemente beziehen. Entsprechend passt sich die Auswahlmöglichkeit der erzeugenden Bemaßung an:

(Bemaßung bezogen auf ein Element)

- Längenbemaßungen
- Durchmesserbemaßungen
- Radiusbemaßungen
- Bemaßung von Krümmungsradien

(Bemaßung bezogen auf zwei oder mehrere Elemente)

- Abstandsbemaßungen
- Winkelbemaßungen
- Durchmesser-/Radius-/Zylinderbemaßungen

Bei Abstands-, Winkel-, Durchmesser-, Zylinder-, Durchmesserkanten- und Durchmessertangentenbemaßungen können Halbbemaßungen erzeugt werden, jedoch nicht bei steigenden Bemaßungen.

Längen- und Abstandbemaßungen erzeugen

Über die Funktion ***Dimension*** können Längen- und Abstandsmaße erzeugt werden. Für die Erzeugung eines Längenmaßes muss dem Aufruf der Funktion die Auswahl des Bezugselements folgen (z. B. eine Kante). Das Maß wird erzeugt und per Klick im leeren Raum bestätigt. Dieses wird dann im Spezifikationsbaum unter dem Anmerkungsset und der Rubrik „Dimensions" abgelegt. Um ein Abstandsmaß zu erzeugen, müssen nach dem Funktionsaufruf die Bezugselemente der Bemaßung nacheinander selektiert werden.

Winkelbemaßung erzeugen

Um eine Bemaßung zwischen zwei Elementen zu erzeugen, die zueinander in einen Winkel verbaut sind, muss die Funktion ***Dimension*** aufgerufen und die zwei zu bemaßenden

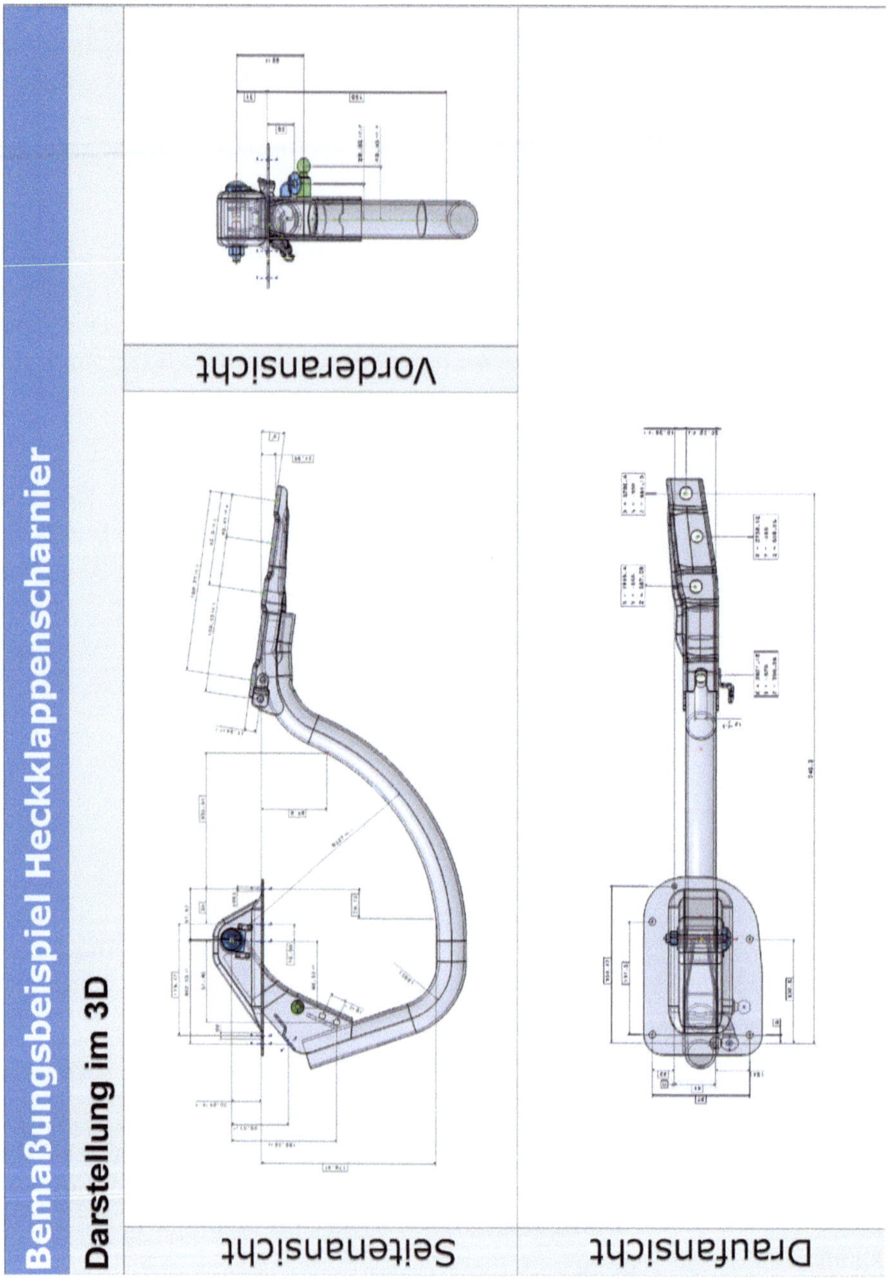

Bild 2-31: Beispiel für die Ablage der unterschiedlichen Bemaßungstypen in 3D

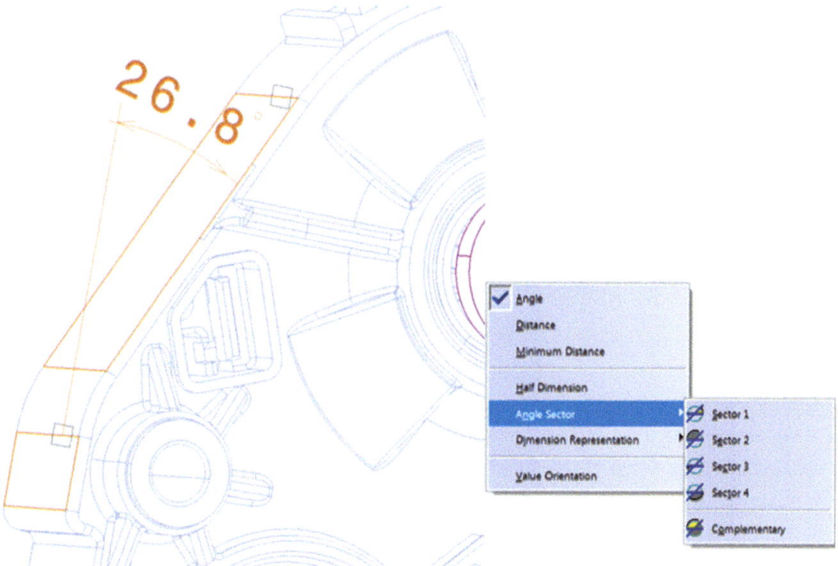

Bild 2-32: Änderung des Winkelsektors über das Kontextmenü der Anmerkung

Elemente nacheinander ausgewählt werden. Die Winkelbemaßung kann dabei unter Verwendung des Kontextmenüs auf einen neuen Sektor verschoben werden. Dazu Maß mit der rechten Maustaste anklicken und im Kontextmenü „Angle Sector" und anschließend entweder einen bestimmten Winkelsektor oder „Complementary" (Ergänzung) auswählen. Die Bearbeitung des Winkelsektors ist auch nachträglich möglich. Hierzu die Winkelbemaßung im Spezifikationsbaum mit der rechten Maustaste anklicken und im Kontextmenü den Befehl „Dimension_Name.object" und „Angle Sector" auswählen.

Bemaßungssystem erzeugen

Wie bereits erwähnt wurde, unterstützt die Symbolleiste **Dimensions** die Erzeugung von Bemaßungssystemen. Dabei wird die Erstellung von steigenden sowie auch von Bezugsbemaßungssystemen ermöglicht.

Wenn das Bemaßungssystem maximal eine Bemaßung enthält, lassen sich die Attribute Typ, Maßrichtung, Winkelsektor und Eigenschaften ändern.

- Während der Erzeugung von Bemaßungen kann durch Gedrückthalten der **Strg**-Taste die Option ***Dimensions following the Cursor*** vorübergehend aktivieren werden.
- Durch Gedrückthalten der **Umschalttaste** lässt sich die Option **Snap by default** vorübergehend aktivieren.
- Wenn die Option ***Dimensions following the Cursor*** aktiviert ist kann bei der Erzeugung eine Winkelbemaßung der Winkelsektor der ersten Bemaßung entsprechend der Mausposition durch Gedrückthalten der **Strg**-Taste und der **Umschalttaste** umgeschaltet

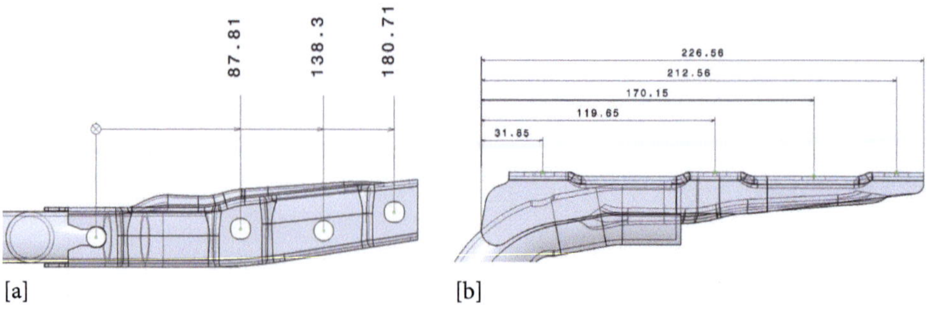

Bild 2-33: Bemaßungssysteme im 3D [a] steigende Bemaßung [b] Bezugsbemaßungssystem

werden. Wenn die Option ***Dimensions following the Cursor*** nicht aktiviert ist, kann bei gedrückter **Strg**-Taste durch Anklicken der Maßlinie zum komplementären Winkelsektor umgeschaltet werden.

Bemaßungsattribute ändern

Eine Bemaßungsanmerkung besteht aus mehreren Attributen, die vom Anwender je nach Bedarf/Anforderung geändert werden können. Ein Teil dieser Attribute kann während des Erzeugungsvorgangs verändert werden, der restliche Teil unmittelbar danach
(während der Bemaßungserzeugung):

- Typ
- Ausrichtung
- Winkelsektor

(nach der Bemaßungserzeugung):

- Wertposition
- Überstand und/oder Abstand von Maßhilfslinien
- Eigenschaften
- Durchmesser gegen Radius austauschen und umgekehrt.

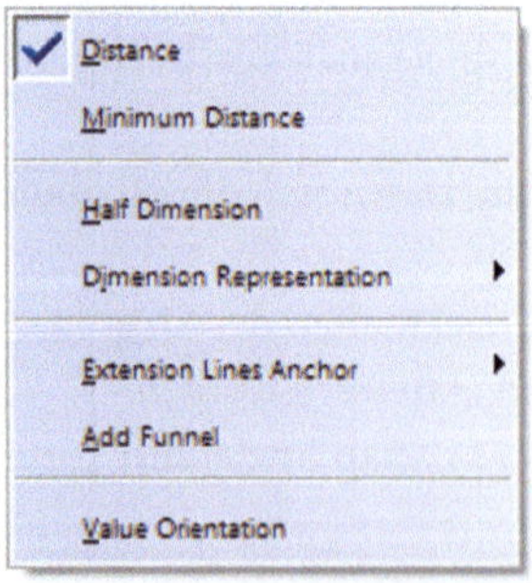

Wird die Bemaßung vor der Bestätigung mit der rechten Maustaste angeklickt, wird ein Kontextmenü mit Optionen aufgerufen, die das Ändern des Bemaßungstyps und seiner Wertausrichtung sowie das Hinzufügen von abgesetzten Maßhilfslinien ermöglichen. Nach Erzeugung der Bemaßung kann über dieses Kontextmenü auf die Optionen „Eigenschaften" zugegriffen werden.

Die Position der Maßlinie kann unter Verwendung der Maßhilfslinie geändert werden.

Die Ausrichtung der Bemaßung kann auch während des Erzeugungsvorgangs über die Symbolleiste **Tools Palette** gesteuert werden. Die in der Toolauswahl angezeigten Optionen sind von der ausgewählten Anmerkung abhängig.

Bemaßungstyp	3D Darstellung	Bemaßungstyp	3D Darstellung
Maßstäbliche Linearbemaßung (nur für isometrische 3D-Ansichten)	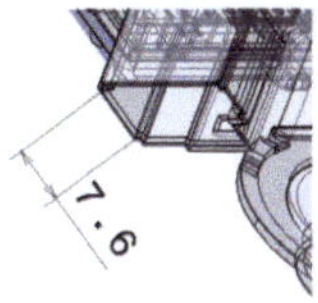	Horizontale Bemaßung in der 3D-Ansicht erzwingen	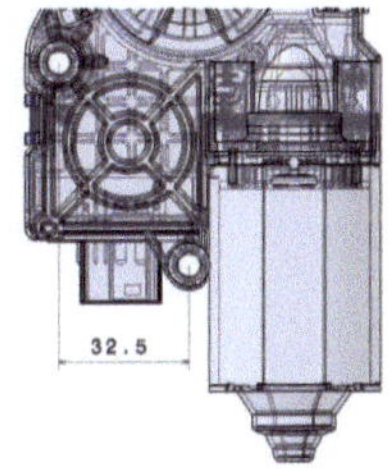
Bemaßung entlang einer Richtung erzwingen	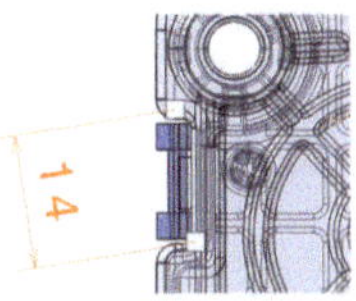	Vertikale Bemaßung in der 3D-Ansicht erzwingen	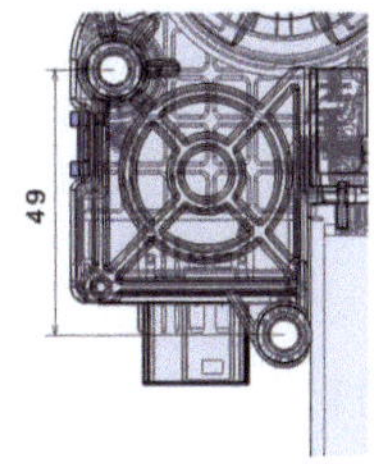
Projizierte Bemaßung (entsprechend der Cursor Position)	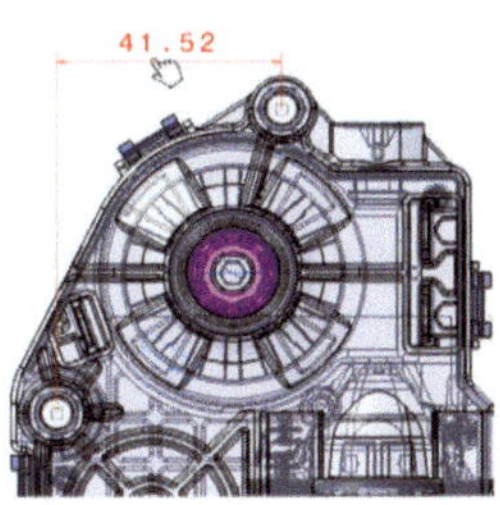		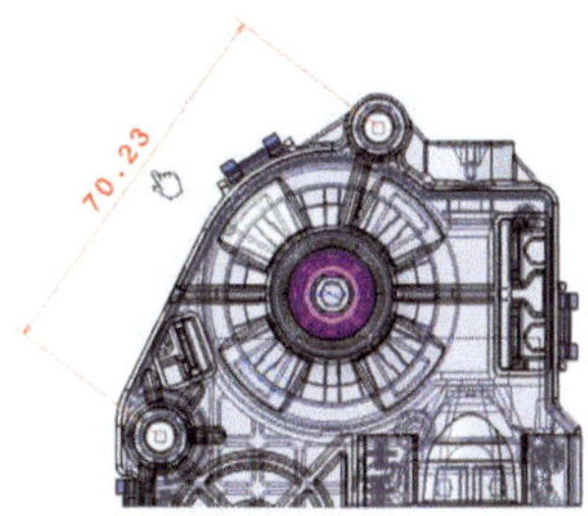

Bild 2-34: Bemaßungstypen in der Anwendung

Wird beispielsweise die Funktion ***Dimensions*** ausgewählt, können über die Toolauswahl folgende Optionen zur Verfügung stehen:

Anker für Maßhilfslinien

Beim Erzeugen einer Bemaßung zwischen zwei Elementen, von denen mindestens eines ein Kreiselement ist, kann der Anker bzw. der Bezugspunkt der Maßhilfslinie zum kreisförmigen Element ausgetauscht werden. Die verfügbaren Bezugspunkte werden angezeigt, sobald der Cursor auf dem gelben Symbol positioniert wird.

Bezugspunkt 1(Anchor 1) befindet sich am Endpunkt des Kreises, Bezugspunkt 2 (Anchor 2) am Mittelpunkt und Bezugspunkt 3 (Anchor 3) am Endpunkt. Um zwischen den einzelnen Bezugspunkten zu wechseln, muss lediglich das gelbe Symbol am Ende der Maßhilfslinie verschoben werden. Eine andere Möglichkeit den Bezugspunkt zu ändern besteht darin, das Kontextmenü mit aufzurufen und in der Rubrik „Extension Line Anchor" eine der verfügbaren Bezugspunktoptionen für die Maßhilfslinien auszuwählen.

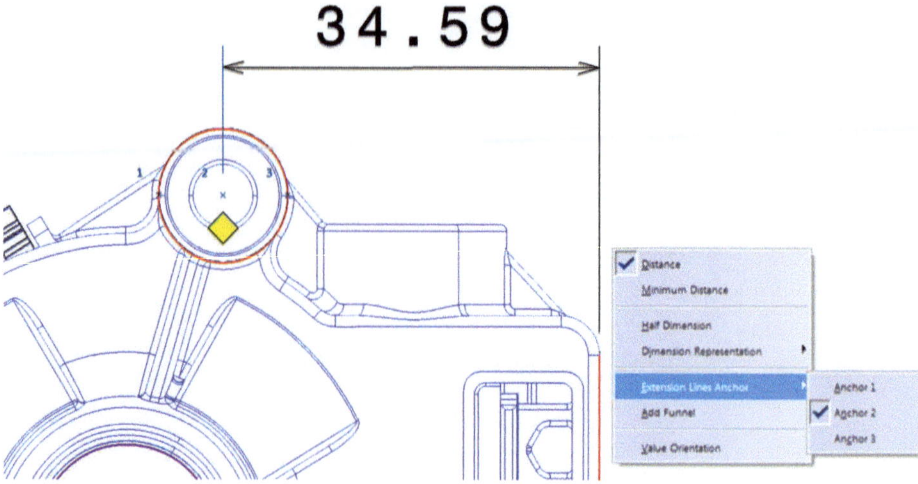

Bild 2-35: Anker für Maßlinien im Einsatz

2.4.3 Maßtoleranzwerte eintragen

Maßtoleranzen können gemäß ISO 286 im 3D angegeben werden. Jedoch unabhängig vom ISO-Standard, der für die Toleranzfestlegung ausgewählt wird, muss dieser im Modell oder in den Metadaten des Bauteils als Quelle angegeben werden.

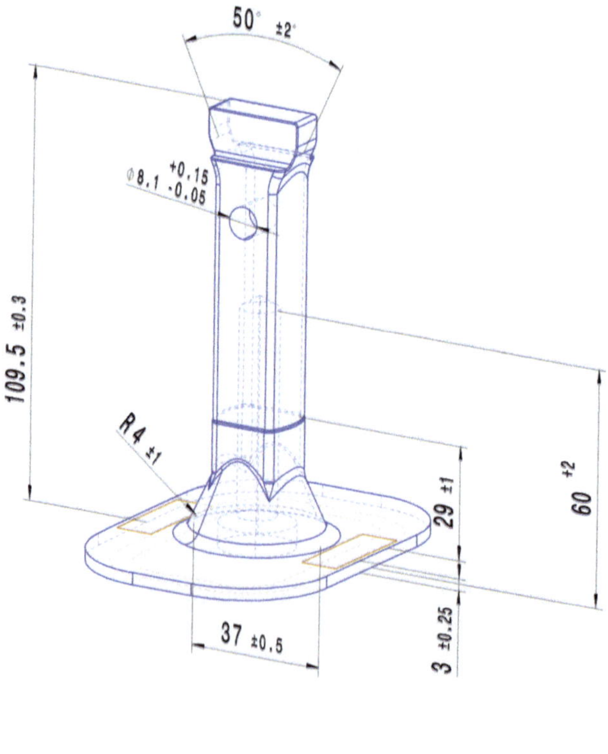

Bild 2-36: Beispiel für die Anbringung und Platzierung von Maßtoleranzen

Bild 2-37: Eigenschaften der Bemaßung bezogen auf die Toleranzangaben

Nach der Erzeugung einer Bemaßung kann dieser jederzeit eine Toleranz vergeben werden. Ausgeschlossen sind hier Koordinatenbemaßungen. Die Toleranzangabe erfolgt über die Symbolleiste **Dimensions Properties**, in der die Toleranzgruppe ausgewählt (Auswahlmöglichkeiten abhängig vom vordefinierten Standard) und der Toleranzwert eingetragen werden kann.

Die Symbolleiste **Numerical Properties** ermöglicht die Steuerung der Genauigkeit und des Anzeigeformats. Die Genauigkeitswerte werden in den Formaten Dezimalzahl und Bruchzahl interpretiert. Bei Dezimalzahlen handelt es sich um Werte, die kleiner als 0 oder gleich 1 sind. Bruchzahlen hingegen sind Werte, die größer als 1 sind. Der Wert Genauigkeit und das Format können unabhängig voneinander über die Registerkarte Wert geändert werden, die unter Bearbeiten\ Eigenschaften zu finden ist.

2.4.4 Bemaßungseigenschaften

Wird die Bemaßung vor der Erzeugung mit der rechten Maustaste angeklickt, wird wie bereits erwähnt, ein Kontextmenü mit Optionen aufgerufen, das das Ändern einiger Einstellungen ermöglicht. Die Bemaßungsanmerkung besteht jedoch aus sehr viel mehr Elementen, die über das Kontextmenü angezeigt werden können. Um auf diese zu zuzugreifen und sie entsprechend zu verändern, muss der Anwender das Eigenschaftenfenster der Anmerkung öffnen. Dies geschieht über den Befehl ***Eigenschaften*** des Kontextmenüs der Anmerkung. Die Attribute die im Eigenschaftenfenster zur Bearbeitung zur Verfügung stehen, werden in die folgenden Hauptkategorien aufgeteilt:

- Wert (Bemaßungstyp, Wertausrichtung, Format etc.)
- Toleranz (Hauptwert, Zweitwert etc.)
- Maßlinie (Bezugslinie, Symbole etc.)
- Maßhilfslinie (Extremwerte, Abgesetzte Maßhilfslinie etc.)
- Numerische Eigenschaften (Beschreibung, Anzeige, Genauigkeit etc.)
- Schriftart (Darstellung, Größe, Zeichen etc.)
- Text (Rahmen, Position, Ausrichtung etc.)

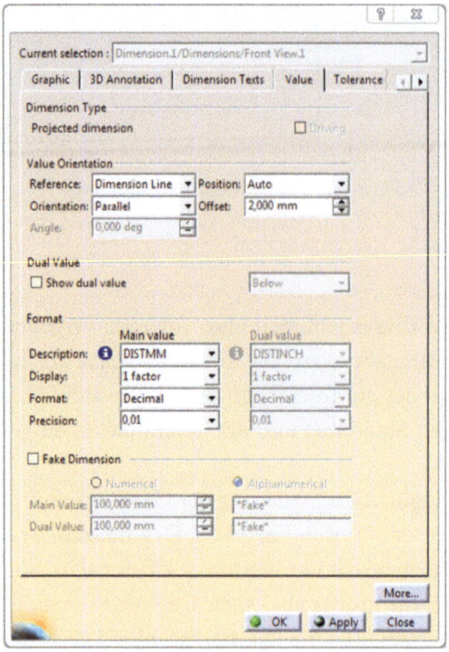

[a]

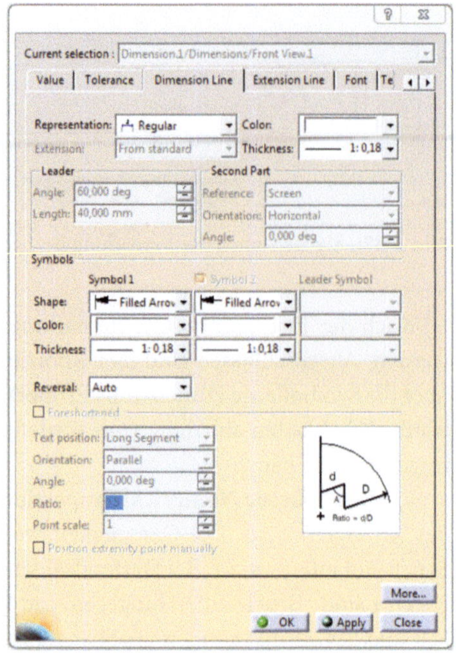

[b]

Bild 2-38: Eigenschaftenfenster der Bemaßung: Reiter Wert [a] und Maßlinie [b]

2.4.5 Generative Bemaßung im 3D Generative Dimensions

Zu diesem Zeitpunkt stellen sich die meisten Leser nun folgende, berechtigte Frage:

„Ist es nicht möglich sich der im Modell vorhandenen Parametrik zu bedienen, um schnell und unkompliziert ein Bauteil in einem Durchlauf zu bemaßen?"

Die Funktion Generative Dimensions ermöglicht genau dies, indem alle zur Verfügung stehenden Parameter eines zuvor ausgewählten Elements/Features ausgelesen und dem Anwender für die Erstellung der Anmerkungen zur Verfügung gestellt werden.

Bemaßungsanmerkungen können ausschließlich aus den Parametern folgender Teilekonstruktionselementen (Part-Design Umgebung) generiert werden:

- Hole (Bohrung)
- Pad (Block)
- Multipad (Mehrfachblock)
- Pocket (Tasche)
- Multipocket (Mehrfachtasche)
- Sketch Constraints
- Shaft (Welle)
- Groove (Nut)
- Chamfer (Fase)
- Thread (Gewinde)

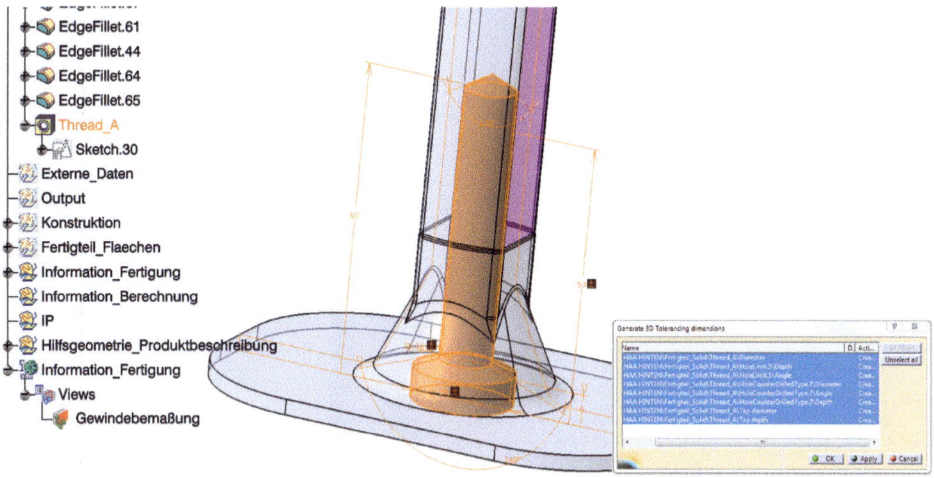

Bild 2-39: Generate 3D Tolerancing Dimensions im Einsatz

Im folgenden Szenario wird die Anwendung der Funktion **Generative Dimension** anhand einer Gewindebemaßung anschaulich demonstriert.

– Die Funktion ***Generative Dimension*** aufrufen. Es öffnet sich das Dialogfenster **Generate 3D Tolerancing dimensions.**
– Im Spezifikationsbaum das Gewinde *Thread_A* auswählen. Hierbei handelt es sich um Element der Teilekonstruktionsumgebung vom Typ Hole.

Im Dialogfenster **Generate 3D Tolerancing dimensions** werden nun alle zur Verfügung stehenden Parameter zum Gewindefeature angezeigt.
– Die gewünschten Parameter auswählen und die Auswahl mit ***Apply*** bestätigen.

Aus jedem der ausgewählten Parameter wird eine Anmerkung erzeugt und im Spezifikationsbaum abgelegt.

Nun ist es an der Zeit einige besondere Eigenschaften dieser Funktion vorzustellen, die der Konstrukteur berücksichtigen sollte:

- Je „komplexer“ der Aufbau des ausgewählten Features ist (z. B. Sketch), desto mehr Parameter werden im Dialogfenster **Generate 3D Tolerancing dimensions** angezeigt und desto mehr Zeit wird in Anspruch genommen, um den gewünschten Parameter für die Maßerzeugung aus der Liste auszuwählen.
- Die generierten Dimensions werden immer in Anmerkungsebenen abgelegt, die parallel zum jeweiligen Bezugselement aufgebaut sind. Falls sich eine solche Anmerkungsebene bereits im Modell befindet, wird diese automatisch für die Generierung der Anmerkung hergenommen. Dabei muss es sich nicht unbedingt um die gerade aktive Ansichtsebene handeln. Falls sich keine geeignete Anmerkungsebene im Modell befinden sollte, wird vom System eine neue angelegt und für die Ablage der Anmerkung verwendet. Die

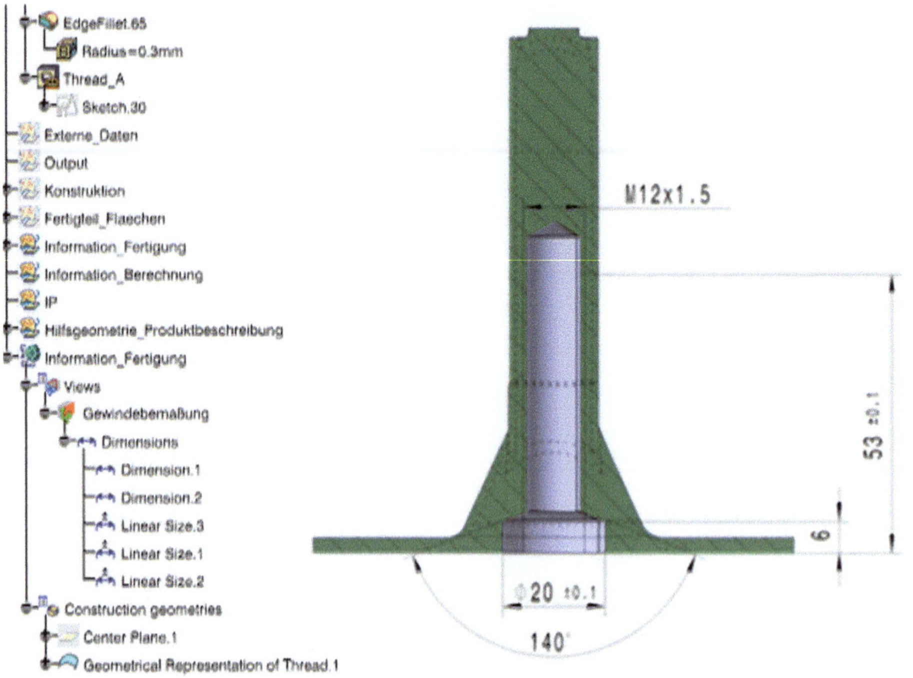

Bild 2-40: Thread Bemaßung mit Generative Dimensions

Anmerkungen müssen dann vom Anwender mit Hilfe der Funktion ***Transfer to View Annotation Plane*** in die von ihm gewünschten Anmerkungsebenen transferiert werden.

– Alle relevanten Anmerkungen im Spezifikationsbaum selektieren und in die Ansicht **Gewindebemaßung** transferieren. Das Ergebnis würde wie folgt aussehen (Bild 2-40):

- Bei der Erzeugung von Bemaßungen über Generative Dimensions wird eine bidirektionale Verbindung zwischen dem ausgewählten Parameter und dem Bemaßungsfeature aufgebaut, was wiederum zur Erzeugung von **steuernden Bemaßungen** führt.

Steuernde Bemaßungen

Die Funktion ***Edit Generative Parameter*** im Kontextmenü der Anmerkung weist nun darauf hin, dass es sich hierbei um steuernde Bemaßungen handelt. Eine steuernde Bemaßung lässt sich aus folgenden Abmessungen erzeugen:

- Länge- und Abstand
- Winkel
- Radius und Durchmesser

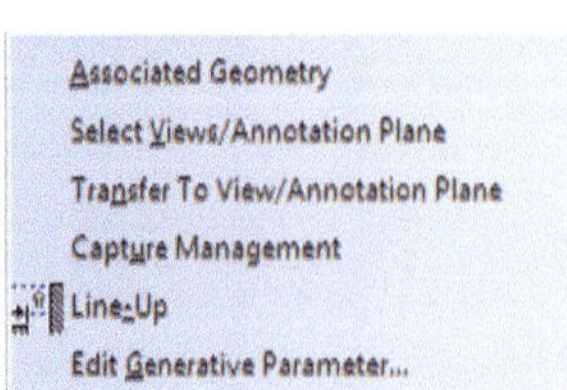

– Das Kontextmenü der Winkelbemaßung Dimension.1 öffnen und die Funktion ***Edit Generative Parameter*** aufrufen.

Das Dialogfenster **Parameter Definition** öffnet sich, das die Änderung des Parameterwerts ermöglicht und letzten Endes auch die Steuerung der Bauteilgeometrie über die Anmerkung.

2.5 Form- und Lagetoleranz

Angaben zur Form- und Lagetolerierung sind ein wesentlicher Bestandteil einer jeder technischen Dokumentation. Der Konstrukteur legt mit Hilfe dieser Angaben eindeutige Bedingungen fest, die eingehalten werden müssen, um die endgültige Form, Funktionalität und Austauschbarkeit von Einzelteilen und Baugruppen zu gewährleisten. Es folgt nun eine Erläuterung der Grundbegriffe der Form und Lagetolerierung. Es soll jedoch hier erwähnt werden, dass es nicht die Intention dieses Abschnitts ist, Sie in die Geheimnisse der Form- und Lagetolerierung einzuweihen. Es wird davon ausgegangen, dass Sie diese Kenntnisse bereits erlangt haben. Es folgt jedoch eine Beschreibung, wie diese Angaben in 3D getätigt werden, wobei der Fokus hier auf die Funktion ***Tolerancing Advisor*** gerichtet sein wird, die neue Maßstäbe für die Eingabe von Form- und Lagetoleranzen im 3D setzen kann.

Grundbegriffe

Für das normgerechte Eintragen von Form- und Lagetoleranzen im 3D verweisen wir auf die Normen DIN ISO 16792 und 1101. Es werden hier einige Grundbegriffe nochmals vorgestellt.

Bei der Angabe und der Darstellung der Toleranzen gelten einige grundlegende Vereinbarungen:

- Im ersten Feld wird die Toleranzart per Auswahl des passenden Symbols angegeben.
- Im zweiten erfolgt der Eintrag des Toleranzwerts in mm.

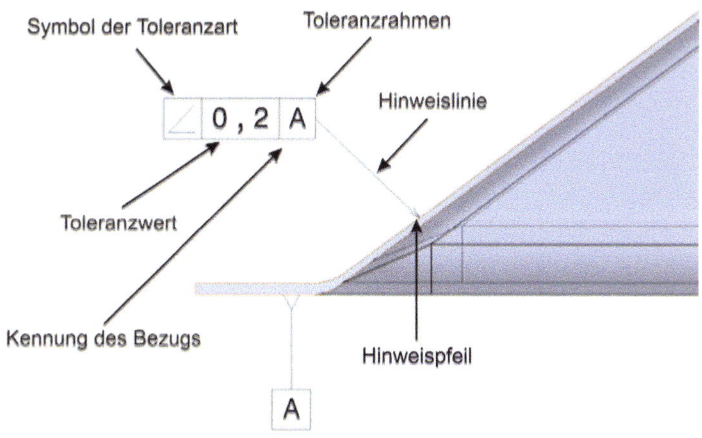

- Die restlichen Felder enthalten die Kennbuchstaben für die Bezüge, wobei maximal drei Angaben erlaubt sind.
- Wenn mehrere Toleranzeigenschaften für das Bauteil gelten, dürfen Toleranzrahmen auch untereinander strukturiert werden.

Toleranzzone

Als Toleranzzone wird die Zone bezeichnet, in der sich alle Punkte eines Geometrieelements befinden müssen. Bei dem Geometrieelement kann es sich um eine Fläche, eine Achse oder eine Mittelebene handeln.

Formtoleranzen

Mit Hilfe der Formtoleranz wird vom Konstrukteur der Bereich markiert bzw. festgelegt, in dem eine Formabweichung noch als zulässig gilt.

Lagetoleranzen

Über Lagetoleranzen wird angegeben wie weit von der idealen Lage Elemente zueinander liegen dürfen. Setzt die Definition eines oder mehrere Bezugselemente voraus.

Toleranzart		Symbole	Eigenschaften
Formtoleranz		⏤	Geradheit
		⏥	Ebenheit
		○	Rundheit (Kreisform)
		⌭	Zylinderform
Profiltoleranz		⌒	Profilformtoleranz einer Linie
		⌓	Profilformtoleranz einer Fläche
Lagetoleranz	Richtungstoleranz	∠	Neigung
		⊥	Rechtwinkligkeit
		//	Parallelität
	Positionstoleranzen	⌖	Position
		◎	Koaxialität
		⌯	Symmetrie
	Lauftoleranz	↗	Rundlauf
		⌰	Gesamtrundlauf

Bild 2-41: Symbole für tolerierte Eigenschaften

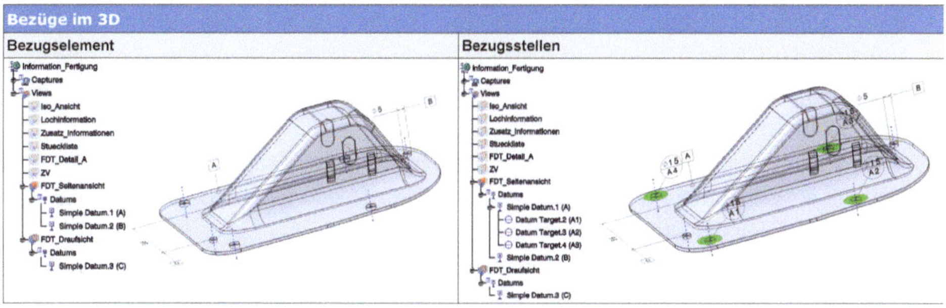

Bild 2-42: Bezugselemente und Bezugsstellen im 3D

2.5.1 Bezugselemente und Bezugsstellen

Über die Funktion ***Datum Elements*** kann der Konstrukteur das Element des Bauteils deklarieren (Kante, Fläche oder Bohrung), auf das sich später die Toleranzangabe beziehen soll. Nach Aufruf der Funktion und Auswahl des Elements, wird im Anmerkungsset unter der Rubrik Datums, ein Feature vom Typ Datum abgelegt. Das Bezugselement wird durch ein Dreieck markiert. Auf diesem Dreieck steht dann der Bezugsbuchstabe für die Kennzeichnung des Bezugs. Die Nummerierung ist hierbei fortlaufend. Steht das Bezugsdreieck auf dem Maßpfeil, so ist das Bezugselement ein abgeleitetes Element, dabei kann es sich um eine Achse oder die Mittelebene handeln.

Über die Funktion ***Datum Targets*** können Bezugsstellen im Modell definiert werden, um Bezugsflächen entsprechend zu begrenzen. Bezugsstellen werden öfter verwendet, wenn Bezüge von ihrer idealen Form abweichen und die Gesamtfläche daher nicht als Bezug hergenommen werden kann. Es gibt drei Möglichkeiten Bezugsstellen zu markieren: flächig, linear oder punktuell. Ein Beispiel für die Anwendung dieser Funktionen zeigt Bild 2-42.

2.5.2 Eintragen von Form- und Lagetoleranzen

Für die benutzergesteuerte Eingabe einer Form- und Lagetoleranz im 3D muss die Funktion ***Geometrical Tolerance*** aufgerufen werden. Nach Aufruf der Funktion und der Auswahl des entsprechenden Bezugs erscheint das Dialogfenster *Geometrical Tolerance*. Folgenden Angaben können nun getätigt werden:

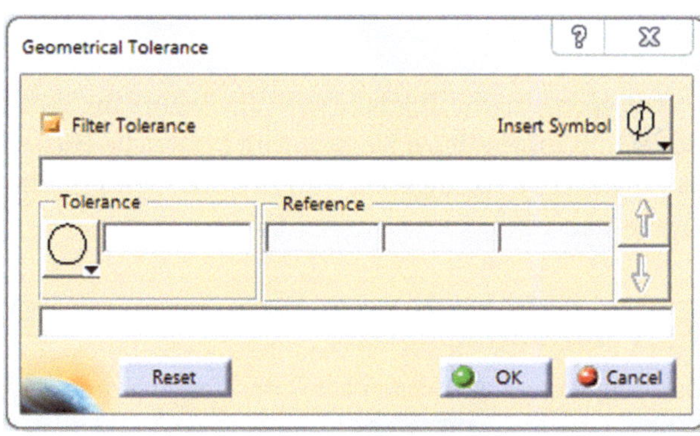

- Im Abschnitt *Tolerance* erfolgt die Eingabe des primären Toleranzwertes und die Auswahl des geeigneten Toleranzsymbols.

- *Insert Symbol* betätigen, um innerhalb eines Textfelds ein Symbol einzufügen. Es ist möglich, dem Toleranzwert und dem Referenzwert sowie dem oberen Text und dem unteren Text Symbole hinzuzufügen. Dazu den Cursor an die entsprechende Position im Feld stellen und die Schaltfläche betätigen.
- *Filter Tolerance* auswählen, damit nur die Toleranzsymbole angezeigt werden, die dem Typ des ausgewählten Elements entsprechen. Wurde kein geometrisches Element ausgewählt, werden die Toleranzsymbole nicht gefiltert.
- Im Abschnitt *Reference* werden die Referenzwerte und bei Bedarf auch Symbole eingefügt.
- Mit Hilfe der Pfeile kann eine neue Zeile hinzugefügt werden.
- Um einen Text über oder unter dem primären Wert abzulegen, stehen zwei leere Textfelder zur Verfügung.
- Die aktuellen Darstellungswerte können jederzeit über die Schaltfläche *Reset* zurückgesetzt werden.

Im Bild 2-43 wird die Anwendung der Funktion vorgeführt. Hierbei wurde eine Richtungstoleranz im Modell abgelegt, indem eine Rechtwinkligkeit angegeben wurde zwischen der angesprochenen Fläche und der Bezugsfläche A.

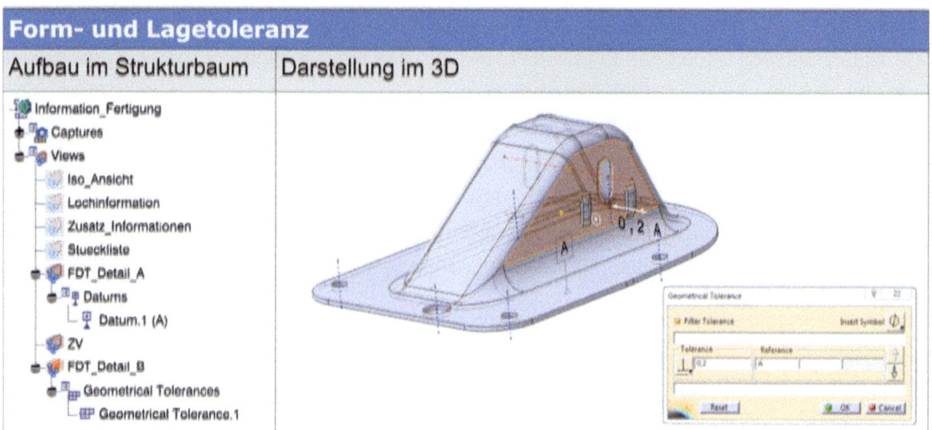

Bild 2-43: Beispiel für die Darstellung von Form- und Lagetoleranzen

Die geometrische Toleranz wird als Feature im Spezifikationsbaum angelegt und der Bezug zum ausgewählten Element wird hergestellt. Hier sollte erwähnt werden, dass inhaltlich keinerlei Bezug aufgebaut wird zwischen Bezugsfläche und dem Eintrag der Form- und Lagetoleranz.

2.5.3 Tolerancing Advisor

Bei komplexeren Aufbauten kann der Vorgang der dreidimensionalen Produktbeschreibung für den Konstrukteur recht anspruchsvoll und dementsprechend auch schnell unübersichtlich werden. Die Funktion **Tolerancing Advisor** unterstützt den Konstrukteur, da es als Hilfsmittel bei der Erzeugung von Anmerkungen eingesetzt werden kann. Die Funktion erlaubt dabei die Erzeugung ausschließlich von „zulässigen", sogenannten semantischen Anmerkungen. Ob eine Anmerkung vom System als zulässig deklariert wird (oder nicht), ist abhängig vom ausgewählten Element und den bereits vorhandenen Anmerkungen im Modell.

Betrachten wir aber nun, was dies in der Praxis bedeutet. Beim Aufruf der Funktion öffnet sich das Dialogfenster *Semantic Tolerancing Advisor*. Der Konstrukteur kann mit der Tolerierung beginnen, indem er das gewünschte Bezugselement (oder auch mehrere) selektiert. Je nachdem, welches Element nun selektiert wurde, passt sich die Oberfläche des Dialogfensters an. Die Rubrik *Commands* enthält dabei eine Ansammlung aller semantischen Anmerkungen, die für das ausgewählte Element (im Fall der Abbildung zwei Flächen) als zulässig beurteilt wurden.

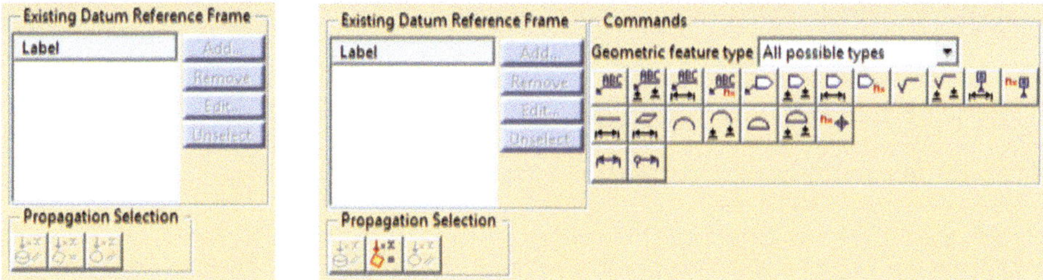

[a] [b]

Bild 2-44: Dialogfenster [a] nach Aufruf der Funktion [b] nach Auswahl der Referenzflächen

Der Konstrukteur kann nun die gewünschte Anmerkung auswählen und im Modell ablegen.

Prinzipiell können folgende Anmerkungstypen über die Funktion erzeugt werden:

- Maßeinträge (Dimensions)
- Textanmerkungen (Text)
- Rauigkeit (Roughness)
- Flaggenanmerkungen (Flag Notes)
- Bezugselement (Datum)
- Bezugsstellen (Datum targets)
- Bezugssysteme (Datum Reference Frame)

Um mehr als nur ein Bezugselement auszuwählen, müssen lediglich mit gedrückter STRG-Taste die Bezüge nacheinander im 3D selektiert werden.

Es folgt nun ein Szenario mit dessen Hilfe die Funktionalität von ***Tolerancing Advisor*** und der daraus sich ergebenden Nutzen demonstriert werden soll. Hierbei wird eine Positionstoleranz an vier Aufnahmelöcher angebracht.

Um das Bezugssystem aufzubauen, an dem sich später die Positionstoleranz ausrichten soll, müssen zunächst die jeweiligen Bezüge festgelegt werden.

Tolerancing Advisor

Fallbeispiel Scharnierdeckel: Aufbau der Bezüge

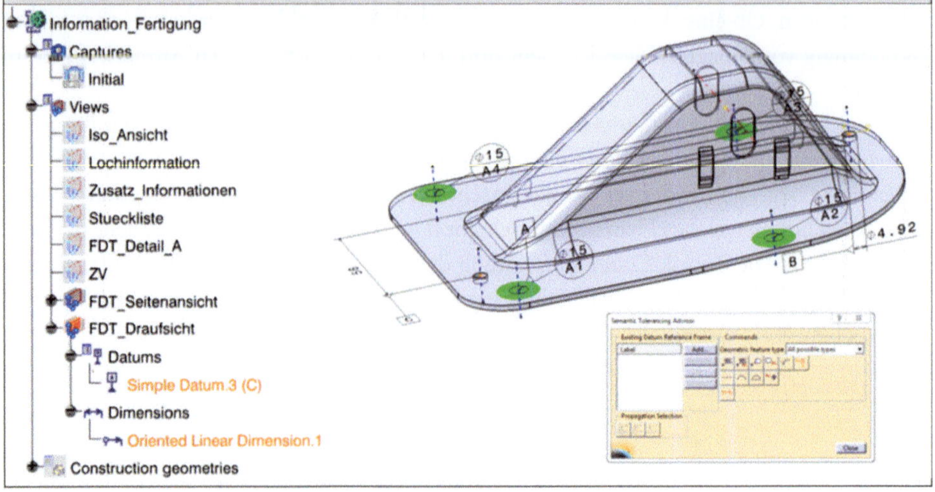

Bild 2-45: Tolerancing Advisor im Einsatz

- Die Funktion *Tolerancing Advisor* aufrufen. Es öffnet sich das Dialogfenster *Semantic Tolerancing Advisor.*
- Bezugsfläche A, B, C und Bezugsstellen A1 bis A4 gemäß der Abbildung deklarieren.

Da nun Bezugsflächen und Bezugsstellen eindeutig im Modell festgelegt wurden, steht als nächstes die Erstellung des Bezugssystems (Datum Reference Frame) an.

- Die Funktion ***Tolerancing Advisor*** erneut aufrufen und im Dialogfenster *Semantic Tolerancing Advisor* über *Add* ein neues Bezugsystem deklarieren. Es öffnet sich das Dialogfenster **Datum Reference Frame.**

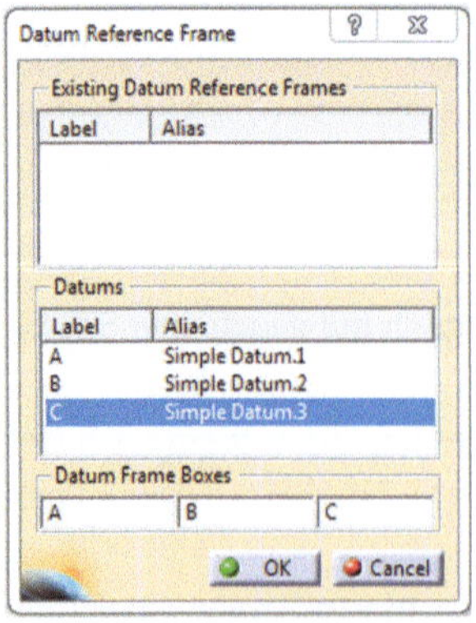

Hier kommt nun einer der Vorteile der Funktion ***Tolerancing Advisor*** zum Vorschein. Das System hat erkannt welche Bezüge bereits vom Konstrukteur im Modell deklariert wurden und stellt diese zur Auswahl bereit. Es können nun nacheinander die Bezugsflächen A, B und C, die das Bezugssystem definieren, ausgewählt werden. Die Auswahl wird mit OK bestätigt.

Das Bezugssystem wird im Spezifikationsbaum unter dem Knoten Reference Frames angelegt.

Nun kann mit der Eingabe der Positionstoleranz begonnen werden.

- Die Funktion ***Tolerancing Advisor*** erneut aufrufen. Unter *Existing Datum Reference Frame* wird nun das

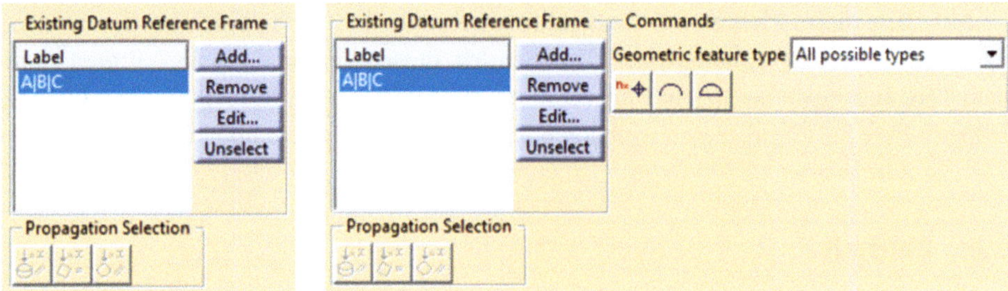

[a] [b]

Bild 2-46: Dialogfenster nach Aufruf der Funktion [a], nach Selektion der vier Aufnahmelöcher [b]

zuvor erstellte Bezugssystem angezeigt. Dies auswählen und vier Aufnahmepunkte nacheinander auswählen.

Das Dialogfenster passt sich entsprechend an, wobei nun die Möglichkeit angeboten wird eine Positionstoleranz zu vergeben.

- Das Icon für die Positionstoleranz auswählen und im darauf folgendem Fenster den Toleranzwert eingeben.

Das Ergebnis wird im Bild 2-47 dargestellt. Hierbei wurde ein direkter Bezug zwischen den einzelnen Features aufgebaut. Sobald eines davon geändert wird, kann dies die restlichen Features beeinflussen bis hin zur Ungültigkeit der Toleranzangabe.

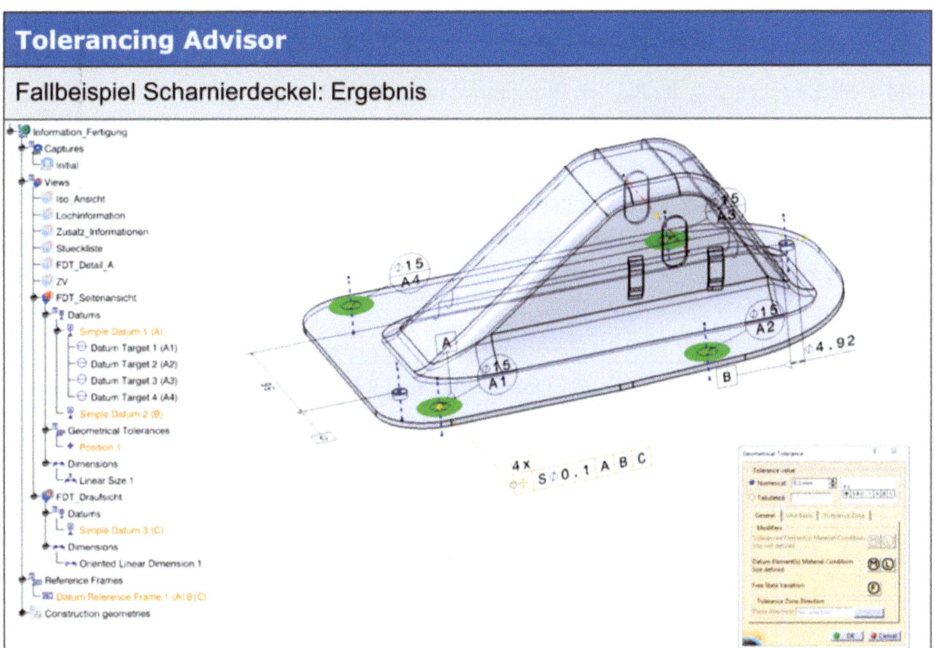

Bild 2-47: Fertig definierte semantische Positionstoleranz von 4 Bohrungen

Mit Hilfe dieses kleinen Beispiels sollte gezeigt werden, dass es sich bei ***Tolerancing Advisor*** um ein sehr umfangreiches Tool handelt, dessen Verwendung dazu führen kann, dass Toleranzangaben effizient und vor allem prozesssicher im Modell abgelegt werden. Insbesondere bei komplexeren Aufbauten ist die Anwendung zu empfehlen.

2.6 Rauheit

Angaben zur Rauheit werden im 3D-Modell über die Funktion ***Roughness*** getätigt. Das Dialogfenster Roughness Symbol öffnet sich sobald der Anwender das geeignete Bezugselement ausgewählt hat. Welche Felder nun im Dialogfenster zur Verfügung stehen, ist abhängig vom Standard, der für die dreidimensionale Produktbeschreibung im Vorfeld definiert wurde. Wir werden uns hier den EN ISO 1302 Standard im Überblick anschauen.

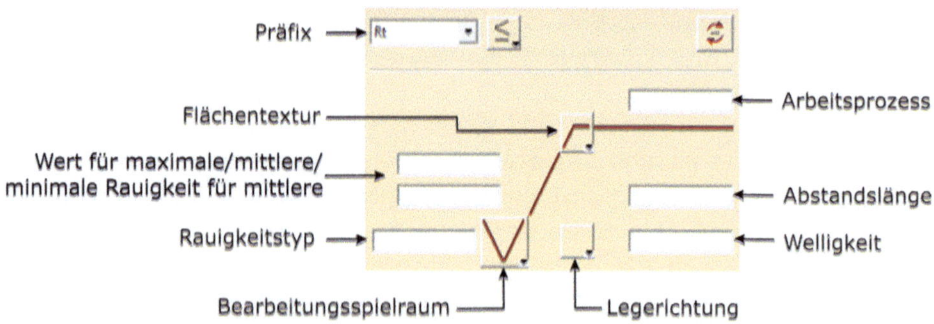

Bild 2-48: Eingabedialog der Rauheit (Roughness) in CATIA V5

Präfix

Die Rauheitswerte eines Werkstückes bestimmt man mit sogenannten Tastschnittgeräten. Die gängigsten Rauheitsmaße sind die Rautiefe **Rz** und der Mittenrauwert **Ra**. Beide Maße haben die Einheit µm.

Bearbeitungsspielraum und Flächentextur:

	Das Basissymbol für Oberflächen- und Rauheitsangabe besteht aus zwei Linien. Es sollte nur in Verbindung mit einer zusätzlichen Textangabe verwendet werden.
	Bei diesem Oberflächensymbol handelt es sich um eine durch **materialabtrennende** Verfahren bearbeitete Oberfläche. Diese Angabe enthält keine weiteren Angaben.
	Dieses Symbol kennzeichnet eine Oberfläche, die im **Anlieferungszustand (Rohzustand)** belassen werden soll. Das heißt es darf z. B. keine materialabtrennenden Bearbeitung vorgenommen werden.

	Bei besonderen **Oberflächenangaben** wird das Basis-Oberflächensymbol um eine waagerechte langgezogene Linie erweitert.
	Falls alle Flächen eines Werkstückes die **gleiche Oberflächenbeschaffenheit** besitzen, fügt man dem Oberflächensymbol einen **Kreis** hinzu.

In den Feldern werden vom Anwender die entsprechenden Werte eingegeben bzw. Symbole ausgewählt. Die Erzeugung des Rauheitssymbol wird mit „OK" abgeschlossen. Dabei wird das Objekt Roughness im Spezifikationsbaum abgelegt und der Bezug zum ausgewählten Element wird hergestellt. Das Rauheitssymbol kann jederzeit geändert werden. Hierzu das zu ändernde Rauheitssymbol doppelt anklicken und die gewünschten Änderungen in das Dialogfenster eingeben.

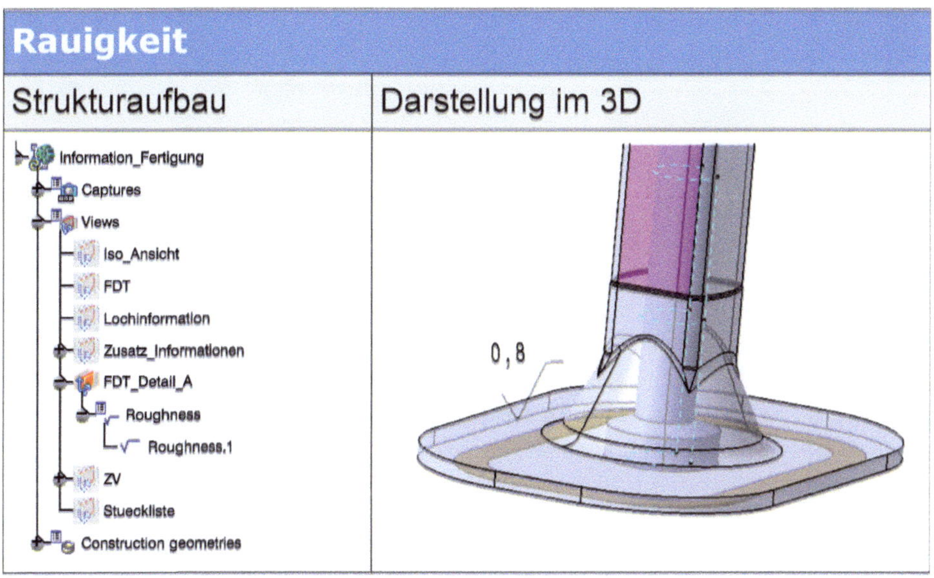

Bild 2-49: Rauheitsangaben an der Geometrie und im Spezifikationsbaum

2.7 Geometrie zur Ergänzung der Produktbeschreibung

In technischen Dokumentationen wird Hilfsgeometrie oft zur Ergänzung der Produktbeschreibung verwendet. Dabei dient diese zur Markierung von Teilbereichen des Bauteils, für die dann eine ganz bestimmte Eigenschaft oder Bedingung gilt oder um Umgebungsgeometrie darzustellen. Einige Beispiele dazu werden in der folgenden Abbildung gezeigt.

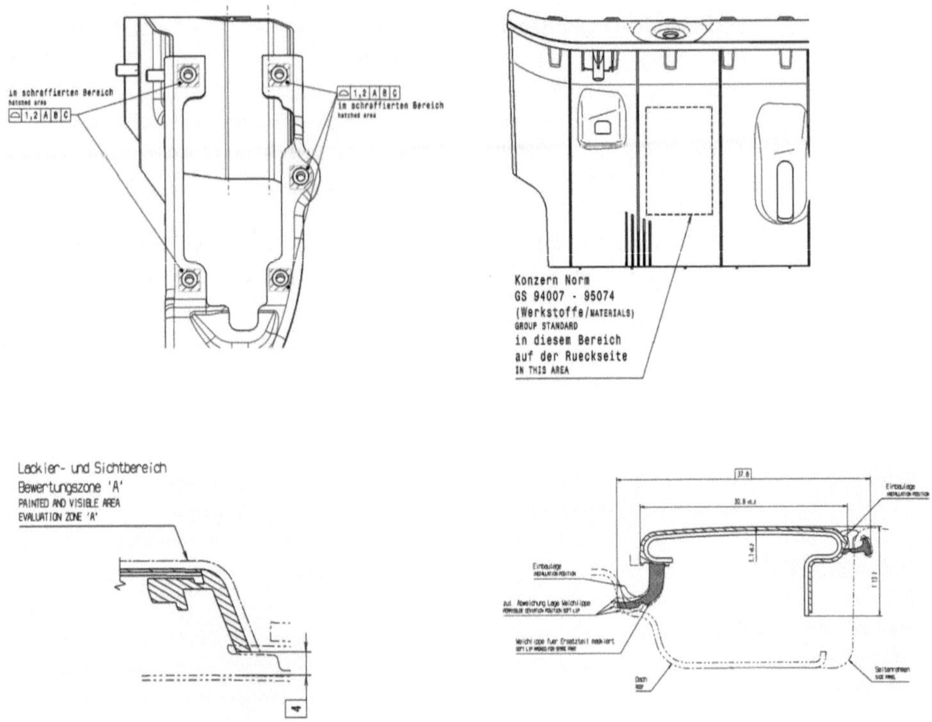

Bild 2-50: Fallbeispiele aus der Praxis

Der Prozess **3D-Master** unterstützt die Erzeugung solcher Geometrieelemente, wobei jedoch vor allem darauf Wert gelegt wird, dass der Anforderung der Norm DIN ISO 16792 bezüglich der Verwendung von Hilfsgeometrie genüge getan wird.

„Falls Hilfsgeometrie verwendet wird, muss ein klarer Unterschied bestehen zwischen der Hilfsgeometrie und der Konstruktionsmodellgeometrie."

Dem Konstrukteur stehen nun mehrere Möglichkeiten zur Verfügung, um solche Hilfselemente im 3D abzulegen:

- Durch den Einsatz von Konstruktionselementen (*Constructed Geometries*)
- mit Hilfe eingegrenzter Bereiche (*Restricted Areas*)
- und mit Wireframe Features

Alle drei Arten der Erzeugung werden nun in diesem Abschnitt vorgestellt.

2.7.1 Konstruktionselemente *Constructed Geometries*

Die Workbench Functional Tolerancing & Annotations ermöglicht, über die Funktion ***Constructed Geometry Creation*** , die Erstellung und Verwaltung von Konstruktionselementen. Dabei handelt es sich um eine ganz besondere Art von Wireframe-Elementen (Punkt, Achse, Ebene), die vom System als Anmerkungen deklariert werden und die assoziativ zum

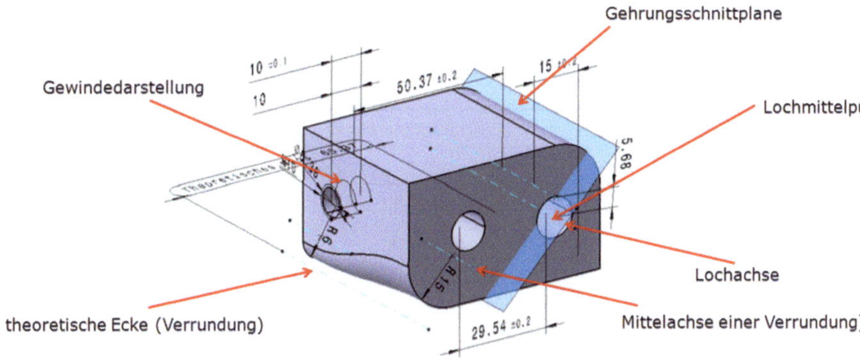

Bild 2-51: Praxisbeispiele für Constructed Geometries

Referenzelement aufgebaut sind. Diese werden daher auch unter dem Anmerkungsset des Datenmodells abgelegt.

In Tabelle 2-01 erfolgt eine Auflistung der Konstruktionselemente, die beim Aufruf der Funktion erstellt werden können. Welches Element aber dem Konstrukteur für die Erstellung letzten Endes zur Verfügung gestellt wird, ist abhängig vom ausgewählten Referenzelement.

Im Bild 2-51 wird anhand eines einfachen Beispiels demonstriert, zu welchem Zweck ***Constructed Geometries*** verwendet werden können.

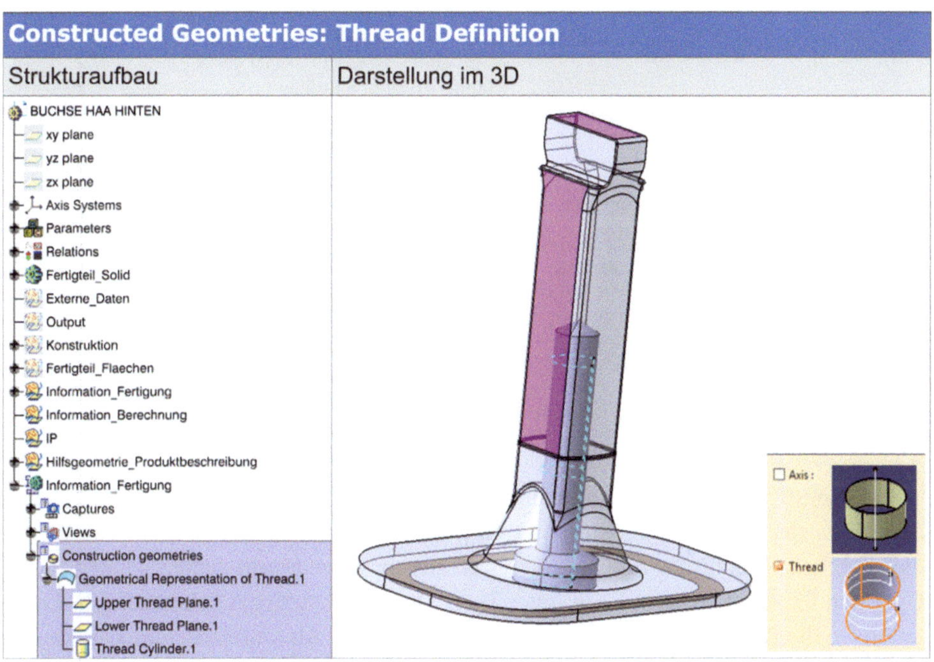

Bild 2-52: Thread Definition an der Geometrie und im Spezifikationsbaum

Tabelle 2-1: Konstruktionselemente im Überblick

Konstruktions-elemente	Ursprung	Beschreibung\Bedingungen
Punkt	Kugel	Kugelmittelpunkt
	Kegel	Vertex
	Ringfläche	Mittelpunkt
	Kreis	Mittelpunkt
	Überschneidung	Zwischen ebene und linie
Achse	Zylinder	Zylinderachse
	Kegel, Ringfläche, Rotationsfläche	Die Rotationsachse
	Überschneidung	Von zwei ebenen
Kurve	Electrical Feature	
Ebene	Kegel	Vom Vertex des Kegels unbegrenzt
	Ringfläche	Die normale der Fläche zu dessen Achse
	Einer Ebene und einer Linie	Ebene und Linie müssen dabei parallel sein
Mittelebene	Zwei Ebenen	Ebenen müssen parallel sein
Ebene durch	Zwei Ebenen	Ebene müssen Planparallel sein
	Einer Ebene und einer Linie	Die Linie muss auf der Ebene sein
	Einer Ebene und einem Punkt	Der Punkt muss auf der Ebene sein
	Zwei Linien	Die Linien müssen Parallel seine oder sich überschneiden
	Einer Linie und einem Punkt	Der Punkt muss auf der Linie sein
	Drei Punkte	
Gewinde	Körperkomponente	
Kreis	Kegel	Kegel Vertex
	Die Überschneidung zwischen einem Kegel und einer Fläche	Die Fläche muss senkrecht zur der Achse des Kegels sein
	Überschneidung zwischen eines Kegels eines Zylinders	
	Überschneidung zweier Kegel	

Um Konstruktionselemente nun eindeutig als solche im Modell zu kennzeichnen und damit von der eigentlichen Konstruktionsgeometrie zu trennen, wird empfohlen, für diese konkrete graphische Eigenschaften festzulegen. Diese Eigenschaften können in den Optionen festgelegt werden. Dazu unter Tools\Options\Functional Tolerancing & Annotations in die Rubrik Constructed Geometries wechseln. Als Unterscheidungsmerkmale können hierfür der Linientyp, die Liniengröße und Linienfarbe verwendet werden. Ein Beispiel wird im Bild 2-51 dargestellt.

2.7.2 Eingegrenzte Toleranzbereiche darstellen Restricted Areas

Eine weitere Lösung für die Erzeugung von Hilfsgeometrie bietet die Funktion ***Restricted Areas*** an. Über diese Funktion lassen sich im Modell Bereiche eingrenzen, für die dann eine bestimmte Toleranz gelten soll.

Um Restricted Areas im Modell zu deklarieren, muss zuvor der entsprechende Bereich vom Konstrukteur in Form einer Fläche aus der Geometrie des Bauteils extrahiert werden. Dies kann mit Grundkenntnissen der Flächenkonstruktion in CATIA sehr leicht durchgeführt werden. Die Toleranzbereiche Restricted Areas können dann, bei der Form und Lagetolerierung im 3D, als solche entsprechend angesprochen werden.

Um *Restricted Areas* nun eindeutig als solche zu kennzeichnen und damit von der eigentlichen Konstruktionsgeometrie zu trennen, wird wieder empfohlen für diese bestimmte, graphische Eigenschaften vorzusehen. Diese Eigenschaften können in den Optionen festgelegt werden. Dazu unter *Functional Tolerancing & Annotations* in die Rubrik *Display* wechseln.

Es sollte zudem darauf geachtet werden, dass die extrahierte Fläche in das dafür vorgesehene geometrische Set „Eingegrenzte Toleranzbereiche" abgelegt wird. Dieses ist bereits

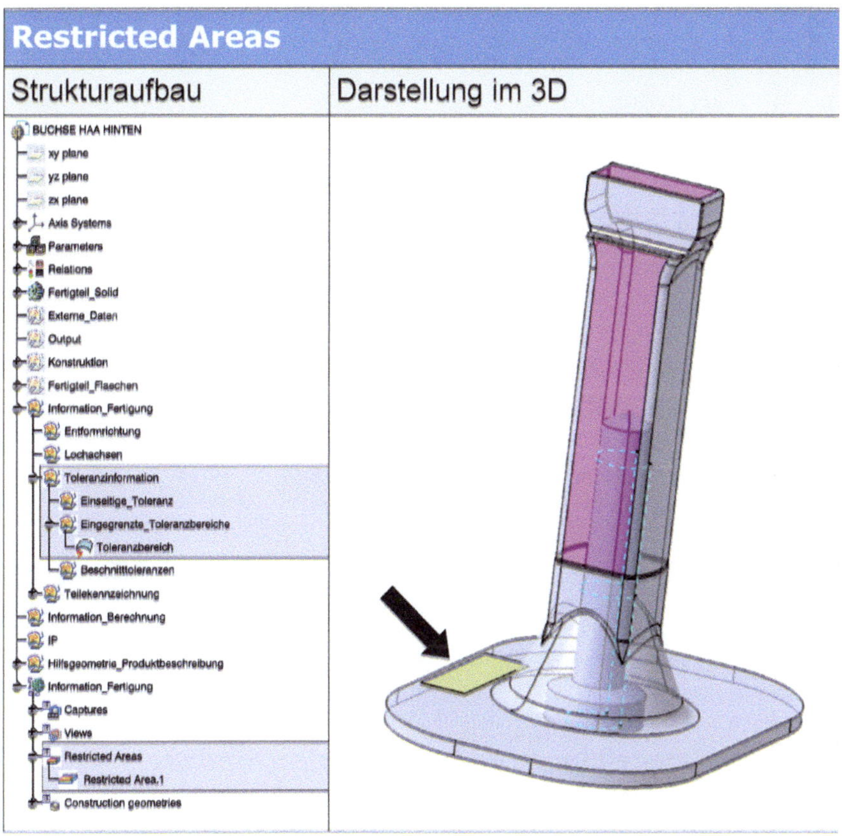

Bild 2-53: Restricted Area an der Geometrie und im Spezifikationsbaum

Teil des Grundmodells, das speziell für die Konstruktion im Prozess **3D-Master** aufgebaut wurde.

2.7.3 Spezielle Bereiche im Modell markieren

Grundsätzlich können für die Erzeugung der Hilfsgeometrie auch die gängigen Tools der Flächenkonstruktionsumgebung (Generative Shape Design) verwendet werden. Ähnlich wie bei Restricted Areas, sollte auch hier darauf geachtet werden, dass die Hilfsgeometrie als solche im Modell markiert werden muss und dass diese im dafür vorgesehenen geometrischen Set abgelegt wird. Verwendet man „eingegrenzte Bereiche“ so muss eine Toleranzvereinbarung an Hand von Farben vereinbart sein. In diesem Bespiel zeigt die Farbe „Magenta“ eine Flanschfläche mit einer Toleranz von +/– 0,5 mm. Da beim Einfärben von Flächen immer nur ein „Face“ eingefärbt werden kann, benutzt man eine Kurve (z. B. Rechteck) um zu signalisieren, dass nicht die gesamte Fläche gemeint ist, sondern nur der eingegrenzte Bereich.

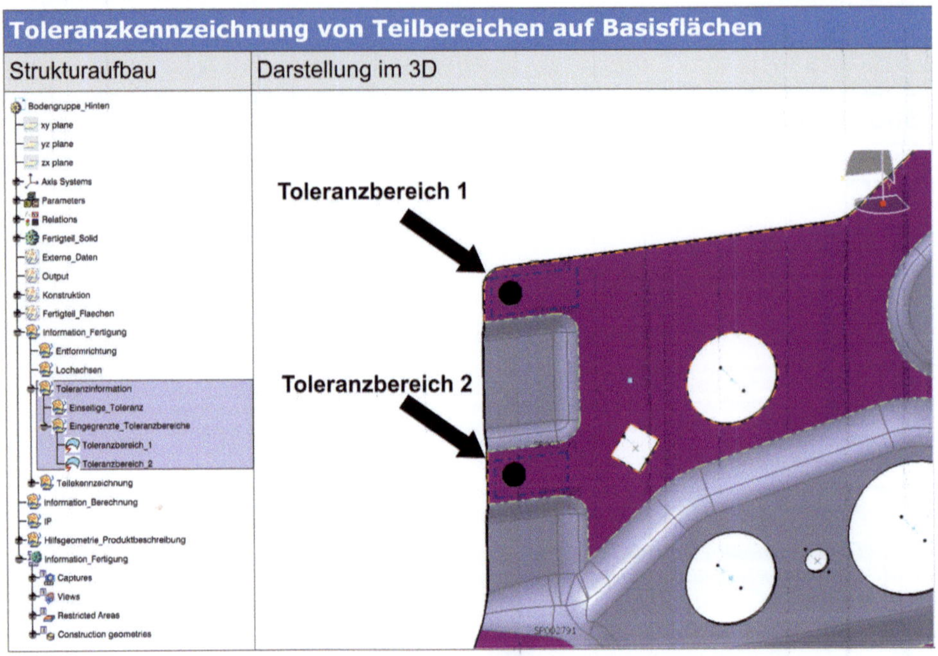

Bild 2-54: Spezielle Bereiche darstellen an der Geometrie und im Spezifikationsbaum

2.8 Graphische Darstellungen im 3D *Note Object Attribute*

Im Laufe dieses Kapitels wurden mehrere Bestandteile der technischen Produktbeschreibung vorgestellt, wobei bislang der Fokus auf Text-, Maß-, und Toleranzinformationen

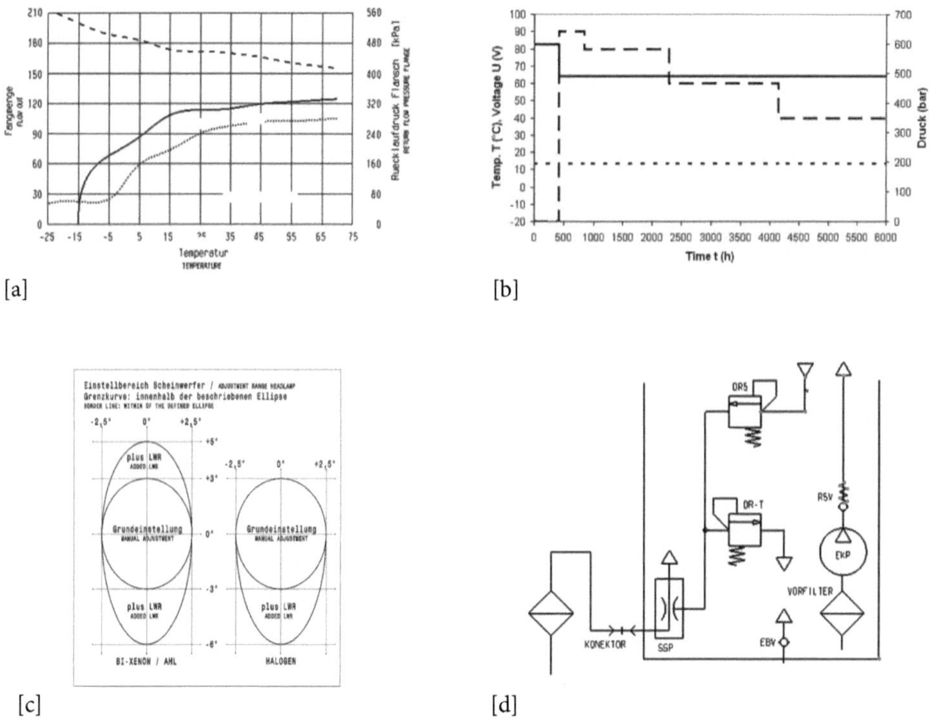

Bild 2-55: Kennlinie [a], Profil der Dauererprobung [b], Einstellbereich des Scheinwerfers [c], Stromverlauf [d]

gerichtet war und auf deren Erzeugungsvorgang über die Workbench Functional Tolerancing & Annotations. Oft kommt es jedoch vor, dass diese Typen von Informationen nicht ausreichen, um den Bauteilumfang in all seinen Eigenschaften zu beschreiben. Um die Produktbeschreibung zu vervollständigen, werden oftmals auch Graphiken oder generell zweidimensionale Inhalte benötigt. Der Inhalt der Graphiken variiert je nachdem, ob Zusammenhänge zwischen Zahlwerten (z. B. Diagramme im Koordinatensystem) oder qualitativen Merkmalen (z. B. Stromverlaufsabbildungen) dargestellt werden.

Der Prozess **3D-Master** erlaubt es zukünftig diese Form von Darstellungen auf Ersatzdokumente oder Beiblätter abzulegen und dort darzustellen. Diese Beiblätter können das 3D-Modell des Bauteils dann für seinen gesamten Lebenszyklus begleiten. Falls jedoch auf die reine 3D-Lösung Wert gelegt wird, was der 3D-Master Prozess auch empfiehlt, bietet Functional Tolerancing & Annotations die passende Lösung in Form von NOAs an.

Die Funktion ***Note Object Attribute (NOA)*** wurde eigens dafür entwickelt, um benutzerdefinierte Anmerkungen aus zweidimensionalen Komponenten im 3D-Modell zu erzeugen. Die Komponenten referenzieren hierbei auf externe Dokumente oder Einheiten die zuvor in einem Komponentenkatalog (gekennzeichnet durch die Erweiterung .catalog) abgelegt wurden. Mit anderen Worten wird der Konstrukteur nun in die Lage versetzt, graphische Darstellungen unabhängig von der Erstellungssoftware in einem CATIA-Katalog abzulegen, zu pflegen und archivieren und letzten Endes im 3D-Modell mit aktiver Verlinkung zum Katalog abzulegen.

Einstellungen

Bevor mit der Erzeugung einer Anmerkung vom Typ NOA jedoch begonnen werden kann, muss sichergestellt werden, dass unter *Tools\Options\Mechanical Design\Functional Tolerancing and Annotations\Tolerancing* die Einstellung *Allow Note Object Attribute Creation* aktiv geschaltet wurde:

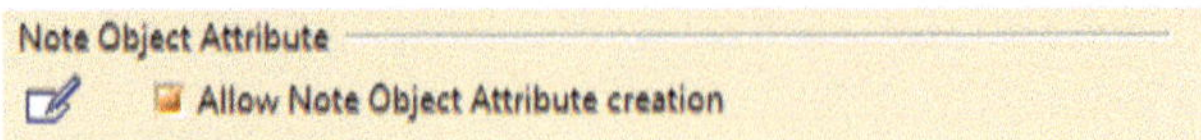

Erzeugungsvorgang

Die Erzeugung einer NOA wird anhand des Beispiels eines Antriebs anschaulich beschrieben.

- Das gewünschte Bezugselement (z. B. einen Punkt) selektieren und die Funktion ***NOA*** aufrufen. Es öffnet sich das Dialogfenster **Note Object Attribute Reference.**

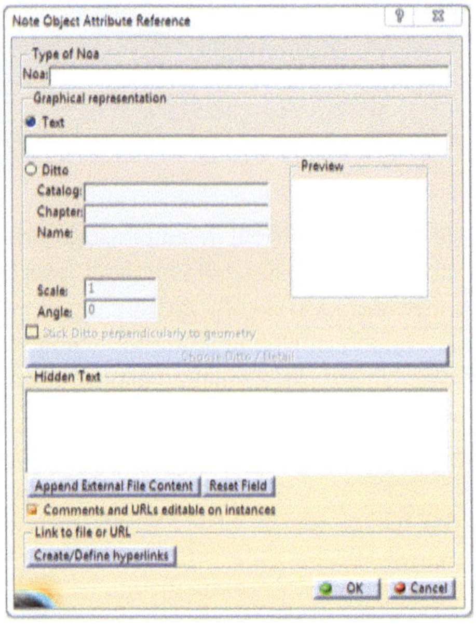

Das Dialogfenster beinhaltet mehrere Rubriken in denen folgende Angaben getätigt werden können:

- *Type of Noa:* In diesem Feld wird der Typ bzw. die Bezeichnung der NOA-Anmerkung eingegeben. Anhand dieser kann dann die Anmerkung im Spezifikationsbaum wiedergefunden werden, z. B. mit Hilfe der Filter-Funktion
- Im Feld *Type of Noa* die geeignete Bezeichnung für die NOA eingeben, z. B. Schaltbild_Antrieb

In der Rubrik *Graphical Representation* können nun die Eigenschaften der NOA festgelegt werden:

- *Text:* Um einen Texteintrag anstelle einer 2D-Komponente als graphische Darstellung der NOA einzustellen
- *Ditto:* Um aus einem Katalog eine konkrete 2-dimensionale-Komponente auszuwählen
- Die Schaltfläche *Ditto* aktivieren
- Die Schaltfläche *Choose Ditto / Detail* betätigen. Es öffnet sich das Dialogfenster *Catalog Browser*. Der Anwender kann nun innerhalb eines bestimmten Katalogs nach der gewünschten 2D-Komponente suchen und diese für die graphische Darstellung verwenden.

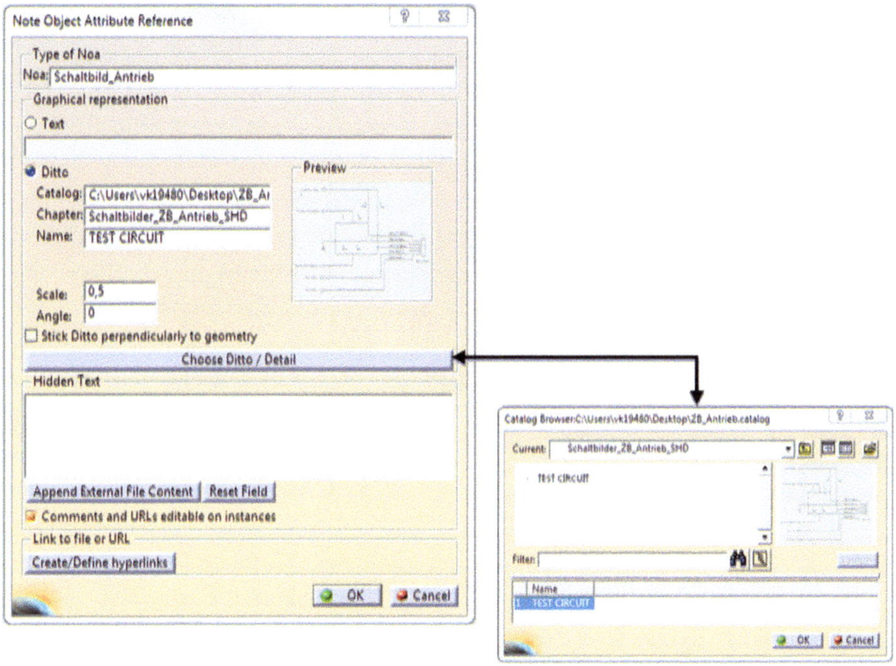

In diesem Beispiel soll das Schaubild eines Stromkreises in 3D dargestellt werden. Die Abbildung des Stromkreises wurde zuvor in einer CATDrawing abgelegt und als 2D-Component in einem Komponentenkatalog eingefügt.

Nach der Auswahl der Katalogkomponente werden im Dialogfenster **Note Object Attribute Reference** die entsprechenden Informationsfelder befüllt, die wiederum Auskunft über die verlinkte 2D-Komponente geben:

- Unter *Catalog* wird der Pfad des ausgewählten Katalogs angezeigt.
- *Chapter* zeigt auf, in welchen Kapitel des Katalogs die 2D-Komponente aufgeführt wird.
- Unter *Name* wird der Name der 2D-Komponente angezeigt.
- Der Bereich *Preview* enthält eine Vorschau zur 2D-Komponente.
- Über *Scale* und *Angle* kann der Anwender den Maßstab und die Ausrichtung der NOA steuern.
- *Stick Ditto perpendicularly to geometry* legt fest ob die 2D-Komponente senkrecht zur Geometrie ausgerichtet wird.
- Im Eingabefeld der Rubrik *Hidden Text* kann der NOA ein verdeckter Text zugewiesen werden. Dieser wird angezeigt sobald der Anwender mit dem Mauszeiger über die Anmerkung fährt.
- Über *Append External File Content* kann als verdeckter Text der Inhalt einer externen Text-Datei verwenden werden, wobei jedoch berücksichtigt werden sollte, dass hier keine aktive Verlinkung zu dieser Datei aufgebaut wird.
- *Reset Field* leert das Eingabefeld hidden text.

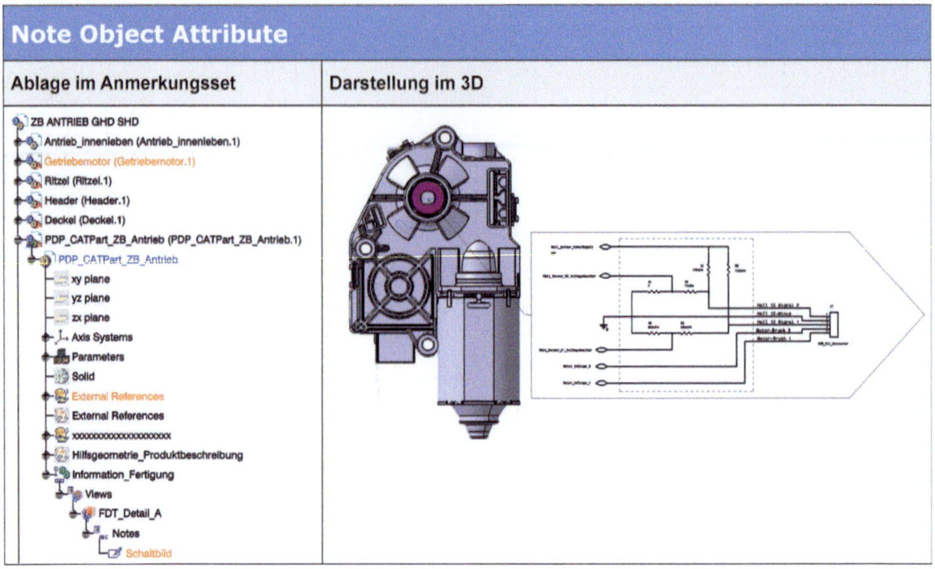

Bild 2-56: NOA (Note Object Attribute) an der Geometrie und im Spezifikationsbaum

– Den Vorgang mit OK abschließen. Die Anmerkung vom Typ NOA wird im Spezifikationsbaum abgelegt. Diese kann zu jeder Zeit per Doppelklick bearbeitet werden.

Das Ergebnis wird in Bild 2-56 dargestellt. Die Bezugslinie der Anmerkung zeigt auf das Bezugselement. Jegliche Änderung am Bezugselement wirkt sich entsprechend auf die Bezugslinie aus. Die Eigenschaften der Bezugslinie können vom Anwender zur jeder Zeit geändert werden.

2.9 Produkt- und fertigungsrelevante Informationen visualisieren

Nach Abschluss der dreidimensionalen Produktbeschreibung kann es bei komplexeren Aufbauten durchaus passieren, dass das Bauteil mit Informationen bzw. Anmerkungen überlagert wird, was wiederum zur Unübersichtlichkeit im Datenmodell führen kann. Ein Beispiel dazu zeigt Bild 2-57.

Hier ist es nun an der Zeit, dass wir uns an die grundlegende Anforderung erinnern, die an jedes technische Dokument gestellt wird:

„Die Geometrie ist klar und eindeutig darzustellen und die Informationen, die zur Produktbeschreibung benötigt werden, sind übersichtlich im Dokument abzulegen“

Um dieser Anforderung auch im 3D-Master-Prozess gerecht zu werden, greifen wir nun auf die Funktionalität ***Capture*** (Darstellung) der Workbench Functional Tolerancing & Annotations zurück. Ein Capture erlaubt dem Konstrukteur die Darstellung von Anmerkungen und der Geometrie in einer Art und Weise zu organisieren, dass die Anwender schnell, gezielt und ohne großen Aufwand Zugriff auf den gesamten Informationsinhalt des 3D-Datensatzs erhalten.

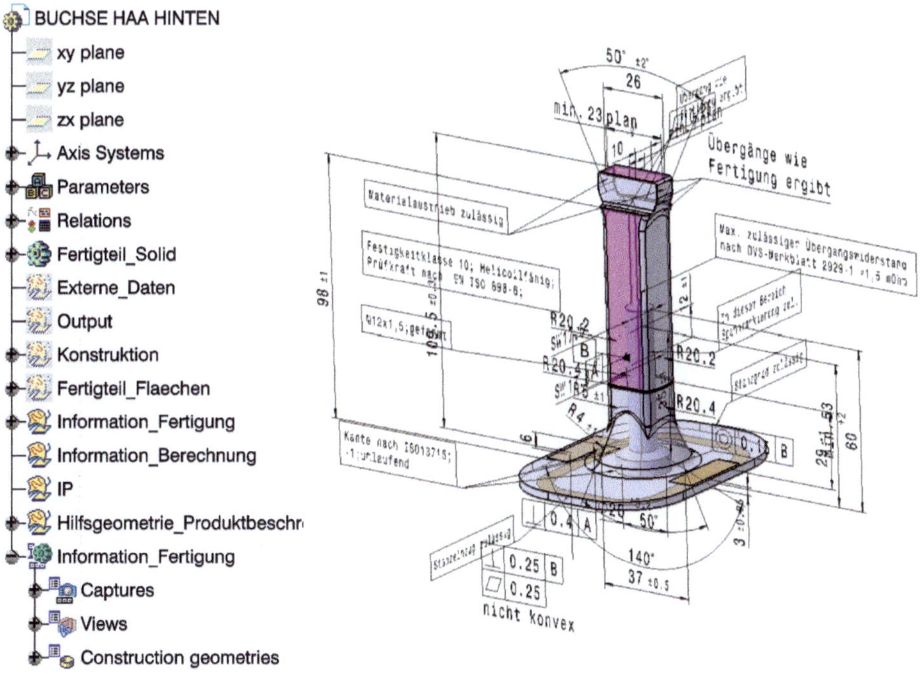

Bild 2-57: Zustand des Datenmodells nach Abschluss der Produktbeschreibung

Daher gelten Captures im Prozess 3D-Master als das primäre Visualisierungsinstrument für die Darstellung von produktbeschreibenden Informationen im 3D.

Im folgenden Kapitel wird die Anwendung der Funktion *Capture* im Detail beschrieben und zugleich die Art und Weise vorgestellt, wie diese im **3D-Master**-Prozess zum Einsatz kommt.

2.9.1 Darstellungen erzeugen *Capture*

Grundregeln der Erzeugung

Die Erstellung einer Capture unterscheidet sich grundlegend zwischen den beiden CATIA-Versionen. Beide Vorgehen werden daher hier nun im Detail vorgestellt.

Allgemein gilt, dass eine ***Capture*** ausschließlich innerhalb der Workbench Functional Tolerancing & Annotations erstellt und bearbeitet werden kann. Eines ist jedoch unbedingt zu beachten: Obwohl die Erstellung und Bearbeitung nur innerhalb der FTA-Workbench durchgeführt werden kann, ist der Zugriff auf die Darstellungen workbench-unabhängig.

Nach Aufruf der Funktion (über die gleichnamige Symbolleiste), öffnet sich das Dialogfenster **Capture Definition**. Hier stehen dem Konstrukteur folgende Einstellungsmöglichkeiten zur Verfügung:

- Im *Namensfeld* kann der gerade erzeugten Capture ein geeigneter Name vergeben werden.

Gleich zu Beginn wird jetzt ein sehr wichtiger Punkt der Capture-Erzeugung angesprochen: **die Benennung**. Der Konstrukteur hat nunmehr die Möglichkeit über den Namen einer Capture den Anwender gezielt auf Informationen zu führen, indem ein Name vergeben wird, der eindeutig auf die Information hinweist, die über eine Capture erstellt wird. Das stellt eine große Erleichterung dar, wenn man den Vergleich mit einer technischen Zeichnung und derer Handhabung bezüglich Informationsfindung anstellt.

Nachdem der Capture ein passender Name gegeben wurde, kann ein weiterer Schritt in Richtung Übersichtlichkeit und vereinfachte Informationsfindung getätigt werden. Über vordefinierte Textstrings, die vor den eigentlichen Namen der Capture gesetzt werden, können Informationsgruppen gebildet und im Modell abgelegt werden. Ein Beispiel dazu zeigt Bild 2-58.

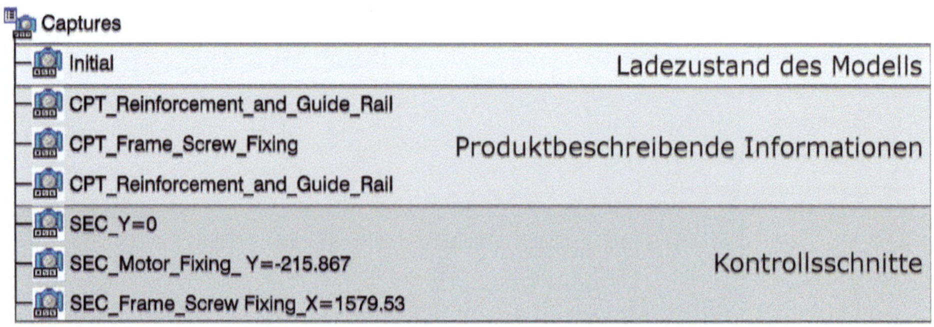

Bild 2-58: Beispiel für die Benennung von Capture und derer Gruppierung

- *Initial*: Das Bauteil wird im Ladezustand dargestellt (dieser wird im Verlauf dieses Kapitels noch näher beschrieben)
- *CPT_*: für Captures die produktbeschreibenden Informationen (wie Maßeinträge, Toleranzangaben, Umgebungsgeometrie etc.) darstellen
- *SEC_*: für die Darstellung von Kontrollschnitten in übergeordneten Baugruppen oder Produktstrukturen.

CATIA V5 R19 HF89

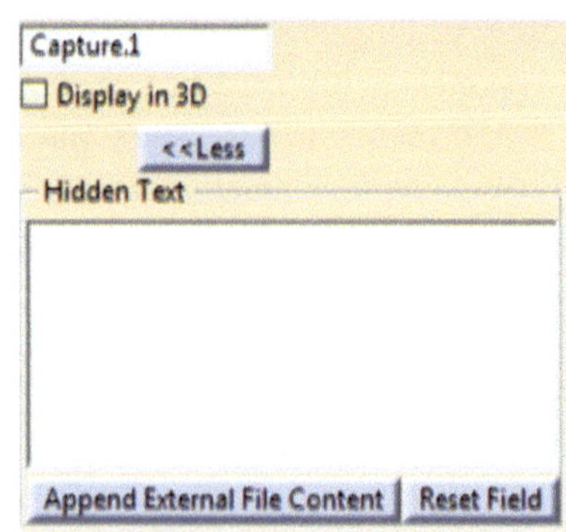

- *Display in 3D* aktivieren, um die Capture in der 3D-Umgebung visuell darzustellen
- *Hidden Text* ermöglicht die Ablage eines verdeckten Texts. Dieser wird angezeigt, sobald der Anwender mit dem Mauszeiger über das Capture Feature im Spezifikationsbaum fährt.
- *Append External File Content* anwenden, um eine externe Textdatei als verdeckten Text zu importieren, anstatt diesen manuell einzugeben.

- *Reset Field*: um den Bereich *Hidden Text* zu bereinigen

Nach Bestätigung der Einträge mit *OK*, wird das Capture-Feature im Spezifikationsbaum unter dem Knoten „Captures" abgelegt und die Ansicht wechselt in den Arbeitsbereich (Capture-Editor). Die Symbolleiste **Capture Tools** erscheint, die folgende Funktionen zur Verfügung stellt:

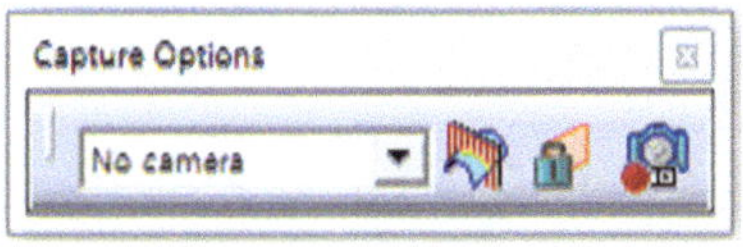

- Die Combolist bietet eine Auflistung aller sich im Modell befindlichen Kameraansichten (Named Views) an.
- *Clipping Plane* dient zur Begrenzung des Bauteils. Hierzu wird als Begrenzungsebene die Bezugsebene der geraden aktiven Anmerkungsebene benutzt.
- *Active View State* um eine Verknüpfung zwischen der Capture und der geraden aktiven Anmerkungsebene herzustellen. Diese wird vom System jedoch automatisch aktiviert, wenn zuvor *Clipping Plane* aktiviert wurde, da für die Begrenzungsebene eine Verknüpfung zur geraden aktiven Anmerkungsebene hergestellt werden muss.
- *Current State* um alle nachträglich hinzugefügten Anmerkungen in der Capture zu integrieren.

Um den Arbeitsbereich der Capture zu verlassen, muss lediglich die Funktion ***Exit from Capture*** aufgerufen werden.

CATIA V5-6 R2013

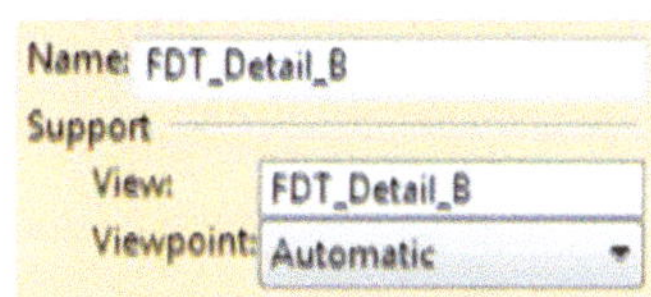

- Über *View* wird der gerade erzeugten Capture eine Anmerkungsebene zugewiesen.

Hier muss erwähnt werden, dass in **V5-6 R2013** Captures immer assoziativ zu einer Anmerkungsebene erstellt werden. Falls keine Anmerkungsebene im Modell vorhanden sein sollte, wird eine projizierte Anmerkungsebene parallel zur xy-Ebene abgelegt und für die Capture-Erzeugung herangenommen. Falls mindestens eine vorhanden sein sollte, wird die gerade aktive ausgewählt. Die Auswahl kann vom Konstrukteur noch geändert werden.

- In der Rubrik *Viewport* kann die Kamera ausgewählt werden, mit der die Capture verknüpft werden soll.

Nach Bestätigung der Einträge mit *OK*, wird das Capture-Feature im Spezifikationsbaum unter dem Knoten „Captures" abgelegt.

Um eine Capture zu visualisieren bzw. um eine Darstellung aufzurufen, muss die Funktion ***Display Capture*** im Kontextmenü des Capture Features aufgerufen werden. Per Doppelklick auf das Capture Feature kann der Konstrukteur in den Arbeitsbereich der Capture wechseln, um Änderungen bzw. Korrekturen an der Darstellung vorzunehmen.

Zum Schluss werden noch einige Besonderheiten von Captures erwähnt, die dem Konstrukteur vor deren Erstellung bekannt seien sollten:

- Beim Verlassen des Arbeitsbereichs der Capture wird dessen Darstellung aktiv im CATPart oder CATProduct übernommen. Eine Wiederkehr zum Ursprungszustand (vor der Capture-Erzeugung bzw. -Aktivierung) ist über den direkten Weg nicht mehr möglich. Daher ist zu empfehlen, dass im jedem Modell eine Capture immer dazu verwendet wird, um zum Ladezustand zurückzukommen (Näheres dazu im Abschnitt ***Die Bedeutung der Capture Initial***).
- Alle Elemente (Geometrie und Anmerkungen), die nach der Erzeugung der Capture im Modell abgelegt werden, sind nach Aktivierung der Capture im nicht sichtbaren Bereich abgelegt.
- Wie bereits in der Einleitung dieses Kapitels erwähnt wurde, kann für die Produktbeschreibung einer Baugruppe ein PDP-CATPart verwendet werden, dessen Hauptmerkmal ein Anmerkungsset vom Typ *Assemby Annotation Set* ist. Eine Capture, die nun innerhalb eines solchen Anmerkungssets erzeugt wird, kann natürlich u. a.. auch

<table>
<tr><th>Strukturaufbau der Baugruppe</th><th>Beschreibung</th></tr>
<tr><td>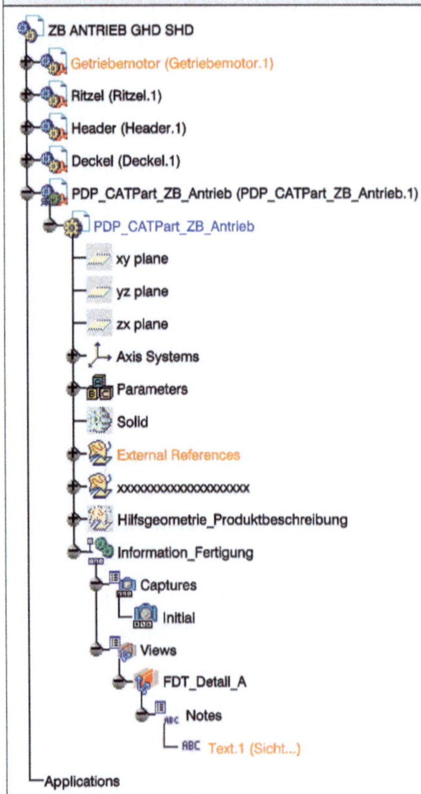
</td><td>Ausgangssituation
• Im Anmerkungssets vom Typ Assembly Annotation Set befindet sich ausschließlich die Anmerkung Text.1.
• Das Bezugselement der Anmerkung Text.1 befinden sich innerhalb der Instanz Getriebemotor.1

Auswirkung auf die Visualisierung
Die Capture Initial kann ausschließlich die Sichtbarkeit der Instanz Getriebemotor.1 steuern.</td></tr>
</table>

Bild 2-59: Beispiel für den Aufbau des eines PDP Parts

dazu verwendet werden, um die Sichtbarkeit von übergeordneten Instanzen des CAT-Products zu steuern. Es wird jetzt darauf hingewiesen, dass dies nur für Instanzen der Produktstruktur stattfinden kann, auf die sich mindestens eine Anmerkung (desselben Assembly Annotation Sets) bezieht.

Diese Besonderheit, die zugleich auch als Einschränkung angesehen werden kann, wird in der Abbildung 2-59 anschaulich dargestellt und beschrieben. Die Auswirkungen bei der Ausleitung von Datenmodellen über **Product Data Filtering** sind gravierend und werden daher im entsprechenden Kapitel nochmals angesprochen und gesondert behandelt.

2.9.2 Grundlegende Entscheidungen beim Aufbau der Darstellungen

Da wir nun wissen wie Captures in 3D angelegt werden, können wir uns nun auf den Inhalt der Darstellung konzentrieren. Die erste Frage, die sich der Konstrukteur diesbezüglich stellen sollte lautet:

„Welche Informationen möchte ich mit der Capture wiedergeben?"

Die Antwort, hilft dem Konstrukteur dabei, folgende grundlegende Entscheidungen zum Aufbau der Capture zu treffen:

„Welche Anmerkungen sind für die Darstellung von Relevanz?"

Der Sinn und Zweck einer jeden Capture besteht darin, die produktbeschreibenden Informationen klar und eindeutig im 3D-Modell darzustellen. Jede Anmerkung, die für eine konkrete Darstellung als nicht-relevant eingestuft wird, muss daher beim Aktivieren der Capture ausgeblendet bzw. nicht sichtbar sein.

Die Sichtbarkeit von Anmerkungen kann in der Arbeitsumgebung der Capture gesteuert werden. Der Konstrukteur muss dazu lediglich alle „unerwünschten" Anmerkungen über die Funktion *Hide/Show* im nicht-sichtbaren Bereich des Bauteils ablegen. Dies kann für jede Anmerkung einzeln oder auch über die übergeordnete Anmerkungsebene geschehen. Das Ergebnis der Darstellung ist dabei das Gleiche (Bild 2-60).

Müssen bei der Darstellung der Capture Teile des Bauteils aus- bzw. eingeblendet werden?

Im Zuge einer Produktbeschreibung kann es vorkommen, dass beim Aufbau einer Darstellung, Teile der Geometrie aus- bzw. eingeblendet werden müssen, um z. B. eine klare Sicht auf die Information zu ermöglichen. Unter *Tools\Options\Mechanical Design\Functional Tolerancing and Annotation* und der Registerkarte *Annotation* kann der Konstrukteur die Einstellung *Manage the visibility of Part instances, bodies and geometrical sets* aktivieren. Damit ist er nunmehr in der Lage, innerhalb einer Darstellung die Sichtbarkeit von Instanzen, Bodies oder Geometrical Sets zu steuern.

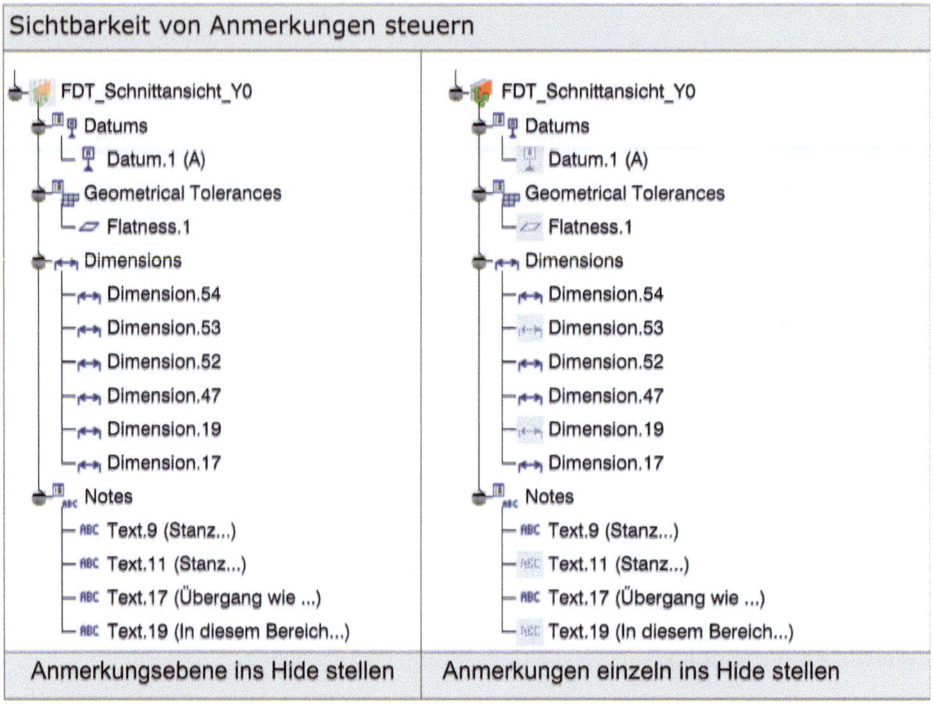

Bild 2-60: Beispiel wie Sichtbarkeiten von Anmerkungen gesteuert werden können

Für welche Elemente nun die Sichtbarkeit gesteuert werden kann, ist abhängig davon, ob die Capture in einem Einzelteil (CATPart oder PDP-Part) oder in eine Baugruppe (CATProduct) aufgebaut wurde. Bei Einzelteilen (CATParts) kann die Sichtbarkeit von Grundkörpern (Part Bodies) und Geometrical Sets gesteuert werden, bei Baugruppen jedoch ausschließlich die von Instanzen.

Welche Kameraansicht ist für die Visualisierung am besten geeignet?

Über die Auswahlliste der Symbolleiste Capture Options kann der Capture die geeignete Kameraansicht zugewiesen werden. Auf diese wird dann die Anzeige ausgerichtet wenn die Capture aktiviert wird.

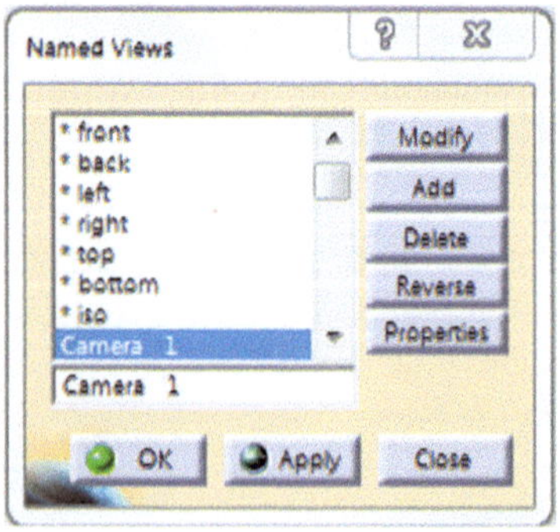

Falls keine geeignete Ansicht im Modell vorhanden sein sollte, kann über die Funktion ***Named Views*** eine angelegt werden. Zur Funktion ***Named Views*** folgt nun ein Beispiel:

- Das Bauteil im Raum entsprechend ausrichten und zugleich den passenden Zoomfaktor auswählen.
- Die Funktion ***Named Views*** aufrufen. Es erscheint das gleichnamige Dialogfenster.

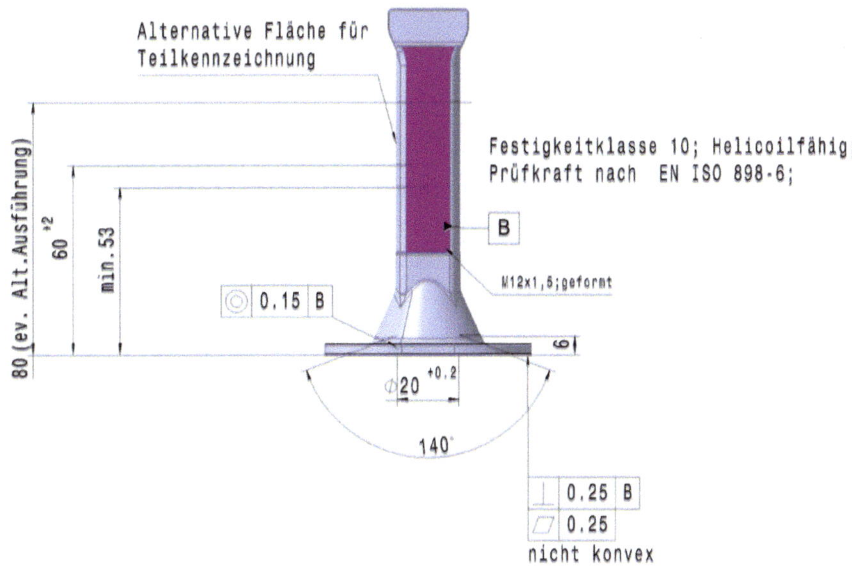

Bild 2-61: Anlegen einer Named View im Bauteil

- Über *Add* wird Camera.1 als Kamera angelegt. Dabei werden Position und Ausrichtung der Ansicht sowie der Zoomfaktor unter der Camera.1 gespeichert.
- Mit OK den Erstellungsvorgang der Kameraansicht beenden

Position und Ausrichtung des Bauteils sowie der Zoomfaktor der Kameraansicht werden nach Verlassen des Arbeitsbereichs in den Eigenschaften der Capture gespeichert. Auch wenn diese nachträglich aus dem Modell entfernt werden sollte, bleibt die Information erhalten. In der Combolist erscheint dann der Eintrag *UndefCam.*

Wird mit der Capture eine Schnittansicht dargestellt?

Wie bereits aus dem vorherigen Kapitel bekannt sein sollte, kann mit Hilfe der Funktion ***Clipping Plane***, ein Bauteil entlang einer Begrenzungsebene eingeschränkt werden. Die gleiche Funktion wird auch über die Symbolleiste **Capture Options** zur Verfügung gestellt. Bei der Visualisierung von Captures, in denen diese Funktion aktiviert wurde, wird das Bauteil entlang einer Begrenzungsebene eingeschränkt. Wobei als Begrenzungsebene die Bezugsebene der gerade aktiven Anmerkungsebene dient. In **CATIA V5-6 R2013** muss der Konstrukteur in den Arbeitsbereich der Capture wechseln und die Funktion aktivieren.

2.9.3 Die Bedeutung der Capture *Initial*

Eine der Anforderungen des **3D-Master**-Prozesses an das Datenmodell lautet:

„Beim Laden des Datenmodells müssen alle Informationen die zu dessen Produktbeschreibung benötigt werden, seien es Wireframe-Elemente oder Anmerkungen, und die dazugehörige Geometrie sichtbar sein. Der Ladezustand muss dabei zu jeder Zeit aufrufbar sein.“

Worauf basiert aber diese Anforderung? Zum einem muss sichergestellt werden, dass jedem Anwender beim Laden keine Information vorenthalten wird. Des weiteren muss einer negativen Eigenschaft von Captures Einhalt geboten werden: Beim Aktivieren einer Capture wird deren Darstellung aktiv im CATPart oder CATProduct übernommen. Die Wiederkehr zum Ursprungszustand ist auf direktem Weg nicht mehr möglich.

All dies führt uns nun zur Definition der wichtigsten Capture: der Capture **Initial**. Diese ist vom Konstrukteur so aufzubauen, dass bei deren Aktivierung alles was für die Produktbeschreibung des Bauteils benötigt wird, sichtbar ist. Zugleich wird diese mit einer Kameraansicht verknüpft, die eine Übersicht über das gesamte Modell und die darin enthaltenen Informationen verleiht. Die Capture Initial muss sich somit in jedem Bauteil befinden, das gemäß dem Prozess **3D-Master** konzipiert wurde und als aktive Darstellung vor dem Abspeichern des Datenmodells gesetzt wird.

Dies ist besonders für die Ersatzformatgenerierung wichtig. Wie wir noch im Kapitel 4 erfahren werden, besagt die Grundeinstellung des Konvertierungsprozesses (auf die alle anderen Einstellungen basieren), dass nur das konvertiert wird, was beim Speichern des Datenmodells sichtbar war. Näheres dazu wird im Kapitel Visualisierung noch folgen.

2.9.4 Arbeitsfolge

Da es sich bei einer Capture um eine komplexe und zugleich sehr wichtige Funktion handelt, kann eine geregelte Arbeitsfolge den Konstrukteur dabei unterstützen, schnell, effektiv und fehlerfrei Darstellungen im Modell abzulegen. Zusammenfassend wird hierfür empfohlen, folgendermaßen vorzugehen:

CATIA V5 R19 HF 89

- Eine Capture per Aufruf der gleichnamigen Funktion anlegen
- Im Arbeitsbereich der Capture nun
  - alle unerwünschten Anmerkungen in den nicht sichtbaren Bereich stellen
  - unerwünschte Geometrie (Bodies, GeoSets oder Instanzen) in den nicht sichtbaren Bereich ablegen
  - die passende Kamera für die Darstellung auswählen. Falls keine vorhanden sein sollte, eine anlegen
  - bei Schnittansichten die Funktion ***Clipping Plane*** aktivieren
  - den Arbeitsbereich der Capture mit ***Exit from Capture*** verlassen

CATIA V5-6 R2013

- Alle unerwünschten Anmerkungen in den nicht sichtbaren Bereich stellen
- Unerwünschte Geometrie (Bodies, GeoSets oder Instanzen) in den nicht sichtbaren Bereich stellen
- Eine Capture per Aufruf der gleichnamigen Funktion anlegen
- Im Dialogfenster Capture Definition:
  - darauf achten, dass die Capture mit der richtigen Anmerkungsebene verknüpft wird,

- ♦ die passende Kamera für die Darstellung auswählen. Falls keine vorhanden sein sollte, eine anlegen
- Bei Schnittansichten in den Arbeitsbereich der Capture wechseln (per Doppelklick) und die Funktion ***Clipping Plane*** aktivieren

2.9.5 Anwendungsfall: Buchse Hinterachsanbindung (HAA)

Anhand eines einfachen Beispiels wird nun dargestellt, wie Captures für die Visualisierung von produktbeschreibenden Informationen im 3D-Master-Prozess verwendet werden, um konkrete Informationen des Bauteils hervorzuheben. Speziell in diesem Fall wurden Captures dazu verwendet, um die besondere Merkmale (mit L gekennzeichnet) im Modell herauszufiltern, um den Bezug zur Änderungshistorie im PDM-System aufzubauen und um die Umgebungsgeometrie im verbauten Zustand darzustellen. Der Anwender muss für den Aufruf dieser Darstellungen lediglich die gewünschte Capture auswählen und in deren Kontextmenü die Funktion ***Display Capture*** aufrufen.

Die Abbildung 2-63 stellt den Inhalt jeder Capture dar.

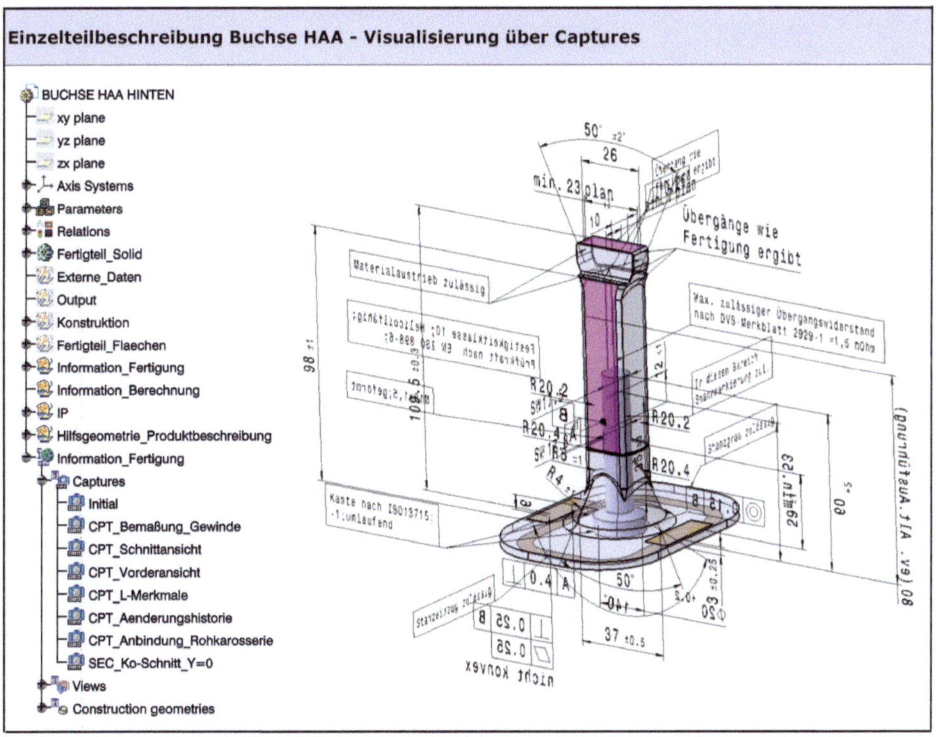

Bild 2-62: Besondere Maße an einem mit 3D-Master beschriebenen Bauteil

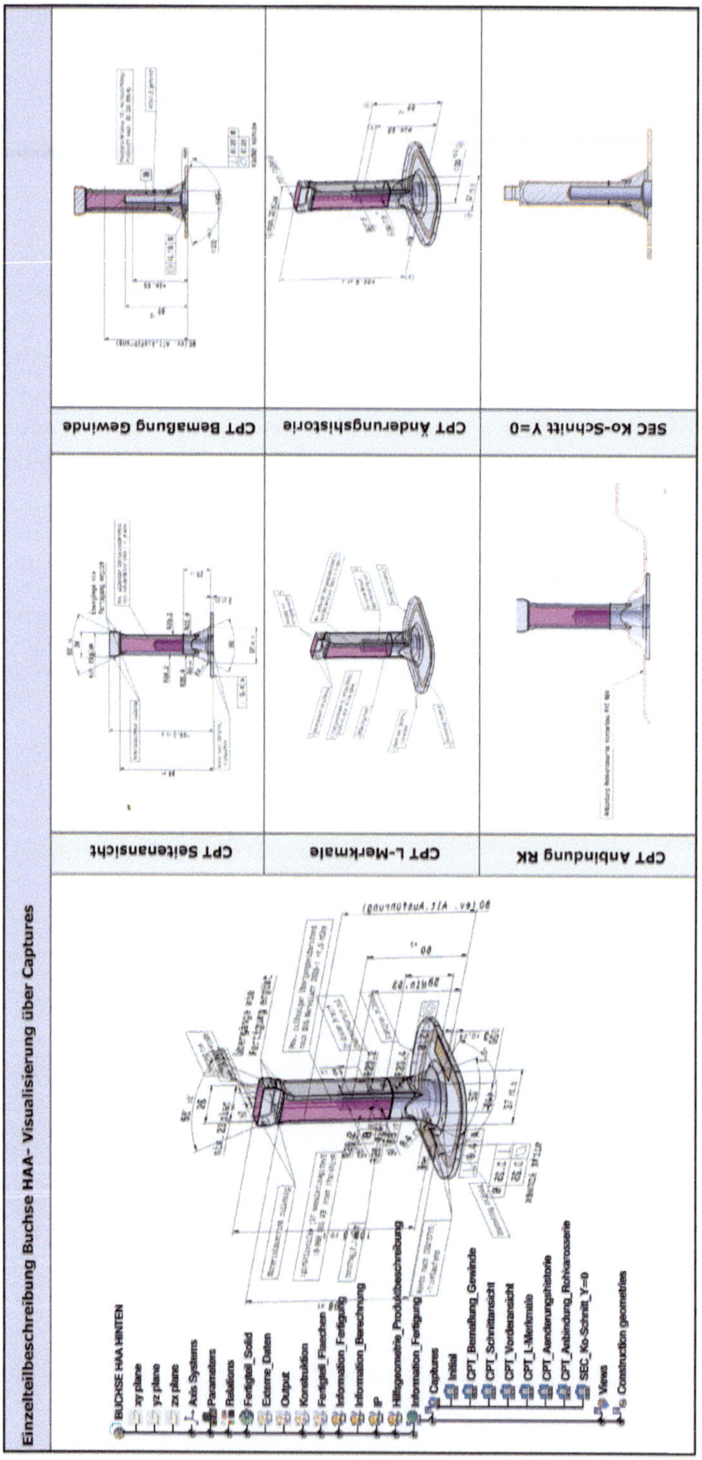

Bild 2-63: Visualisierung von Produkt- und fertigungsrelevanter Informationen mit Hilfe von Captures

Einsatz im virtuellem Fahrzeug

Im Beispiel der Buchse kommt noch ein weiterer Verwendungszweck von Captures zum Vorschein: **der Einsatz in virtuellen Fahrzeugen.**

Obwohl die Capture SEC_Ko-Schnitt Y = 0 im Bauteil selbst keinen Inhalt hinsichtlich der Produktbeschreibung anbietet, findet diese in übergeordneten Produktstrukturen (z. B. im virtuellen Fahrzeug) Verwendung. Dabei fungiert die Capture als Kontrolldarstellung zur Untersuchung von Auswirkungen, die das verbaute Bauteil am Fahrzeug ausübt (Bauraumuntersuchungen).

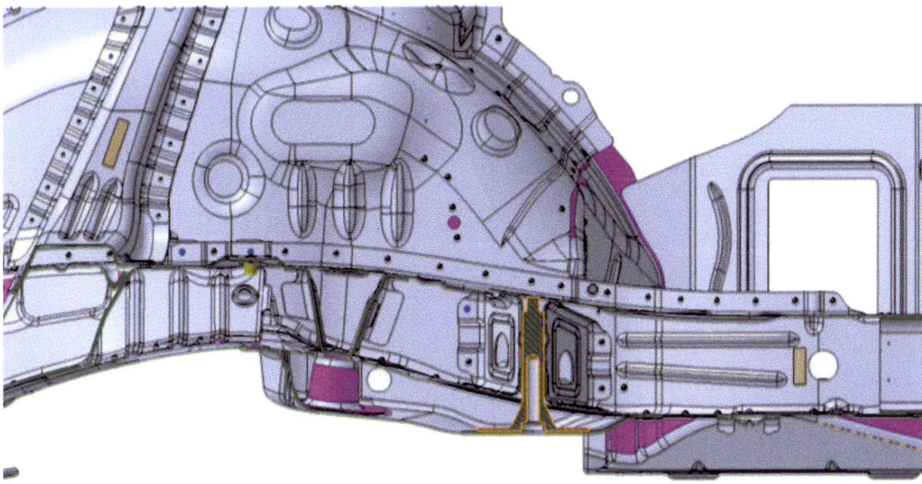

Bild 2-64: Der Einsatz von Captures im virtuellen Fahrzeug

2.9.6 Zusätzliche Einstellungen für CATIA V5-6 R2013

Zum Abschluss dieses Abschnitts werden noch einige Einstellungsmöglichkeiten vorgestellt, die bei CATIA V5-6 R2013 aufgenommen wurden und sich bei der Capture-Erzeugung als nützlich erweisen können:

- *Manage the visibility of Part instances, bodies and geometrical set*
  Diese sollte standardmäßig aktiv geschaltet werden, um mit Hilfe von Captures die Sichtbarkeit nicht nur von Anmerkungen, sondern auch die von Part-Bodies, geometrischen Sets und Instanzen zu steuern.
- *Create a dedicated Capture when creating...*
  Sobald ein bestimmter Typ einer Anmerkungsebene im Modell angelegt wird, wird eine dazugehörige Capture mit erzeugt. Der zeitliche Aufwand für diese Erzeugung wird hiermit minimiert.
- *Set related capture as current and unset others*
  Die Einstellung setzt automatisch eine Capture als *Current*, sobald die damit verknüpfte Anmerkungsebene aktiviert wird. Somit wird sichergestellt, dass jede neu hinzugefügte Anmerkung bei der Darstellung der Capture mit angezeigt wird.

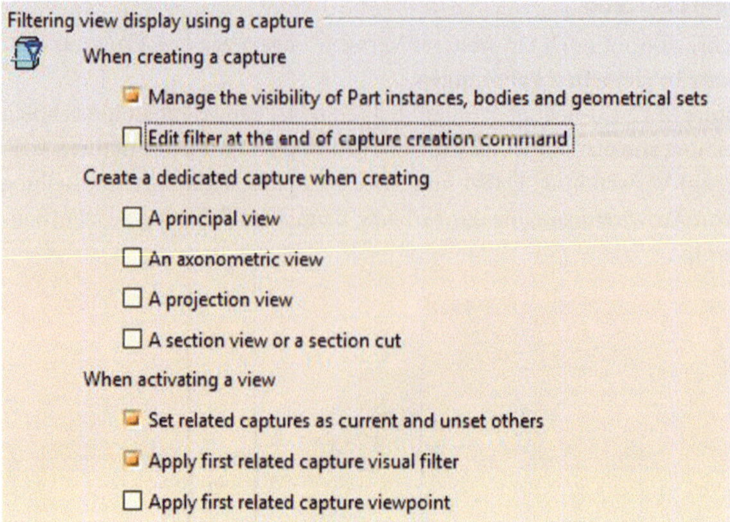

Bild 2-65: Tools/Options Einstellungen für Captures in CATIA V5-6 R2013

2.10 Besondere Baugruppenspezifische Informationen

Wir haben nun alle technischen Möglichkeiten kennengelernt, die uns die Workbench Functional Tolerancing and Annotations zur Verfügung stellt, um ein Bauteil zu beschreiben. Hierbei wurde das Bauteil (Einzelteil oder Baugruppe) in einem konkreten Zustand dargestellt und mit Informationen angereichert. Was passiert jedoch wenn im Zuge der Produktbeschreibung, eine alternative Ansicht auf die Baugruppe verlangt wird, wenn z. B. einzelne Teile einer Baugruppe in einer anderen Position im Raum dargestellt werden müssen, als die Position die sie im Lieferzustand des Datenmodells aufweisen? Innerhalb von technischen Dokumentationen gibt es mehrere Beispiele solcher Darstellungen, die hauptsächlich in Bezug auf Baugruppenbeschreibungen verwendet werden: Explosionsdarstellungen, die ein besseres Verständnis für das Zusammenwirken der Einzelteile in der Baugruppe vermitteln, Darstellung von Montageprozeduren, für den Vergleich von Anliefer- und Verbauzuständen oder um Entwicklungsstufen einer Baugruppe anzuzeigen.

Hier kommt nun die Workbench **DMU Navigator** mit ihren Funktionen zum Einsatz.

Die Workbench **DMU Navigator** bietet Funktionen an, die eigens dafür entwickelt wurden, um Überprüfungen an digitalen Modellen durchzuführen, unabhängig von der Größe des Datenmodells. Unser Augenmerk wird hierbei auf ganz bestimmte Funktionen gerichtet sein, die kombiniert dazu verwendet werden können, um spezielle Anforderungen, die an die Produktbeschreibung von Baugruppen gerichtet werden zu erfüllen.

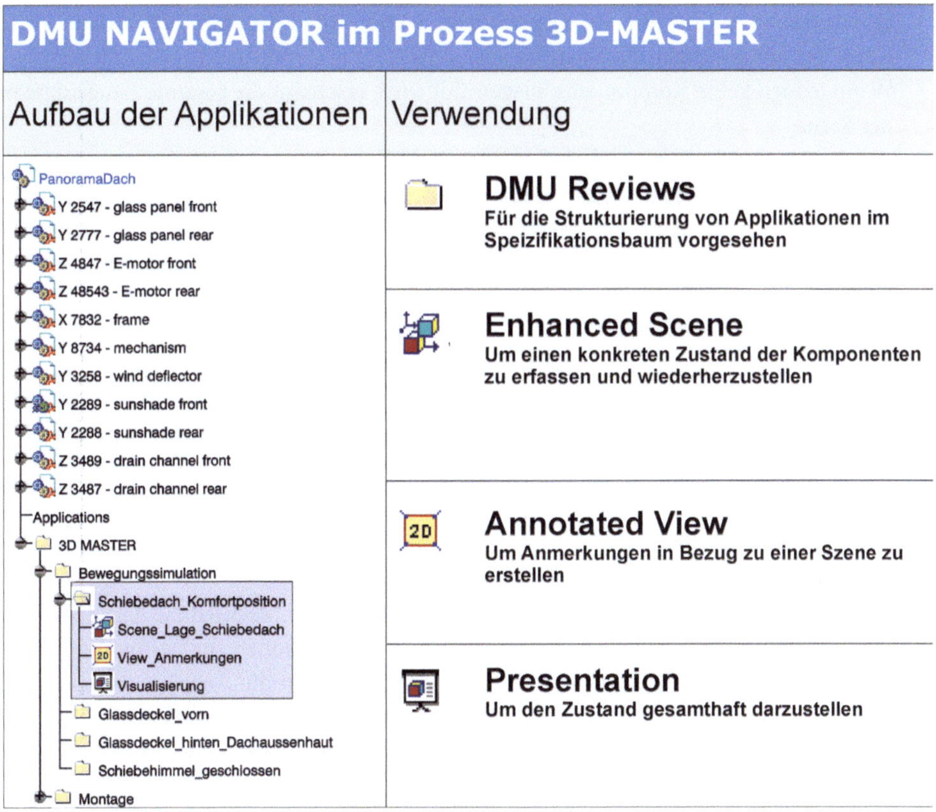

Bild 2-66: Funktionen des DMU Navigators für den 3D-Master Prozess

2.10.1 Verbesserte Szenen *Enhanced Scenes*

Bei einen Szene handelt es sich um genau die Funktion, die es uns ermöglicht, spezielle „Zustände" von Komponenten zu erfassen und jederzeit aufzurufen. Was genau erlaubt mir aber eine Szene mit den Komponenten einer Baugruppe anzustellen? Innerhalb einer Szene kann der Konstrukteur Komponenten anzeigen oder verdecken, deren grafische Attribute (wie Farben, Linien etc.) ändern und bei Bedarf Darstellungen deaktivieren. Vor allem jedoch können innerhalb einer Szene Komponenten einer Baugruppe im Raum neu positioniert werden.

Szenen erzeugen

Um eine Szene erst einmal erstellen zu können, müssen zunächst die Komponenten ausgewählt werden, die in der Szene vorhanden sein müssen. Es gibt drei Möglichkeiten, um den Inhalt einer Szene auszuwählen:

- Durch Auswahl der Komponenten im Strukturbaum. Nur diese erscheinen dann in der Szene.

- Durch Auswahl einer bereits vorhandenen Szene, wobei die neue Szene dann einer Kopie der ausgewählten Szene entspricht.
- Wenn jedoch keine Komponente ausgewählt wird, erscheint die gesamte Baugruppe in der Szene.

Sobald die Entscheidung zum Inhalt der Szene getroffen wurde, wird die Funktion aufgerufen. Es erscheint das gleichnamige Dialogfenster in dem nun folgende, grundlegende Entscheidung zum Aufbau der Szene getroffen wird: Welcher Überblendungsmodus (Overload Mode) wird angewandt. Dem Konstrukteur stehen hier zwei Möglichkeiten zur Auswahl:

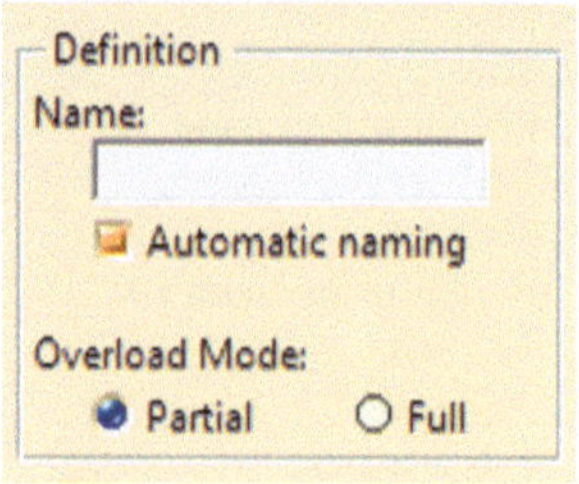

- Überblendungsmodus **Full**. Dabei wird eine Szene angelegt, in der die Komponenten ihre Positionen beibehalten, unabhängig davon welche Änderungen am Original-Produkt vorgenommen werden.
- Überblendungsmodus **Partial** (Teilweise): Dabei werden Änderungen, die am Original-Produkt vorgenommen werden, in der Szene übertragen. Sobald jedoch ein Attribut einer Komponente innerhalb der Szene verändert wird, gilt diese Komponente als überlastet.

Sobald der geeignete Überblendungsmodus ausgewählt wurde, wechselt die Anzeige in der Arbeitsumgebung der Szene. Hier stehen nun folgende Funktionen zur Verfügung.

- Aktuellen Blickpunkt sichern: Der Konstrukteur kann die Anzeige entsprechend verändern, um die gewünschte Sicht auf die Baugruppe zu erhalten. Die Ansicht kann dann, mit Hilfe dieser Funktion, als Blickpunkt im Kontext der Szene gesichert werden.

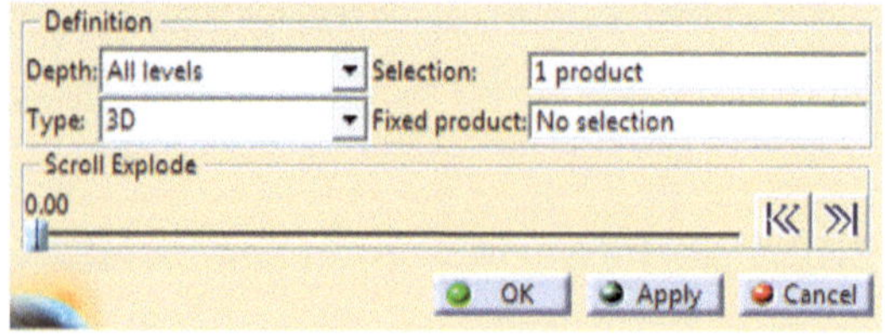

- Produkt zerlegen: Hiermit kann die Baugruppe im Kontext der Szene zerlegt werden, ohne dass sich dieser Vorgang auf das Original-Produkt auswirkt.
- Szene auf die Baugruppe anwenden: Mit diesem Befehl werden die Werte der ausgewählten, überlagerten Attribute der Szene auf die Werte der entsprechenden Baugruppenattribute übertragen. Bei der Erzeugung von erweiterten Szenen wird immer eine Baugruppe als Referenz verwendet. Deshalb wirkt sich auch der Befehl auf alle erweiterten Szenen mit dem Überlagerungsmodus ‚Teilweise' aus, in denen die Attribute nicht überlagert sind, die den in der Baugruppe aktualisierten Attributen entsprechen.

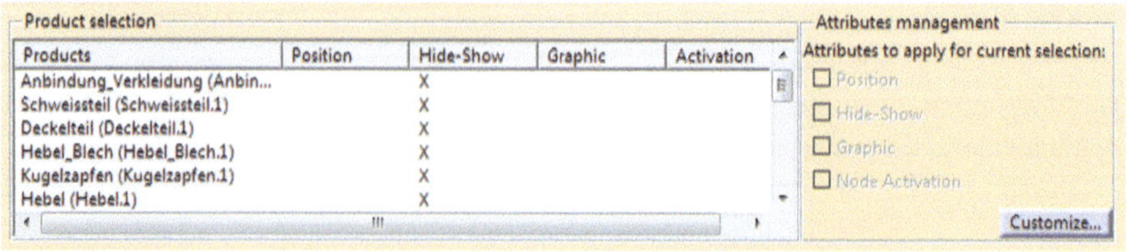

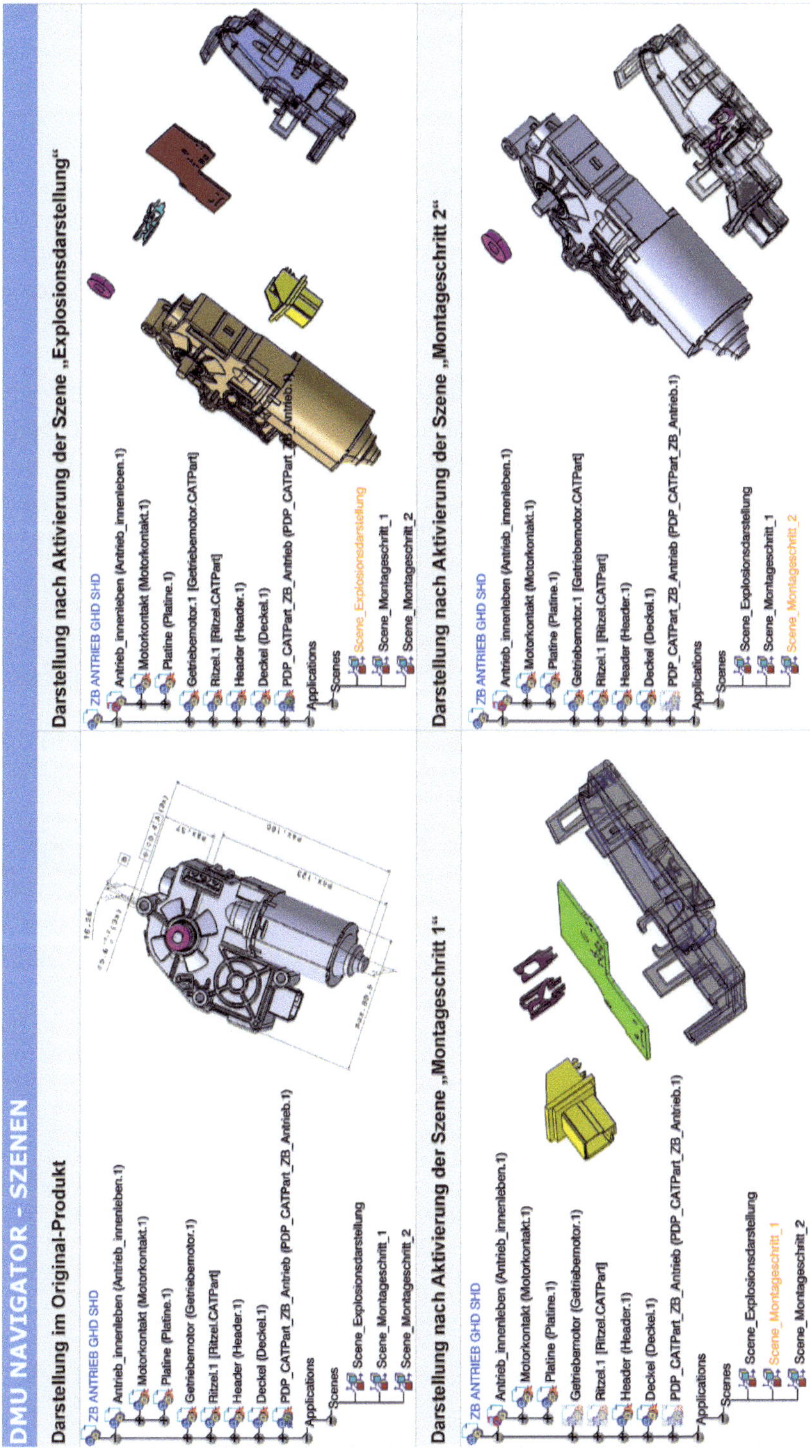

Bild 2-67: Verwendung von Szenen im Produktbeschreibungsprozess von Baugruppen

Mit dem Befehl ‚Baugruppe auf Szene anwenden' können die Werte der ausgewählten überlagerten Attribute der Szene auf die Werte der entsprechenden Attribute in der Baugruppe zurückgesetzt werden.

Der Arbeitsbereich der Szenen kann jederzeit verlassen werden, um zum Baugruppenkontext zurückzukehren.

Die Darstellung einer Szene kann jederzeit aufgerufen werden. Dies kann entweder per Doppelklick auf die Szene im Spezifikationsbaum geschehen oder über den Scene-Browser. Im Bild 2-67 wird anhand des Beispiels eines Fensterhebemotors dargestellt, wie Szenen im Prozess **3D-Master** verwendet werden können, um verschiedene Zustände darzustellen.

2.10.2 Ansichten mit Anmerkungen *Annotated View*

Nachdem Sie nun einen Überblick erhalten haben, wie Baugruppen-Komponenten in verschiedenen Zuständen innerhalb der gleichen Baugruppe dargestellt werden, werden wir uns nun damit beschäftigen, diese Zustände mit Informationen zu ergänzen. Zuvor sollte jedoch eine allgemeine Restriktion erwähnt werden, mit der wir uns leider von Beginn an abfinden müssen. Innerhalb einer Szene können die Funktionen der Workbench Functional Tolerancing & Annotations **nicht** angewendet werden. Mit anderen Worten kann eine Szene nicht mit Hilfe von Textanmerkungen textuell angereichert werden. Wie erreichen wir es aber nun, die Darstellung in einer Szene zu beschreiben? Die Antwort auf diese Frage lautet ***Annotated View***.

Im Zustand der Szene die Funktion *Annotated View* auszuführen führt dazu, dass die zugeordnete Symbolleiste aufgerufen wird. Über die Symbolleiste können gerade Linien,

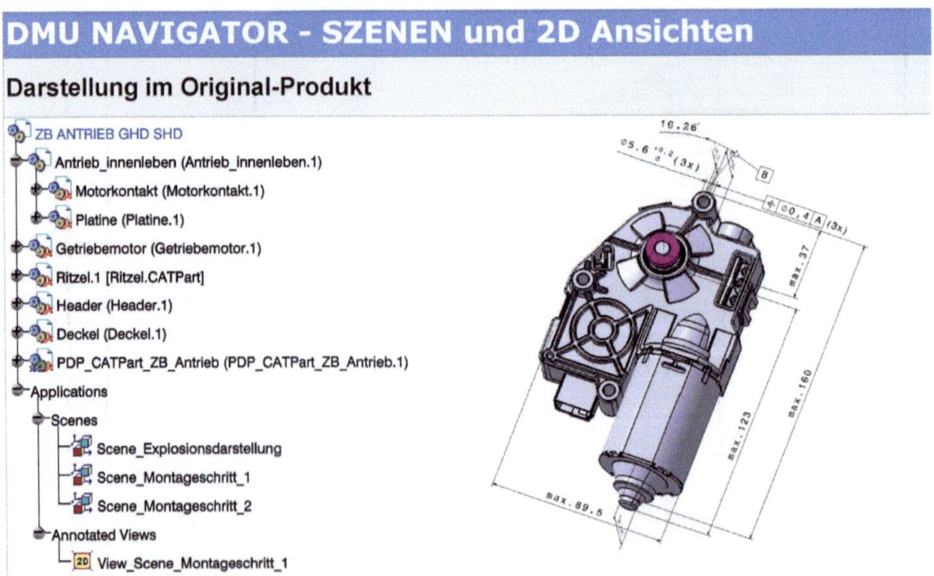

Bild 2-68: Ladezustand der Baugruppe

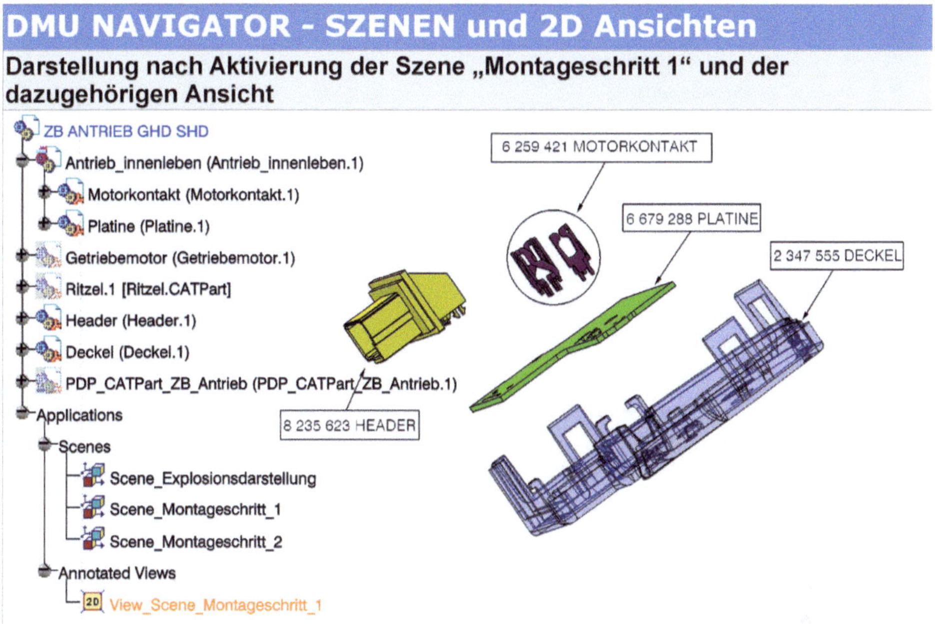

Bild 2-69: Aktivierte Scene „Montageschritt 1" und aktivierte Annotated View „Montageschritt"

Freihandlinien, Kreise, Pfeile und Rechtecke gezeichnet werden. Es können komplexe Anmerkungen durch die Kombination mehrerer Objekte und Text in Dokumentansichten erzeugt werden. Es können sogar Bilder (tiff, jpg, bmp, rgb) und Audiomarkierungen eingefügt werden. Die gewünschte Anmerkung erzeugen und die Symbolleiste verlassen. Die Ansicht wird im Spezifikationsbaum unter der Applikationen und der entsprechender Rubrik abgelegt. Ein Beispiel dazu wird in der folgenden Abbildung dargestellt.

Hier sollte jedoch erwähnt werden, dass es sich hierbei um zweidimensionale Inhalte handelt. Um diese anzuzeigen, muss die Ansicht im Spezifikationsbaum per Doppelklick aktiviert werden.

Die jetzt angezeigte Annotated View ist eine reine 2D-Ansicht. Bewegt man nur geringfügig die Geometrie, so werden die Maße weggeblendet. Durch wiederholtes Anklicken der View erscheinen die Texte wieder und der Bildschirm wird entsprechend ausgerichtet.

2.10.3 DMU Prüfungen *DMU Reviews*

Je komplexer nun der Aufbau einer Baugruppe ist, desto höher wird die Anzahl der Szenen und der dazugehörigen Ansichten, die zur Produktbeschreibung benötigt werden. Im Prozess 3D-Master wird daher für die Strukturierung und Gruppierung dieser Elemente auf die Funktion DMU-Prüfung zurückgegriffen.

Die DMU-Prüfung kann als Ordner betrachtet werden, in dem anwendbare Daten beliebig verwaltet werden können. Es können beliebig viele DMU-Prüfungen erzeugt und

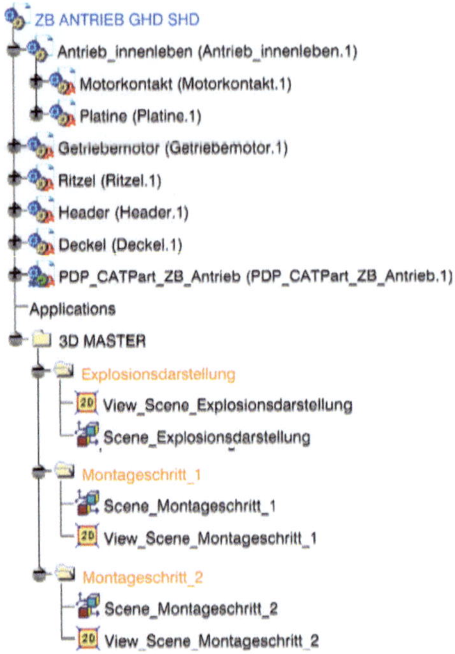

beliebig tief unterstrukturiert werden. Es gibt dabei keine Beschränkung für die Anzahl der Ebenen in der Überprüfungshierarchie.

Nach Aufruf der Funktion ***Review*** wird das Element im Spezifikations-Baum abgelegt. Per Doppelklick wird diese aktiviert und jede Applikation (anwendbare Daten wie Szenen, Ansichten etc.) die der Konstrukteur nun erzeugt, wird unter der Review abgelegt. Die DMU-Prüfung ist mit der Produktstruktur verknüpft und ist auch nur im Kontext dieser Produktstruktur sinnvoll.

2.10.4 DMU-Darstellungen *Presentations*

Wie wir nun gelernt haben, fügt sich die produktbeschreibende Information aus dem Zustand der in der Szene dargestellt wird und den Anmerkungen die sich in der Ansicht befinden, zusammen. Das heißt der Anwender muss zunächst die Szene aufrufen und dann die Ansicht. Dieser Vorgang kann bei einer hohen Anzahl an Kombinationen Szene-Ansicht recht aufwendig werden und viel Zeit in Anspruch nehmen. Deshalb werden nun für die Visualisierung dieser Art von produktbeschreibender Informationen DMU-Darstellungen verwendet.

Eine DMU-Darstellung bewirkt, dass mehrere Applikationen auf einmal aktiviert werden. Im Prozess **3D-Master** besteht eine DMU-Darstellung aus einer Szene und der dazugehörigen Ansicht (wenn vorhanden).

Der große Vorteil der sich nun im Sinne der Visualisierung daraus ergibt besteht darin, dass mit Hilfe der Funktion ***Presentation-Browser*** die Darstellungen aller DMU-Prüfungen sequenziell präsentiert werden können.

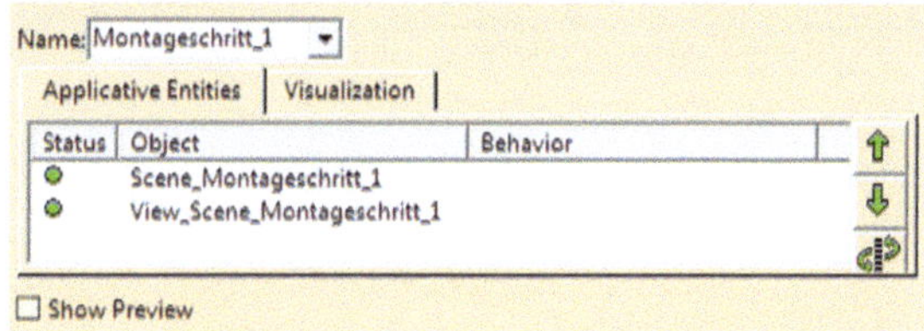

Ein Beispiel für die Anwendung dieser Funktion und allgemein für den Einsatz von DMU Reviews, Scenes und Annotated Views für die Produktbeschreibung einer Baugruppe wird in den folgenden Abbildungen dargestellt.

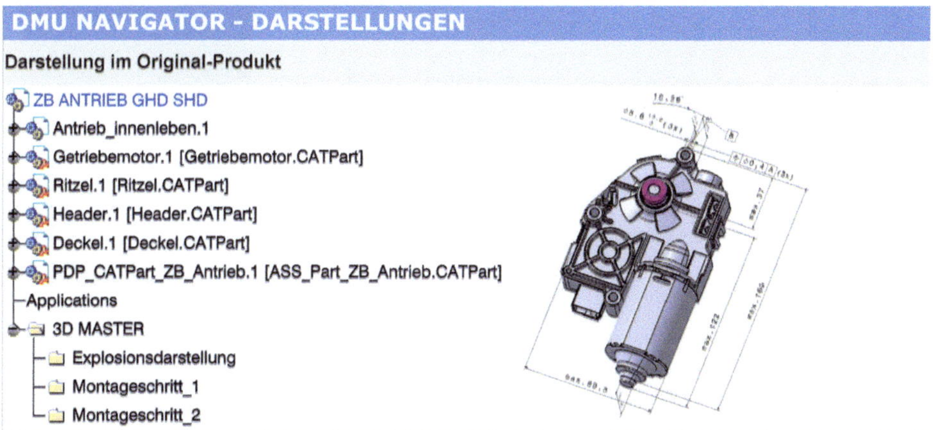

Bild 2-70: Der Zustand der Baugruppe im Lade-Zustand

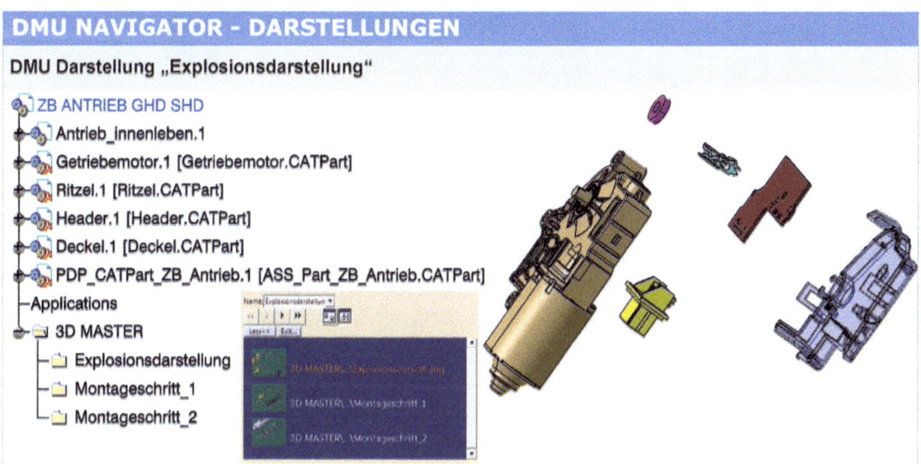

Bild 2-71: Aktivierung der DMU Presentation „Explosionsdarstellung“ über den Presentation Browser

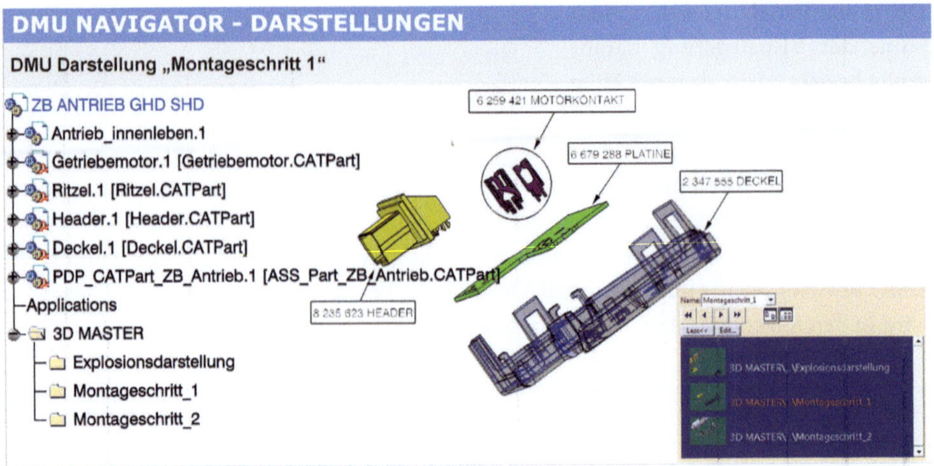

Bild 2-72: Aktivierung der DMU Presentation „Montageschritt 1" über den Presentation Browser

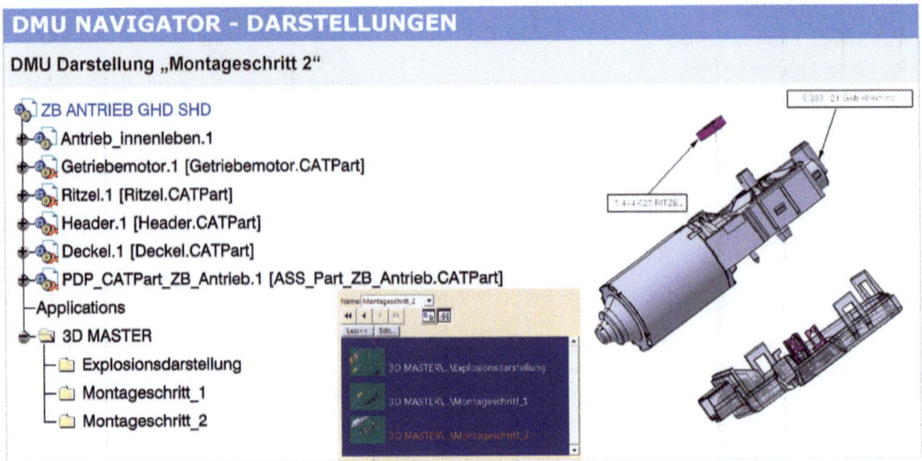

Bild 2-73: Aktivierung der DMU Presentation „Montageschritt 2" über den Presentation Browser

2.11 Anmerkungen und ihre Besonderheiten

In diesem Abschnitt sprechen wir nun einige Besonderheiten an, die im Umgang mit Anmerkungen bekannt sein sollten.

2.11.1 Arbeiten im Cache System

Um die Arbeitsfähigkeit auch bei größeren Datenmodellen bzw. beim Laden größerer Strukturen zu gewährleisten, wird bei Unternehmen das Arbeiten im Cache-System bevorzugt.

Diese Arbeitsweise hat jedoch einige Auswirkungen auf die Produktbeschreibung im 3D, die in diesem Abschnitt aufgezeigt werden. Beginnen wir jedoch damit, was das Arbeiten mit dem Cache-System bedeutet.

Aktiver Cache hat zur Folge, dass beim erstmaligen Laden einer Komponente diese tesselliert und die entsprechende cgr-Datei im Cache-Verzeichnis gesichert wird. Beim erneuten Laden des Dokuments wird die bereits vorhandene cgr-Datei und nicht das Originaldokument aus dem Cache geladen. Die Struktur befindet sich dann im sogenannten Darstellungsmodus (Visualization Mode). Um auf die Originaldokumente wieder zuzugreifen, muss die entsprechende Komponente im Entwurfsmodus (Design Mode) geladen werden.

Darstellungsmodus (Visualization Mode)

- Die Dokumente werden im CGR-Format geladen.
- Ausschließlich das äußere Erscheinungsbild (Flächen) wird geladen, die Geometrie selbst steht nicht zur Verfügung.
- Die Geometrie wird tesseliert angezeigt. Bei einer tesselierten Darstellung werden die Flächen aus Dreiecken zusammengesetzt.

Entwurfsmodus (Design Mode)

- Die Original-Komponentendokumente werden verwendet
- Sämtliche Geometriedaten (Konstruktionshistorie inkl. Anmerkungen) der Bauteile werden mit geladen.
- Alle Befehle der Umgebung stehen zur Verfügung.

Das Arbeiten im Cache-System wird über die entsprechende Einstellung unter *Tools/Options/Infrastructure/Product Structure* und der Registerkarte *Cache Management* aktiviert. Zusätzlich zu den Einstellungen des Cache-Systems können noch verschiedene Optionen aktiviert (oder deaktiviert) werden, um die Darstellung der geladenen cgrs im Darstellungsmodus zu steuern. Dazu in die Registerkarte *Cgr Management* wechseln.

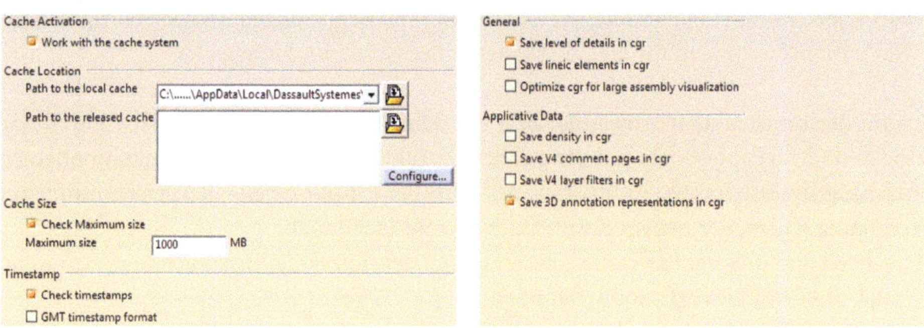

[a] [b]

Bild 2-74: Einstellungen im CACHE Mode: Cache Management [a], Cgr Management [b]

Auswirkungen auf die dreidimensionale Produktbeschreibung

Wie bereits in der Einleitung erwähnt wurde, hat das Arbeiten im Cache-System Auswirkungen auf die dreidimensionale Produktbeschreibung. Beim Laden einer Struktur im Cache werden prinzipiell die Anmerkungen der Einzelteile nicht angezeigt, da nur die CGRs geladen werden. Sobald eine Komponente jedoch im Entwurfsmodus geladen wird, wird die Konstruktionshistorie inklusive aller sich im Modell befindlichen Anmerkungen angezeigt.

Dieses Verhalten allein hat erhebliche Auswirkungen auf die Produktbeschreibung, insbesondere von Baugruppen, da bei einer Baugruppenbeschreibung die Anmerkungen der Einzelteile nicht relevant und somit störend sind.

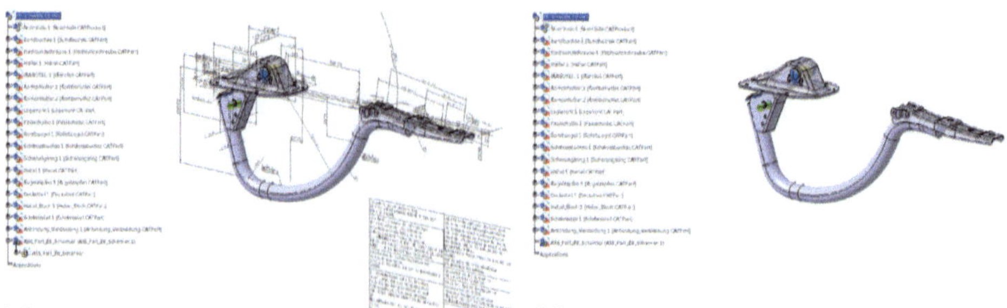

[a] [b]

Bild 2-75: Struktur geladen im Design Mode [a], Visualization Mode [b]

> **DMU Tolerancing Review**
>
> Eine Lösung für die Visualisierung von Anmerkungen auf Baugruppenebene bietet die Workbench DMU Tolerancing Review an. Diese wurde eigens für die Darstellung, die Abfrage und das Filtern mechanischer Bemaßungen und Toleranzen in einer auf Zusammenarbeit basierenden Konstruktionsprüfumgebung des vollständigen digitalen Modells konzipiert. Es bietet Funktionen zur Darstellung von Bemaßungen und Toleranzen sowie Navigationsfunktionen für digitale Modelle aller Größenordnungen an.

Damit der Konstrukteur/Anwender nun aus dem Blickpunkt der Produktbeschreibung eine reine Baugruppensicht auf die geladene Struktur erhält (Baugruppenkomponenten inkl. baugruppenrelevante Anmerkungen), muss der Prozess einen Filtermechanismus zur Verfügung stellen, der es dem Konstrukteur/Anwender erlaubt

- schnell und unkompliziert die Anmerkungen der Einzelteile auszublenden, auch wenn sich diese im Entwurfsmodus befinden,
- zu jeder Zeit die Anmerkungen, die für die Baugruppenbeschreibung im Modell abgelegt wurden, einzublenden, unabhängig davon ob sich diese auf Produktebene oder im PDP-Part befinden.

Es folgt eine Beschreibung der notwendigen Funktionen, auf die der Filtermechanismus zurückgreifen kann, um den Anforderungen gerecht zu werden.

Anmerkungssets aktivieren/deaktivieren

Beim Laden einer Struktur im Entwurfsmodus können jederzeit die Anmerkungssets der einzelnen Komponenten aktiviert bzw. deaktiviert werden. Dies ermöglicht die Funktion ***List Annotation Set Switch On/Off***, die über die Workbench Functional Tolerancing & Annotations aufgerufen werden kann.

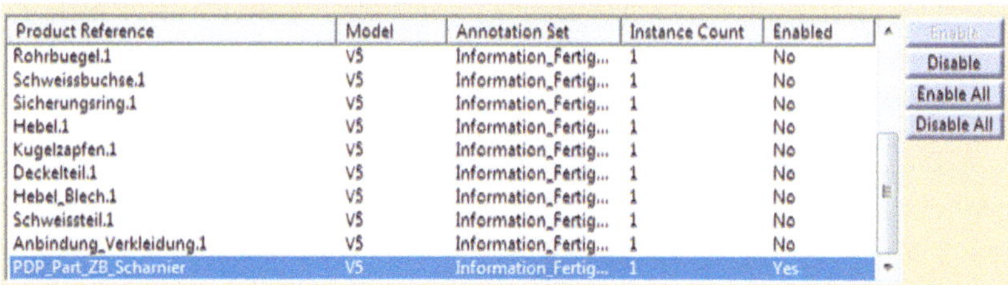

Beim Aufruf der Funktion erscheint das Dialogfenster **Annotation Set Switch on/off**, das in der Abbildung zu sehen ist. Im Fenster werden zum einen die Produktreferenzen angezeigt, die in der aktuellen Sitzung geladen sind und ein Anmerkungsset beinhalten und zum anderen wird die notwendige Funktionalität zur Verfügung gestellt, um das erwünschte Anmerkungsset aufzurufen bzw. die unerwünschten wegzuschalten (über die Schaltfläche Enable/Disable).

Was passiert jedoch wenn die Struktur im Darstellungsmodus geladen wird bzw. mit Cache-System gearbeitet wird?

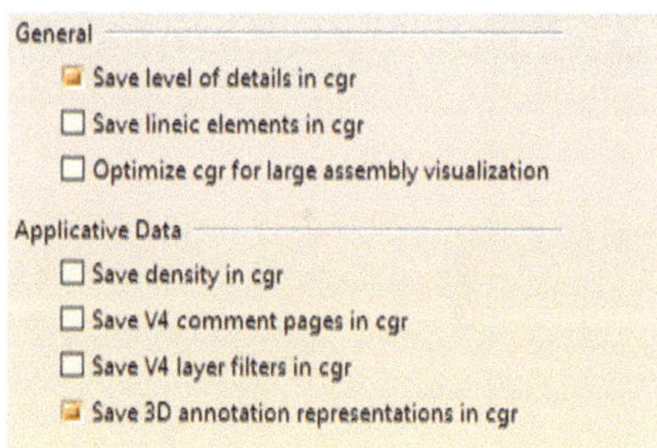

Wie bereits im Vorfeld erwähnt wurde, werden beim Arbeiten mit dem Cache-System im Cache-Verzeichnis die CGRs der Komponenten abgelegt, die wiederum verwendet werden, um die Geometrie im Darstellungsmodus darzustellen. Die Einstellung *Save 3D annotation representation in cgr*, die unter *Tools/ Options/ Infrastructure/ Product Structure* zu finden ist, ermöglicht das Abspeichern der Anmerkungssets in den jeweiligen CGR's. Die Anmerkungssets werden somit im Dialogfenster **Annotation Set Switch on/off** angezeigt, auch wenn die Struktur im Darstellungsmodus geladen wird.

Um eine Baugruppensicht auf die Struktur zu erhalten, würde in der Praxis nun der Anwender im Darstellungsmodus das Anmerkungsset des PDP-CATPart aktivieren, jedoch im Entwurfsmodus alle Anmerkungssets der Einzelteile, die fälschlicherweise mit angezeigt wurden, deaktivieren.

Der gesamte Vorgang kann natürlich auch hochgradig automatisiert werden. Hierzu kann eine Funktion eingesetzt bzw. programmiert werden, die das PDP-CATPart identifiziert und dessen Anmerkungsset vom Typ Assembly, aktiviert und zugleich alle weiteren Anmerkungssets deaktiviert. Die Kennzeichnung des PDP-CATParts als solches kann dabei über einen Text-String erfolgen, der wiederum in den Produkteigenschaften des Einzelteils abgelegt wird.

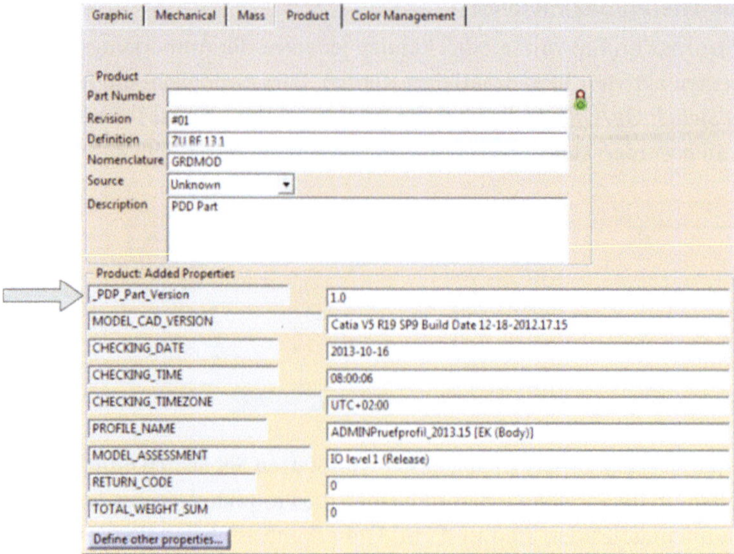

2.11.2 Assoziativität

Das assoziative Arbeiten spielt bei der Produktbeschreibung eine erhebliche Rolle. Damit wird sichergestellt, dass jede am Modell vorgenommene Änderung auf die Anmerkungen übertragen wird. Die Bezugselemente von Anmerkungen, und die damit verbundene Assoziativität, kann zur jeder Zeit über die Funktion ***Geometry Connection Management*** überprüft werden. Beim Aufruf der Funktion erscheint das gleichnamige Dialogfenster, das wie folgt aussieht.

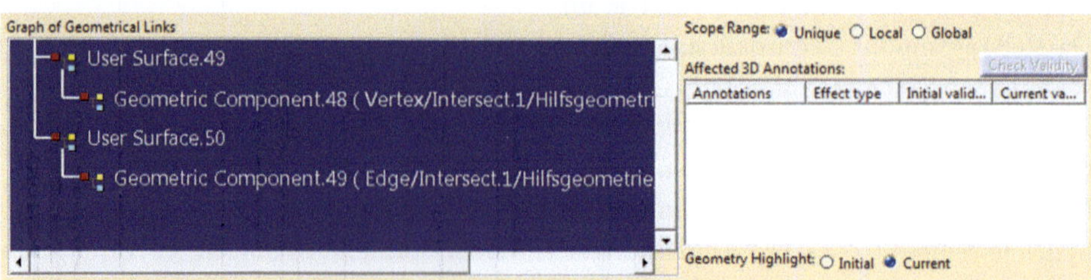

Da jedoch die Konstruktion eines Bauteils ein hoch komplexer und langwieriger Prozess seien kann, kann es vorkommen, dass der Bezug der Anmerkungen zu deren Bezugselementen verloren geht. Wenn dies eintritt, erhält die betroffene Anmerkung im Spezifikationsbaum ein Ausrufezeichen und im 3D wird diese gedimmt dargestellt. Dem Anwender stehen nun zwei Optionen zur Auswahl. Entweder wird die Anmerkung aus dem Modell entfernt oder der Bezug wird wiederhergestellt bzw. neu aufgebaut. Das zweite wird über ***Geometry Connection Management*** ermöglicht. Am folgenden Beispiel soll demonstriert werden, wie ein verlorengegangener Bezug wiederhergestellt werden kann. Hier wurde die

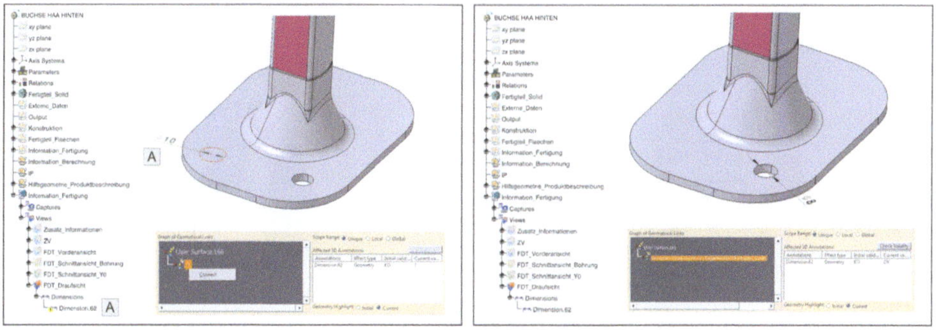

[a] [b]

Bild 2-76: Umhängen einer Vermaßung: Connect [a], Validation [b]

Bohrung, die zuvor bemaßt wurde aus dem Modell entfernt. Dies hatte zur Folge, dass die Durchmesserbemaßung ihren Bezug verloren hat.

- Über das Kontextmenü der Durchmesserbemaßung die Funktion ***Connection Management*** aufrufen. Es erscheint das gleichnamige Dialogfenster.

Wie man an der Abbildung erkennen kann, wird in der Rubrik *Graphic of Geometrical Links* kein Bezug angezeigt, sondern ein Fragezeichen.

- Mit der rechten Maustaste das Fragezeichen anklicken. Es erscheint der Befehl *Connect*. Diesen ausführen und das neue Bezugselement im 3D auswählen (die Bohrung rechts in der Abbildung).

Über die Funktion ***Check Validity*** kann zudem, wenn erwünscht, kontrolliert werden ob die Auswahl des neuen Bezugselements valide ist oder nicht.

- Die Auswahl wird übernommen und die Bemaßung wird neu gesetzt. Den Vorgang mit *OK* abschließen.

2.11.3 Geometrie hervorheben

Hier wird nun präsentiert, wie die Assoziativität zwischen Anmerkung und Geometrie ausgenutzt werden kann, um die Darstellung von Informationen zu erleichtern. Bei Aktivierung der Funktion ***3D Annotation query Switch On/Off*** der Symbolleiste **Visualization** werden geometrische Elemente der Teile- und Flächenkonstruktionsumgebung hervorgehoben wenn die Anmerkung selektiert wird mit denen sie zugeordnet sind.

Bei der Selektion werden zudem die gesamte konstruierte Geometrie, die dem Toleranzelement und seinen Komponenten zugeordnet ist, hervorgehoben inklusive alle geometrischen Elemente, die Komponenten des Toleranzelements sind und alle Anmerkungen von Bezugselementen, die zu den Spezifikationen gehören (nur für semantische geometrische Toleranzen).

Die Abbildung 2-77 soll nun den Nutzen dieser Funktionalität darstellen.

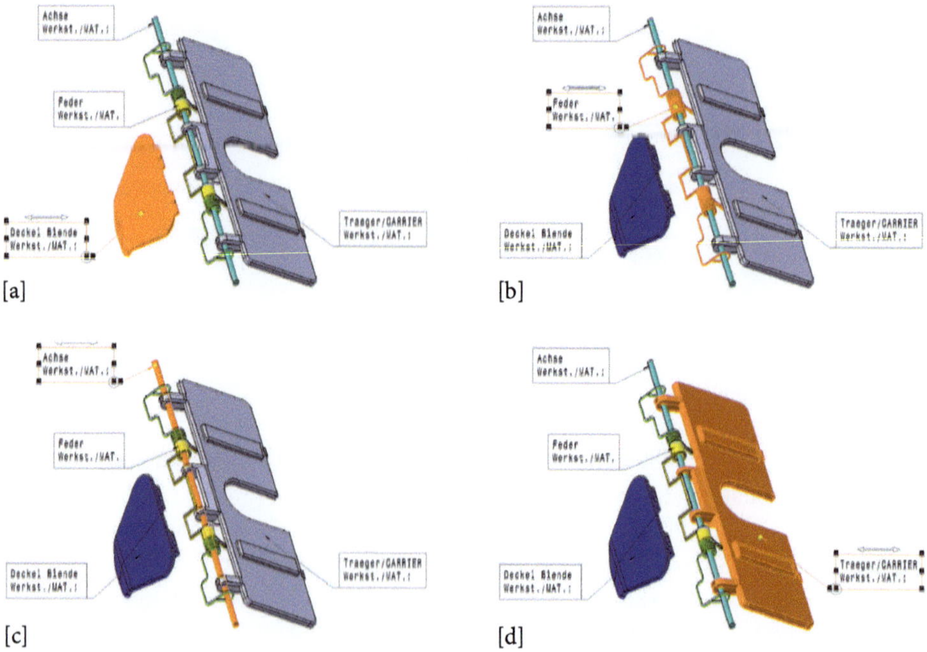

Bild 2-77: Hervorheben der KomponentenDeckel [a], Feder [b], Achse [c] und Träger [d] über die Selektion der jeweiligen Anmerkung

2.11.4 Anmerkungen normgerecht positionieren

Für die normgerechte Positionierung und Ausrichtung von Anmerkungen im 3D-Modell werden dem Konstrukteur Funktionen bereitgestellt die ihn dabei unterstützen.

Bemaßungen positionieren (Positioning)

- Über die Funktion ***Align into System*** werden Bemaßungen in einem System verwaltet, wobei diese an der kleinsten Bemaßung des Systems ausgerichtet werden.
- Über die Funktion ***Line Up*** werden Bemaßungen zu einem Bezugsobjekt mithilfe eines Offset-Werts gesteuert. Anhand dessen werden die Bemaßungen aneinander und anhand der Position der kleinsten Bemaßung ausgerichtet.

Folgende Bemaßungstypen können hierbei in Bezug zu einem Objekt auszurichtet werden:

- Längenbemaßungen
- Abstandsbemaßungen
- Radiusbemaßungen
- Durchmesserbemaßungen
- Winkelbemaßungen

Es folgt ein Beispiel an dem die Anwendung der Funktionen veranschaulicht wird:

- Die auszurichtenden Bemaßungen auswählen und die Funktion *Line up* aufrufen
- Das Element der Geometrie auswählen das als Bezugsobjekt (siehe Abbildung) für die Positionierung dienen soll. Es folgt das Dialogfenster **Line Up**

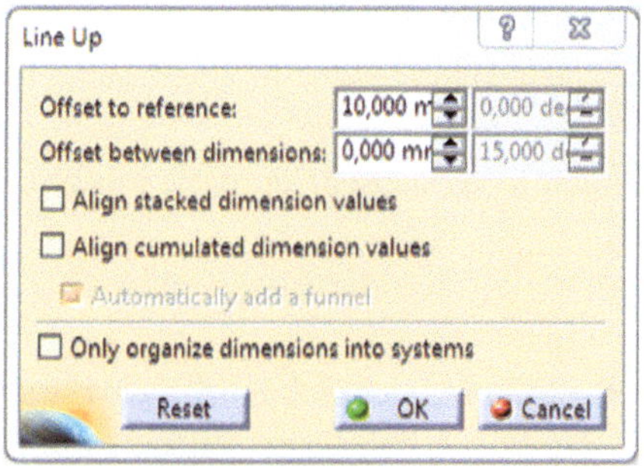

- Das Markierungsfeld ***Align stacked dimension value***s auswählen, um alle Werte einer Gruppe am Wert der kleinsten Bemaßung der Gruppe auszurichten.
- Beim Arbeiten mit steigenden Bemaßungen bewirkt die Auswahl des Markierungsfelds ***Align cumulated dimension value***s, dass alle Werte der Gruppe am Wert der kleinsten Bemaßung ausgerichtet werden.
- Optional das Markierungsfeld ***Automatically add a funnel*** auswählen, damit automatisch eine abgesetzte Maßhilfslinie angezeigt wird, wenn der Bemaßungswert nicht korrekt dargestellt werden kann.
- Das Markierungsfeld ***Only organize dimensions into systems*** auswählen, damit weder die kleinste Bemaßung jedes Systems noch die Bemaßungen verschoben werden, die nicht in Systemen verwaltet werden können.

- Im Feld ***Offset to reference*** den Wert 10 mm eingeben und mit OK bestätigen
- Im Feld ***Offset between dimensions*** den Wert auf 0 mm stehen lassen
- Mit OK den Vorgang abschließen

Die Bemaßungen werden nun an der kleinsten Bemaßung ausgerichtet. Die kleinste Bemaßung wird in einem Abstand von 10 mm zum ausgewählten Element (das Bezugsobjekt) positioniert. Der Abstand zwischen den einzelnen Bemaßungen entspricht 0 mm.

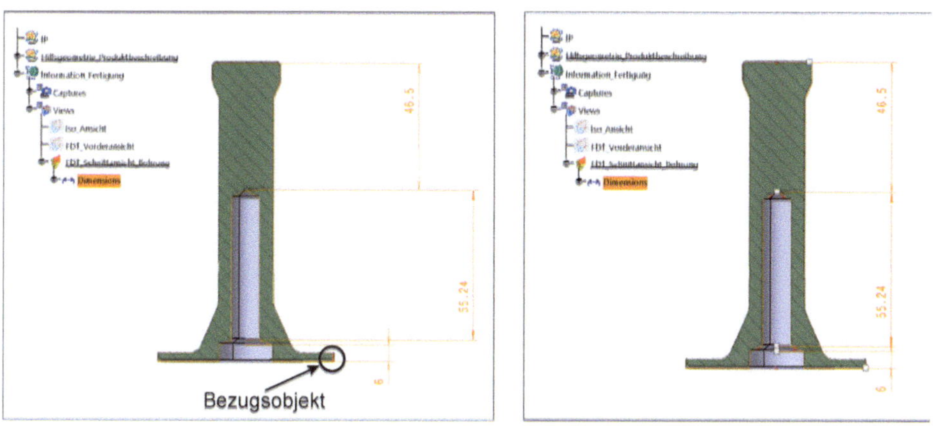

[a] [b]

Bild 2-78: Positionierung von Bemaßungen: Ausgangslage [a], Endposition der Bemaßungen [b]

Textanmerkungen gruppieren und ausrichten (Grouping)

Um Textanmerkungen mit einander zu gruppieren und zueinander auszurichten, steht die Funktion ***Grouping*** zur Verfügung.

- Um Textanmerkungen automatisch zueinander auszurichten, kann die Funktion ***Automatic grouping,***
- um die Ausrichtung der Textanmerkungen selbst als Anwender durchzuführen kann ***Manual grouping*** verwendet werden.

Es folgt ein Beispiel an dem die Anwendung der Funktionen veranschaulicht wird. Jede Anmerkung einzeln nacheinander selektieren. Es öffnet sich das Dialogfenster in dem folgenden Einstellungen gesetzt werden können:

- Im Spezifikationsbaum die Anmerkung mit der Bezeichnung Text.1 auswählen und die Funktion ***Manual grouping*** aufrufen
- Im Spezifikationsbaum die Anmerkung mit der Bezeichnung Text.2 auswählen. Es öffnet sich das Dialogfenster **Positioning**, das folgende Optionen zur Verfügung stellt:

- *Align Bottom,* um die ausgewählte Anmerkung unterhalb der Referenz auszurichten,
- *Align Top,* um die ausgewählte Anmerkung oberhalb der Referenz auszurichten,
- *Align Right,* um die ausgewählte Anmerkung auf der rechten Seite der Referenz auszurichten,
- *Align Left,* um die ausgewählte Anmerkung auf der linken Seite der Referenz auszurichten,
- *Center Horizontally,* um die ausgewählte Anmerkung zentral zur Anmerkung auszurichten,
- den Abstand **(Offset)** zwischen den Anmerkungen und der Referenz festlegen.

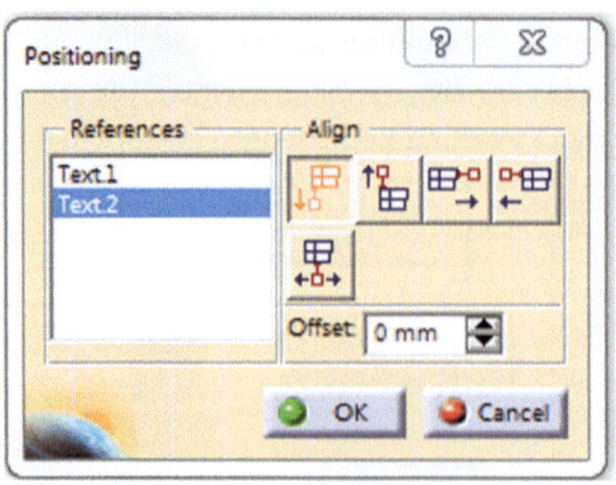

- im Dialogfenster **Align Bottom** aktivieren und nacheinander die Textanmerkungen *Text.3* und *Text.4* auswählen.

Bei der Auswahl der Textanmerkungen ist zu beachten, dass diese das gleiche Bezugselement vorweisen müssen.

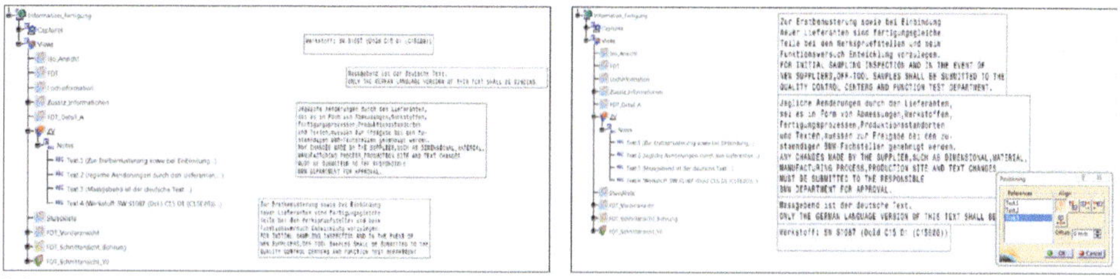

[a] [b]

Bild 2-79: Textanmerkungen im 3D vor [a] und nach [b] der Ausführung der Funktion Grouping

Anmerkungen verschieben

Anmerkungen können zu jeden Zeitpunkt von einer Anmerkungsebene zu einer anderen übertragen werden. Dies ermöglicht die Funktion ***Transfer to View/Annotation Plane***, die über das Kontextmenü der jeweiligen Anmerkung aufgerufen werden kann. Hierbei ist jedoch zu beachten, dass es durchaus vorkommen kann, dass Anmerkungen nach dem Transfer zu einer anderen Anmerkungsebene nicht mehr angezeigt werden können. Dies bedeutet, dass deren Definition in der Bezugsebene der neuen Anmerkungsebene nicht mehr konform ist.

Datenaufbereitung

3

Nach Abschluss des Konstruktionsprozesses werden Datenmodelle meist aufbereitet, bevor diese an den Kunden bzw. den OEM weitergeleitet werden. Was genau unter Datenaufbereitung von 3D-Datensätzen zu verstehen ist und wie genau der Prozess **3D-Master** diese zukünftig unterstützt, wird in diesem Kapitel beschrieben.

3.1 Einführung

Beginnen wir zunächst mir der Erläuterung des Begriffs *Datenaufbereitung* und dessen Zusammenhang mit dem Prozess **3D-Master.**

3.1.1 Datenaufbereitung und Erzeugung von isolierten Modellen

Hinsichtlich des Aufbaus und des Inhalts der Datenmodelle gibt es prinzipiell zwei Möglichkeiten, wie diese beim OEM vorkommen können: **assoziativ** und **isoliert**. Bei parametrisch assoziativen Modellen wird das Datenmodell inklusive der Konstruktionshistorie an den OEM weitergeleitet. Isolierte Modelle hingegen weisen keine Konstruktionshistorie auf. Es handelt sich hierbei um sogenannte „tote Modelle", die keinerlei Hinweis darauf geben, wie genau das Bauteil konstruiert wurde.

Es gibt mehrere Gründe die Entwicklungsdienstleister und OEMs dazu verleiten, isolierte Modelle zu verwenden. Zu den wichtigsten gehören:

- das eigene geistige Eigentum (Know-How) zu schützen
- dass eine parametrisch-assoziative Konstruktion mehr Komplexität verursacht
- die Datenverwaltung zu vereinfachen.

Besonderes der letztere Punkt führt oft dazu, dass die Datenmodelle nicht nur vom Inhalt, sondern auch vom ihrem Typ her komplett umgewandelt werden. Besonders große Produktstrukturen werden dabei zu kleineren umgewandelt oder auch direkt zu

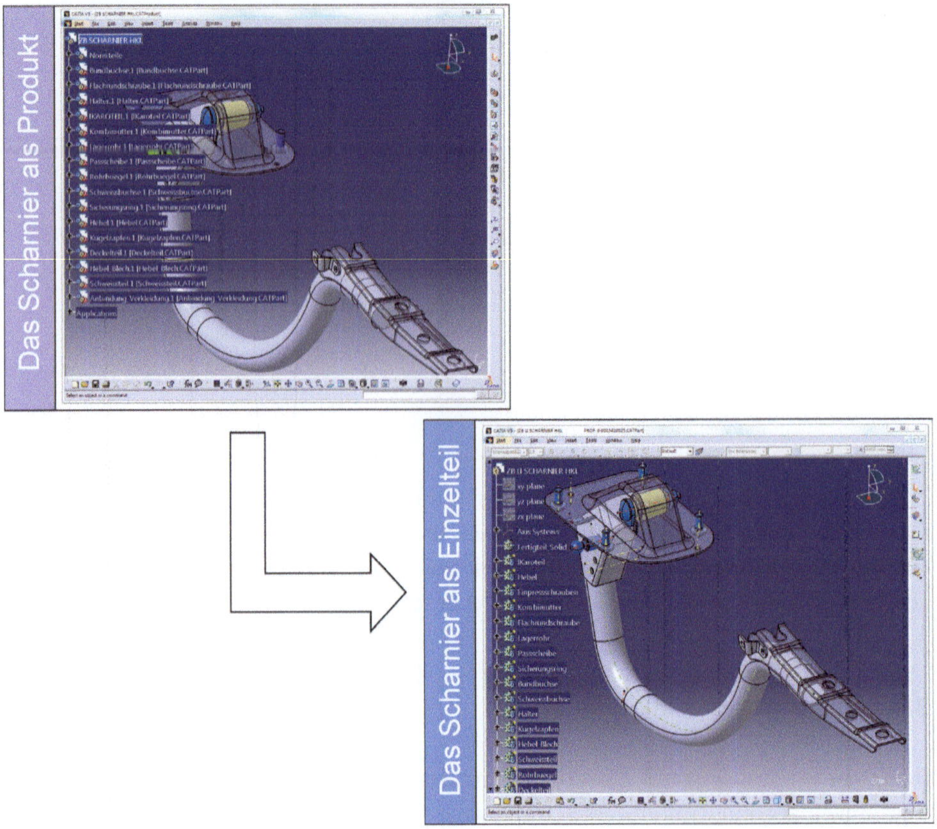

Bild 3-1: Datenaufbereitung eines Datenmodells: „ZB Scharnier"

einem Einzelteil. Ein Beispiel dazu liefert uns das *Scharnier* (Bild 3-1). In seiner Entstehungsform ist das *Scharnier* eine Produktstruktur (CATProduct), da vom Lieferant jede Instanz einzeln konstruiert und letzten Endes auch gefertigt wird. Die Tatsache, dass dem OEM das *Scharnier* im zusammengebauten Zustand, als fertiges Bauteil geliefert wird (in der Datenbank des OEMs auch als ein Teil aufgeführt), würde dessen Aufbau als CATProdukt zu unnötiger Komplexität führen: aus Sicht der Anwendung und aus Sicht der Datenverwaltung innerhalb des PDM-Systems. Daher wird das 3D-Modell nach Abschluss der Konstruktion in ein Einzelteil umgewandelt und als solches an den OEM geliefert.

Die Datenumwandlung selbst nimmt meistens sehr viel Zeit in Anspruch. Zudem gibt es heute immer noch keine einheitliche bzw. standardisierte Vorgehensweise, um Daten umzuwandeln, was wiederum das Risiko eine fehlerhafte Ableitung zu erhalten erhöht.

3.1.2 Datenaufbereitung und 3D-Master

Konstrukteure wenden heute eine Reihe von Funktionen (z. B. ***Generate CATPart from CATProduct***) an, um ihre Datenmodelle aufzubereiten. Fast alle Funktionen\Methoden, bieten jedoch keine oder begrenzte Möglichkeiten an, um Anmerkungen und somit produkt- und fertigungsrelevante Informationen aus dem Entstehungsmodell in das Ergebnis der Aufbereitung zu übertragen.

Daher hat sich das Projektteam **3D-Master** dazu entschlossen, sich intensiv mit dem Thema *Datenaufbereitung* zu befassen und einen Filter-/Aufbereitungsprozess zu entwickeln, die den Konstrukteur in seiner Arbeit diesbezüglich unterstützen soll. Dabei wurden zum einem untersucht, welche Möglichkeiten CATIA V5 standardmäßig für diesen Zweck anbietet, Workarounds erarbeitet um Zeit und Kosten zu sparen (*Associative Assembly Part for 3D Master*) und neue Prozesse entwickelt (*Datafiltering for 3D-Master*). Jeder dieser Punkte wird in diesem Kapitel anschaulich und ausführlich beschrieben und die Vor- und Nachteile der jeweiligen Methode aufgelistet. Entwicklungsdienstleister und OEMs können sich die geeignete Methode aussuchen und ggf. in ihre Prozesse integrieren.

3.2 Filterprozess für Einzelteile

Wie in der Einleitung dieses Kapitels bereits erwähnt wurde, wenden viele Lieferanten auf ihre Datenmodelle einen Filterprozess an, bevor diese an die jeweiligen Kooperationspartner weitergeleitet werden. Bei Einzelteilen geschieht dies primär zum Schutz von geistigem Eigentum, wobei der Fokus hierbei auf dem Entfernen der Konstruktionshistorie und dem Aufbau einer vereinfachten Datenstruktur liegt.

Beim Filtern wird das Datenmodell, in dem die Konstruktion des Bauteils stattfindet, als Entstehungsmodell bezeichnet. Als Ergebnismodell wird das Datenmodell bezeichnet, welches durch den Filterprozess entsteht und letzten Endes beim OEM bzw. bei den Kunden „ankommt". In diesem Abschnitt widmen wir uns dem Fall, in dem das Entstehungsmodell und das Ergebnismodell beide vom Typ her ein Einzelteil (CATPart) sind.

3.2.1 Funktionsübersicht

CATIA, sowohl V5 als auch V5-6 R2013, stellt standardmäßig zwei Funktionen/Methoden zur Verfügung, um Datenmodelle vom Typ Einzelteil zu filtern bzw. aufzubereiten, bevor diese an den OEM weitergeleitet werden:

- ***Copy / Paste / As Result***: Hierbei handelt es um die wohl bekannteste Form der Datenfilterung. Der Anwender kopiert (*Copy*) alle relevanten Elementen, wie Körper (Bodies), geometrische Sets (Geometrical Sets) und Drahtelemente (Wireframe Features) aus dem Entstehungsmodell und führt diese (*Paste*) als Ergebnis (*As Result*) ins Ergebnismodell über.

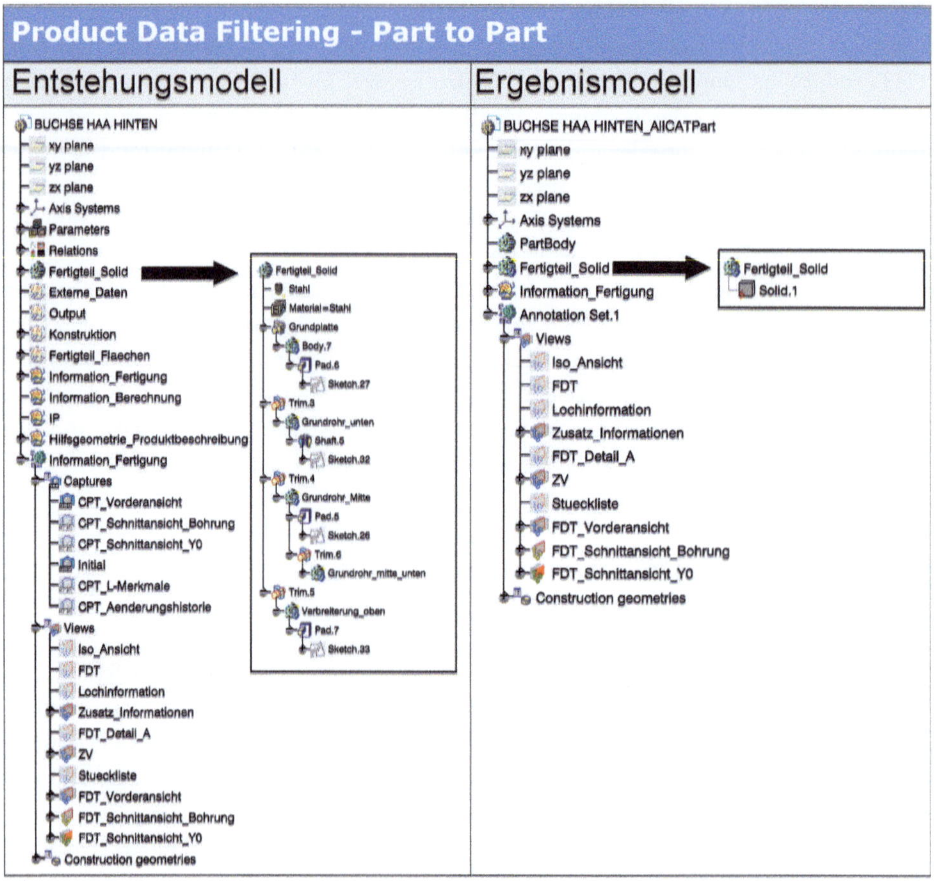

Bild 3-2: Beispiel für die Datenaufbereitung von Einzelteilen mit *Part to Part*

Obwohl diese Methode zum täglichen Handwerkszeug eines jeden CAD-Konstrukteurs gehört, bringt sie hinsichtlich der dreidimensionalen Produktbeschreibung mehrere Nachteile mit sich. Zum einem handelt es sich hierbei um einen rein manuellen Vorgang. Dies bedeutet, dass abhängig von der Anzahl der zu kopierenden Elementen und der Komplexität des Entstehungsmodells der gesamte Vorgang mit einem hohen zeitlichen Aufwand und einem erheblichen Fehlerpotenzial verbunden ist. Zusätzlich dazu bietet diese Vorgehensweise keine Möglichkeit an, Anmerkungen in das Ergebnismodell zu übertragen, da prinzipiell FTA-Features nicht kopierbar sind. Mit anderen Worten müsste im Ergebnismodell jedes Mal die Produktbeschreibung des Bauteils neu durchgeführt werden, sobald eine Änderung im Entstehungsmodell vorgenommen wird. Aus diesen Gründen wird das Arbeiten mit ***Copy \ Paste \ As Result*** als Vorgehensweise nur bedingt empfohlen.

- ***Part to Part***: Die Workbench Product Data Filtering bietet über die Funktion ***Part to Part*** einen automatisierten Vorgang an für die Umwandlung bzw. das Filtern von Einzelteilen. Der Anwender kann zudem durch das Setzen konkreter Einstellungen die Informationen, die aus dem Entstehungsmodell übernommen werden, steuern. Dazu gehören auch Anmerkungen.

Für Einzelteile, die gemäß den Vorgaben des 3D-Master-Prozesses konzipiert wurden, ist die Standardfunktion ***Part to Part*** eher für die Datenfilterung geeignet als die Vorgehenweise ***Copy \ Paste \ As Result***. Daher wird diese nun detailliert beschrieben und ihre Vor- und Nachteile werden vorgestellt.

3.2.2 Filtern eines bestehenden Einzelteils – Die Funktion *Part to Part*

Die Workbench **Product Data Filtering** bietet dem Konstrukteur standardmäßig die Funktion ***Part to Part*** an. Diese ermöglicht ein Einzelteil (CATPart) entsprechend zu filtern, bevor dieses weiterbearbeitet bzw. an den OEM versendet werden kann. Dabei werden beim Filtern bestimmte Informationen aus dem Datenmodell entfernt und mit der verbleibenden Geometrie wird ein neues Einzelteil (CATPart) abgeleitet. Das Entfernen der Konstruktionshistorie steht hierbei im Vordergrund. Ein Beispiel zum Vorgang wird in der Abbildung 3-2 dargestellt.

3.2.3 Standardverhalten des Filterprozesses

Bevor wir uns anschauen, wie der Konstrukteur den Filterprozess dahingegen beeinflussen kann, um das gewünschte Ergebnis bei der Ableitung zu erlangen, schauen wir uns erst einmal an, welche Grundregeln allgemein für den Filterprozess gelten:

- Das Ergebnis des Filterprozesses wird, wie bereits erwähnt wurde, immer ein Einzelteil, also ein Datenmodell vom Typ CATPart sein. Dessen Standardname stellt sich aus der Teilenummer des ursprünglichen CATParts und dem Zusatz *_AllCATPart* zusammen. Der Name des sich ergebenden Einzelteils (*Target*) kann jedoch nachträglich und zu jeder Zeit bearbeitet werden.
- Die im ursprünglichen Einzelteil (Source) gefundene Geometrie wird als Volumenkörper (Solid), Fläche (Surface) oder Drahtmodell (Wireframe) übertragen und im sich ergebenden Einzelteil, in den entsprechenden Körper oder geometrischen Sets, angeordnet. **Dabei wird nur das an Geometrie übertragen, was sich beim Start des Filterns im sichtbaren Bereich befand.** Prinzipiell gilt, wenn sichtbare Geometrie in einem Körper des ursprünglichen CATParts gefunden wird, wird im sich ergebenden CATPart ein Körper oder ein GeoSet mit demselben Namen erzeugt.
- Die Volumenkörper werden mit den Grafikeigenschaften (Farbe, Linientyp, Strichstärke, Transparenz) des ursprünglichen Körpers erzeugt. Die Flächen und die Drahtmodelle werden mit den Grafikeigenschaften ihrer ursprünglichen Komponente erzeugt.
- Das Attribut ‚Layer' jedes Elements des ursprünglichen CATPart wird immer beibehalten.

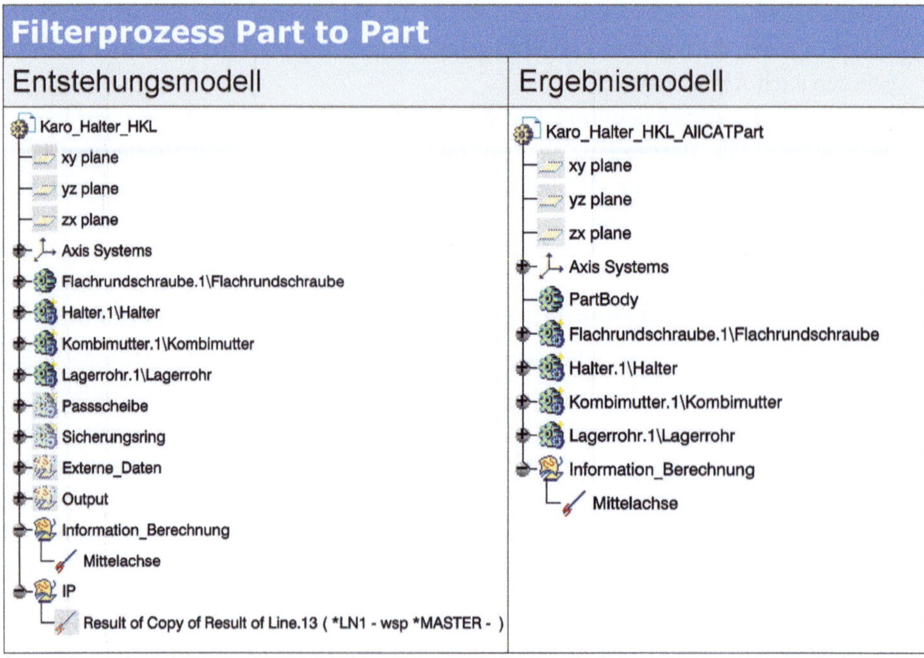

Bild 3-3: Beispiel für das Verhalten des Filterprozesses von sichtbaren und nicht sichtbaren Elementen

- Der aktuelle Filter und der aktuelle Layer des ursprünglichen CATPart werden im sich ergebenden CATPart nicht beibehalten. Der aktuelle Filter des ursprünglichen CATPart wird nicht berücksichtigt.
- 3D-Stützelemente für die Bearbeitung auf Grundlage der Hauptebenen im ursprünglichen CATPart werden übertragen. Andere Arten von Stützelement für die Bearbeitung werden nicht übertragen.

3.2.4 Benutzerdefiniertes Filtern

Da nun die Grundregeln der Ausleitung von Einzelteilen bekannt sind, werden nun die Einstellungen beschrieben, die der Konstrukteur setzten kann, um ein Einzelteil zu erzeugen, das den Anforderungen des Kunden entspricht.
Beim Aufruf der Funktion ***Part to Part*** wird das gleichnamige Dialogfenster geöffnet. Hier stehen nun folgende Einstellungen zur Verfügung:

- *Keep product properties*: Über diese Einstellung kann gesteuert werden, ob die Produkteigenschaften (Properties) des ursprünglichen Modells mit in die abgeleitete Version übertragen werden oder nicht. Dabei sollte beachtet werden, dass auch benutzerdefinierte Eigenschaften (*Added Properties)* mit übertragen werden.
- *Keep colors and attributes on subelements*: Um das Standardverhalten für Farben und Attribute außer Kraft zu setzen und damit die visuellen Aspekte der ursprünglichen

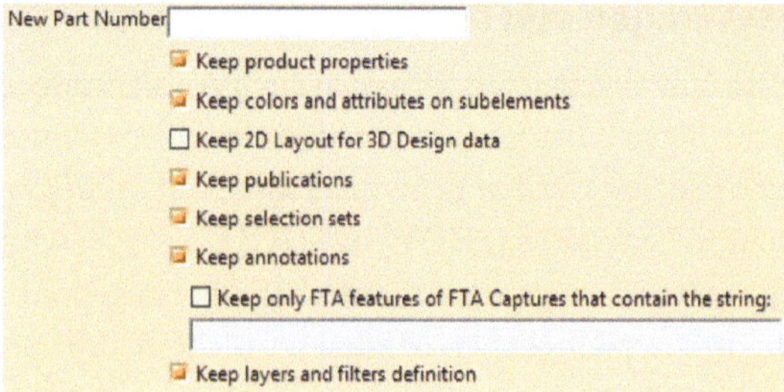

[a]

[b]

Bild 3-4: Das Dialogfenster Part to Part: CATIA V5 R19 HF89 [a], CATIA V5-6 R2013 [b]

Daten im abgeleiteten Einzelteil beibehalten werden, muss diese Einstellung aktiviert werden.

- *Keep Specifications of sketches* **(CATIA V5-6 R2013)**: Wenn *Keep Specifications of sketches* deaktiviert bleibt, werden Skizzen isoliert im Ergebnismodell übertragen. Bei deren Aktivierung werden Skizzen, wie im ursprünglichen Datenmodell angegeben, übertragen. Dies führt wiederum dazu, dass die Skizzen im Ergebnismodell auch bearbeitet werden können, jedoch nur eingeschränkt, da derer Parametrisierung und Assoziativität mit externen Komponenten entfernt werden.
- Keep 2D Layout for 3D Design data: Hierbei handelt es sich um Elemente der Workbench **2D Layout for 3D Design**, die im Einzelteil abgelegt werden und bei der Umwandlung mit übernommen werden können oder nicht.
- *Keep selection sets*: Selection Sets können beim Filterprozess ebenfalls mit berücksichtigt werden. Voraussetzung dafür ist, dass das Selection Set nach dem Prozess noch mindestens mit einem Element gefüllt wird. Bei Volumenkörpern unterscheidet sich der Prozess, da hier die Körper aus der *Target-Selektion* in *Functional Surfaces* im Source Part übersetzt werden. Dies trifft auf Flächen ebenfalls zu, z. B. ein Element vom Typ *Join* wird zu mehreren *Functional Surfaces* umgewandelt.
- *Keep publications*: Veröffentlichungen (Publications) sind ein wesentlicher Bestandteil vieler Konstruktionsmethodiken die heutzutage angewandt werden. Mit derer Hilfe kann einer Geometrie ein Name vergeben werden, wodurch sie unter anderen Dokumenten eindeutig erkannt wird. Im Gegensatz zu den nicht veröffentlichten Geometrien basieren veröffentlichte Geometrien nicht auf dem UUID (Unique Universal Identifier) der Elemente einer internen vom Benutzer nicht beeinflussbaren Bezeichnung, sondern auf dem Namen, der für das veröffentlichte Element (publication) gewählt wurde. Diese Einstellung ermöglicht es, Veröffentlichungen (Publications) im abgeleiteten Einzelteil zu übertragen, sofern natürlich in diesem die veröffentlichte Geometrie vorhanden ist.
- *Keep annotations*: Wir sind nun bei einer sehr wichtigen Einstellung aus Sicht des **3D-Master**-Prozesses angekommen. Hiermit kann gesteuert werden, ob Anmerkungen im abgeleiteten CATPart mit übertragen werden oder nicht. Die Anwendung dieser Einstellung ist jedoch mit einigen Regeln und Einschränkungen verbunden, die wir nun gesondert betrachten werden.

3.2.5 Standardverhalten beim Übertragen von Anmerkungen

Wenn der Konstrukteur es wünscht, können im abgeleiteten Einzelteil auch Anmerkungen übertragen werden. Dazu muss lediglich die Einstellung Keep annotations im Dialogfenster **Part to Part** aktiviert werden. Beim Filterprozess werden prinzipiell alle Anmerkungen übernommen, unabhängig von deren Sichtbarkeitsstatus (SHOW oder HIDE). Dabei wird jedoch das Attribut Hide/Show der Anmerkung im abgeleiteten Einzelteil übertragen. Mit anderen Worten, wenn eine Anmerkung im ursprünglichen Modell im nicht-sichtbaren Bereich liegt, weil z. B. diese dort rein informativ angelegt wurde, wird diese auch im abgeleiteten Modell nicht sichtbar sein.

Assoziativität

Wie bereits aus dem vorherigen Kapiteln bekannt sein sollte, fördert der **3D-Master**-Prozess das assoziative Arbeiten mit Anmerkungen.

Beim Filtern eines Einzelteils mit der Funktion ***Part to Part*** bleibt die Assoziativität erhalten, wobei jedoch diese im abgeleiteten Modell nunmehr mit Volumenkörpern oder den isolierten Wireframe-Elementen verknüpft sind. Es gibt jedoch folgende Ausnahmen:

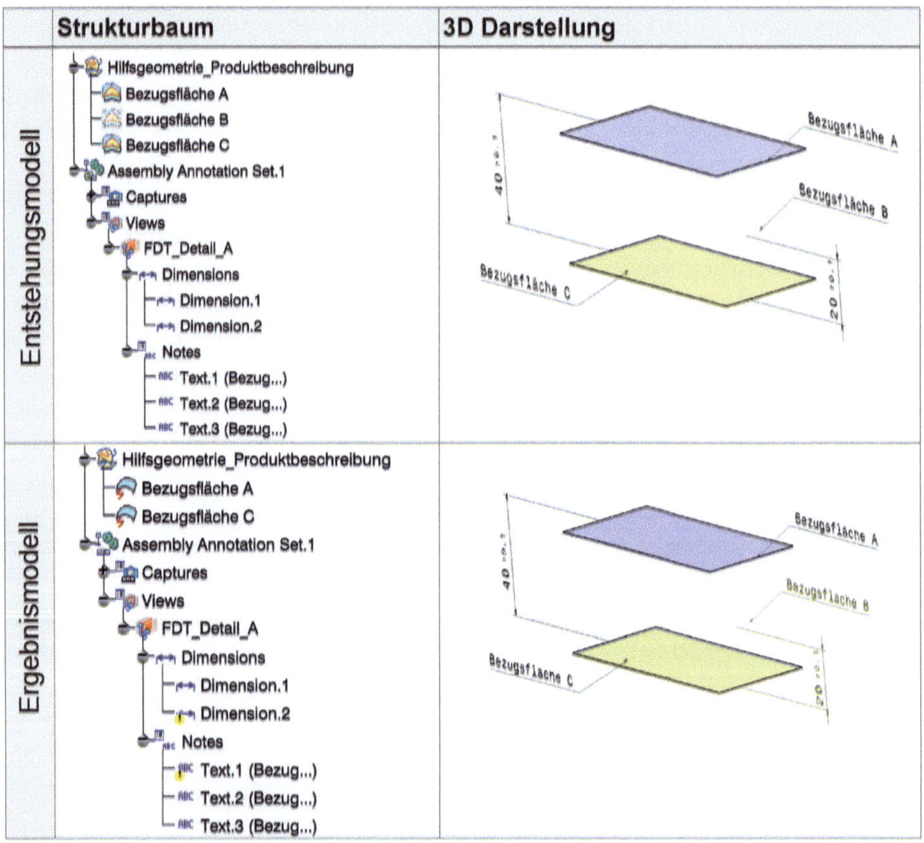

Bild 3-5: Darstellung ungültiger Anmerkungen im Ergebnismodell

- wenn das Bezugselement der Anmerkung eine der drei Systemebenen ist
- oder wenn das Bezugselement bei der Initiierung des Filterprozesses im nicht-sichtbaren Bereich liegt.

In diesen beiden Fällen werden die Anmerkungen **ungültig** im Ergebnismodell abgelegt. Es ist darauf zu achten, dass diese dort genauso dargestellt werden wie auch im Entstehungsmodell (gleiche Position, gleiche Ausrichtung, gleicher Name…). Um diese nun von gültigen Anmerkungen unterscheiden zu können, werden sie vom Filterprozess farblich hervorgehoben und erhalten zudem im Spezifikationsbaum ein Ausrufezeichen. Ein Beispiel dazu wird in der Abbildung 3-5 dargestellt.

Der Konstrukteur muss in diesem Fall entweder den Bezug der Anmerkungen wiederherstellen (über Geometry Connection Management) oder die betroffenen Anmerkungen aus dem Datenmodell entfernen.

Zum Schluss muss noch hinsichtlich der Assoziativität von Anmerkungsebenen (*Views*) erwähnt werden, dass ihre Verknüpfungen zu ihren jeweiligen Bezugselementen verloren gehen und beim Filtern somit isoliert im abgeleiteten Einzelteil übertragen werden.

Captures

Eine weitere Einschränkung der Filterfunktion, mit der sich der Konstrukteur auseinander setzen muss, hat mit ihrem Verhalten gegenüber *Captures* zu tun. *Captures* werden vom Filterprozess ***Part to Part*** leider nicht berücksichtigt und somit im Ergebnismodell nicht

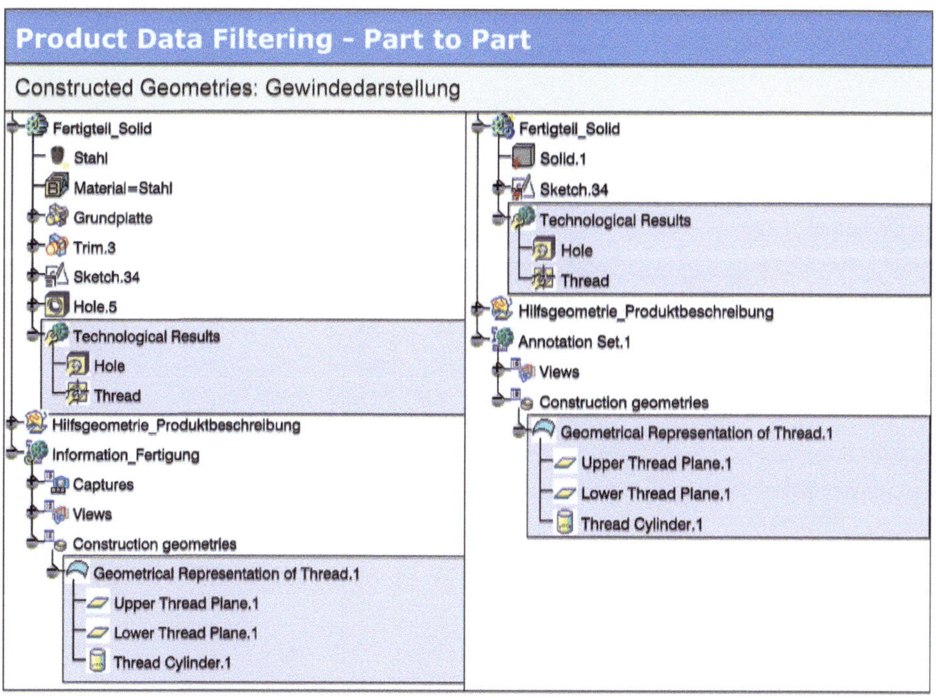

Bild 3-6: Übertragung von Constructed Geometries mit *Part to Part*

übertragen. Der Konstrukteur muss nun im Ergebnismodell die *Captures* neu erstellen, um die Visualisierung der fertigungsrelevanten Informationen dort zu gewährleisten.

Constructed Geometries

Konstruktionselemente (Constructed Geometries) werden beim Filtern vollständig übertragen und können in den gefilterten Dokumenten bearbeitet werden. Ein Sonderfall hier sind Gewindekonstruktionen (Threads), Bild 3-6. Diese müssen vom Konstrukteur im Entstehungsmodell als technologische Ergebnisse (*Technological Results)* deklariert werden, um somit in den abgeleiteten Einzelteilen anzukommen. Falls die Gewindekomponenten aus den technologischen Ergebnissen nicht generiert wurden, sind die übertragenen Geometriekomponenten aus der Gewindekonstruktion zusammen mit ihren verknüpften Anmerkungen ungültig.

3.2.6 Praxisbeispiel: Buchse

Um nun zu demonstrieren, wie die Funktion ***Part to Part*** in der Praxis eingesetzt werden kann, wird der gesamte Vorgang der Datenfilterung mit Hilfe des Bauteils Buchse HAA Hinten vorgestellt.

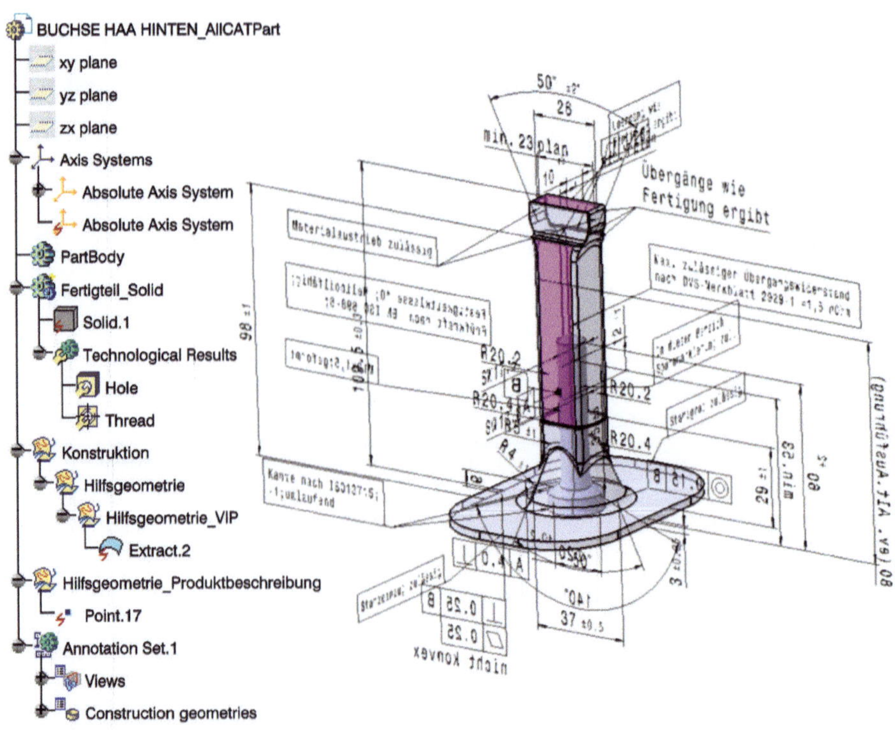

Bild 3-7: Das Entstehungsmodell Buchse HAA Hinten

Das Einzelteil, wie dieses im Bild 3-7 dargestellt wird, wurde gemäß den Vorgaben des 3D-Master-Prozesses konzipiert und beinhaltet somit zusätzlich zur auskonstruierten Geometrie alle Elemente die zu dessen Produktbeschreibung in 3D benötigt werden. Schauen wir uns aber die Struktur und den Inhalt des Modells etwas genau an:

Die Struktur

Beim Entstehungsmodell handelt es sich um ein reguläres CATPart. Das Bauteil wurde logisch innerhalb des Part-Body *Fertigteil_Solid* konzipiert. Dabei wurde dieses in Fertigungsreihenfolge so aufgebaut, dass einzelne definierte Bauteilzustände zu jeder Zeit abrufbar sind.

Zusätzlich zum Part-Body ist auch eine Struktur von geometrischen Sets enthalten, die zum einen für die Strukturierung der flächenbasierten Konstruktion dienen soll, zum anderen um Elemente aufzunehmen, die explizit für die Prozesskette erzeugt wurden.

Für die dreidimensionale Produktbeschreibung spielt besonders das geometrische Set *Hilfsgeometrie_Produktbeschreibung* eine wichtige Rolle. Dieses dient nämlich als Ablage für

Bild 3-8: Struktur des Part-Body [a], der geometrischen Sets [b] und des Anmerkungssets Information Fertigung [c]

alle Wireframe Features, die zur Erstellung der fertigungsrelevanten Informationen benötigt werden (Bezugsebenen, Bezugspunkte...).

Das Anmerkungsset *„Information Fertigung"*

Das Anmerkungsset *Information Fertigung* beinhaltet alle fertigungsrelevanten Informationen des Bauteils, wie u. a. Bemaßungen, Toleranzen und Oberflächenangaben (hier nochmal: „wie u. a. Bemaßungen, Toleranzen und Oberflächenangaben."). Die Anmerkungsebenen (ZV, FDT_Vorderansicht,...) dienen dabei für die Ablage dieser Informationen. Unter dem Knoten *Construction geometries* befindet sich zudem das Konstruktionselement für die Gewindedarstellung. Für die Visualisierung der fertigungsrelevanten Informationen wurden *Captures* im Modell abgelegt.

Nachdem Sie nun mit dem Aufbau des Entstehungsmodells bekannt gemacht wurden, wird jetzt die Anwendung der Funktion ***Part to Part*** beschrieben. Das Ziel des Praxisbeispiels besteht darin, das Entstehungsmodell in dem die Konstruktion der Buchse stattfindet, zu filtern. Das Ergebnismodell soll dabei nicht die Konstruktionshistorie des Bauteils beinhalten, jedoch alle fertigungsrelevanten Informationen.

- In die Umgebung der Workbench **Product Data Filtering** wechseln und die Funktion ***Part to Part*** aufrufen

  Das gleichnamige Dialogfenster wird angezeigt. Hier werden nun grundlegenden Entscheidungen zum Inhalt und zur Struktur des Ergebnismodells getroffen.

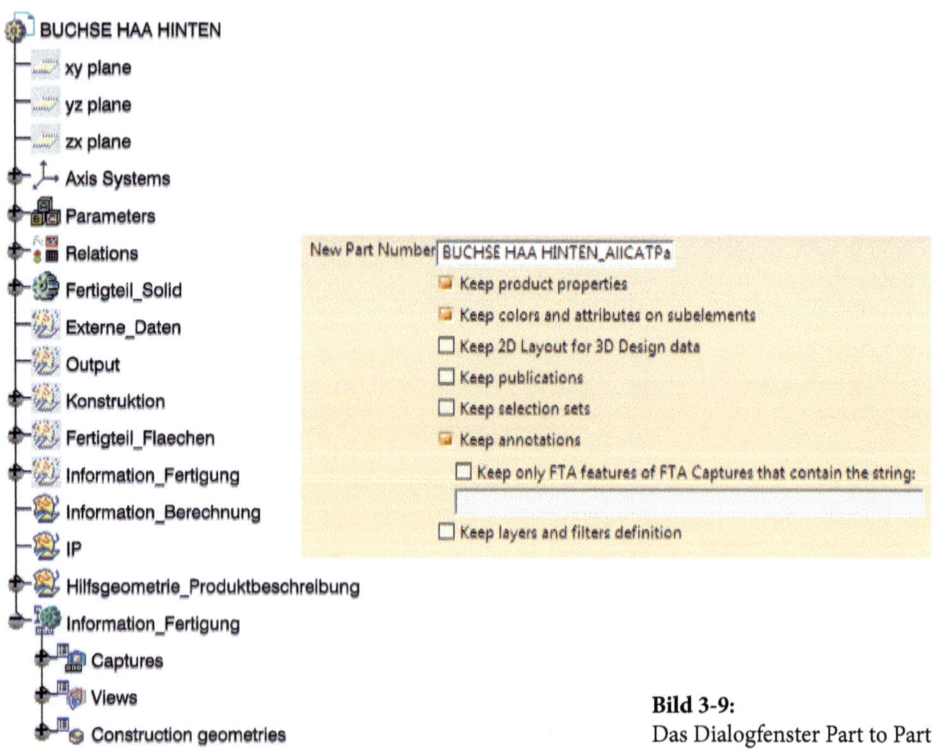

Bild 3-9:
Das Dialogfenster Part to Part

- *Keep product properties* aktivieren, um die Produkteigenschaften in das Ergebnismodell zu übertragen
  Alle benutzerdefinierten Produkteigenschaften, die der Konstrukteur innerhalb der Registerkarte *Product* im Entstehungsmodell erzeugt hat, werden hiermit in das Ergebnismodell übertragen (Bild 3-10). Die Einstellung sollte jedoch mit Bedacht eingesetzt werden, da im Entstehungsmodell hochsensible, lieferantenspezifische Informationen hinterlegt sein könnten, die nicht unbedingt an den Kunden weitergeleitet werden müssen.
- *Keep colors and attributes on subelements* aktivieren
  Um die visuellen Aspekte (Farben und Attribute) des ursprünglichen Datensatzes im abgeleiteten Einzelteil (Ergebnismodell) beizubehalten, muss diese Einstellung aktiviert werden.

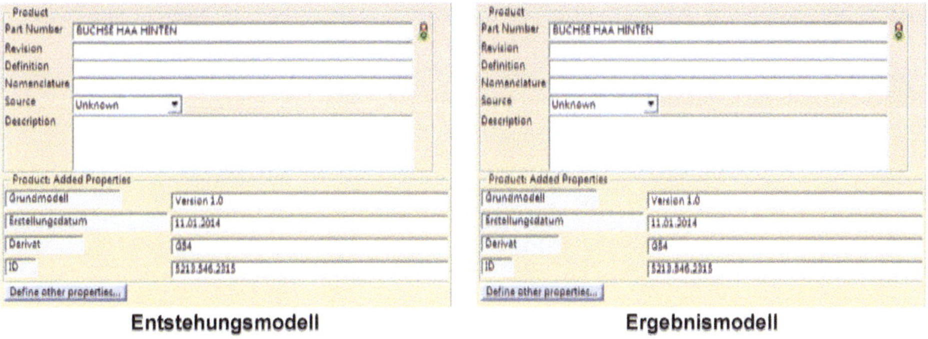

Bild 3-10: Produkteigenschaften

- *Keep annotations* aktivieren, um ein vollständig bemaßtes Bauteil zu erhalten
  Über diese Einstellung werden Anmerkungen vom Entstehungsmodell in das Ergebnismodell übertragen. Dabei kann es sich um jede Art von Anmerkungen handeln (Views, Dimensions…) außer *Captures.*

Die Tatsache, dass keine Captures im Ergebnismodell ankommen, ist ein erheblicher Nachteil dieses Verfahrens. Um die Visualisierung der fertigungsrelevanten Informationen somit für die Folgeprozesse zu gewährleisten, muss der Konstrukteur im Ergebnismodell die Captures neu erstellen. Bei kleineren Datenmodellen, wo die Anzahl der notwendigen Captures gering ist, kann dies jedoch schnell durchgeführt werden.

Nachdem nun alle Einstellungen gesetzt wurden, kann der Filterprozess initiiert werden. Das Ergebnismodell vom Typ AllCATPart wird erzeugt und in der Sitzung geladen. Im Bild 3-12 wird die Struktur des Ergebnisses dargestellt.

Wie im Bild zu erkennen ist, wurde vom Modell die Konstruktionshistorie entfernt. Die im Entstehungsmodell gefundene Geometrie wurde als Volumenkörper (Solid.1) übertragen, inklusive jeder Fläche (Surface) und jedes Drahtmodells (Wireframe), die sich in einem der geometrischen Sets befanden und im Moment des Filterns sichtbar waren.

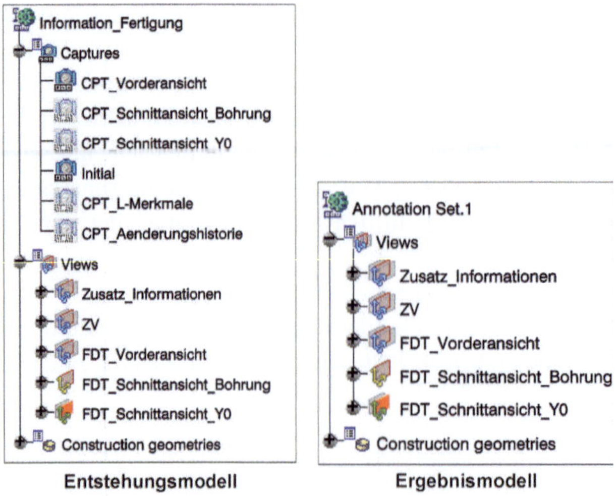

Bild 3-11: Aufbau des Anmerkungssets im Entstehungs- und im Ergebnismodell

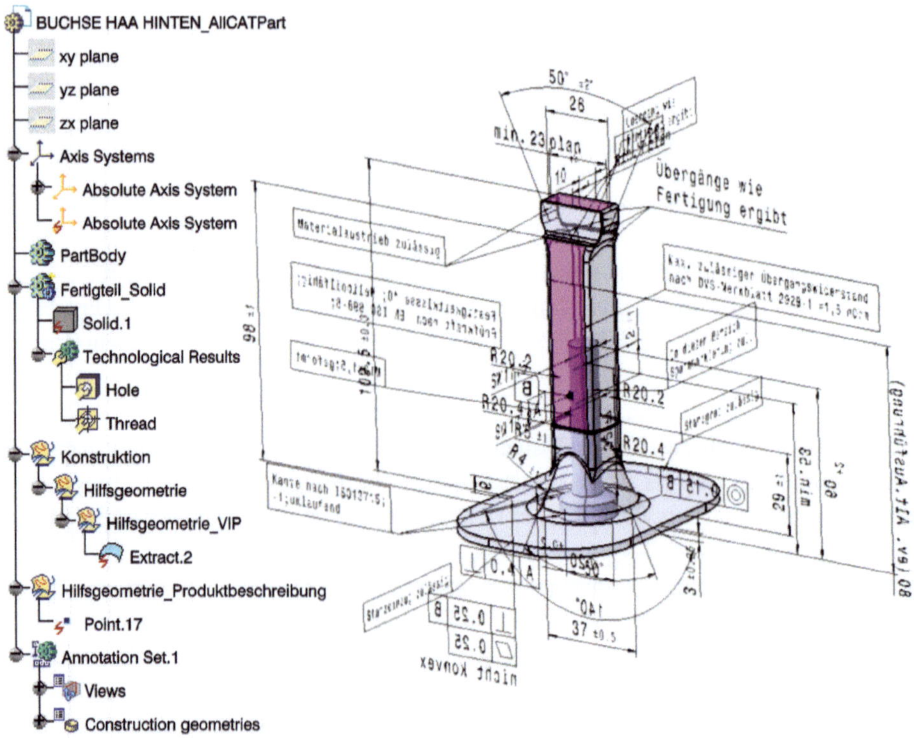

Bild 3-12: Aufbau des Ergebnismodells

Bevor das Datenmodell nun an den OEM weitergeleitet werden kann, muss der Konstrukteur dieses abschließend auf ungültige Anmerkungen kontrollieren und diese gegebenenfalls aus dem Modell entfernen.

3.3 Datenaufbereitung für Baugruppen

Im Kapitel 3.2: *Filterprozess für Einzelteile* wurde bereits im Detail beschrieben, wie ein Datenmodell vom Typ Einzelteil gefiltert werden kann, bevor dieses an den OEM bzw. den Kunden versendet wird. Das Ziel des Filterns bestand zum einem darin, die Konstruktionshistorie aus dem Einzelteil zu entfernen (Know-How-Schutz) und zugleich die Größe des Datenmodells zu verringern.

Wie kann jedoch ein Unternehmen hinsichtlich der Umstellung auf den Prozess **3D-Master** vorgehen wenn das Entstehungsmodell, in dem die Entwicklung und Konstruktion des Bauteils vorgenommen wird, und das Ergebnismodell, das an den Kunden versendet werden soll, vom Typ her **ungleich** sind? Diese Frage stellen sich viele Entwicklungsdienstleister und Lieferanten, bei denen die „Inhouse"-Konstruktion auf Baugruppenebene vorgenommen wird, jedoch an den Kunden (OEM) ein Einzelteil geliefert

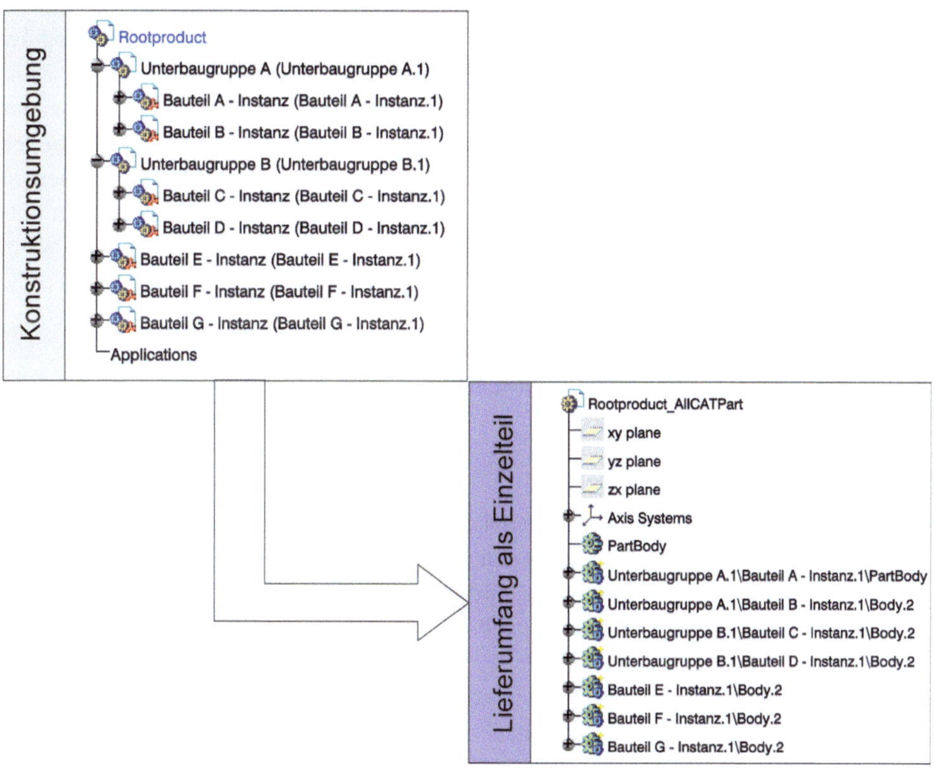

Bild 3-13: Ableitung eines Einzelteils (Lieferumfang) aus einer Baugruppe

wird. Im Laufe dieses Kapitels erhält der Leser das notwendige Wissen, um diese Frage zu beantworten.

3.3.1 Funktionsübersicht

Beginnen wir zunächst einmal mit der Auflistung der Funktionen die CATIA V5 standardmäßig anbietet, um Datenmodelle vom Typ CATProduct in Einzelteile (CATParts) umzuwandeln und dabei gleichzeitig zu filtern.

Generate CATPart from CATProduct

Es handelt sich hierbei um die wohl bekannteste Form der Datenumwandlung. Konstrukteure weltweit wenden diese Funktion täglich an, um Baugruppen in ein Einzelteil (AllCATPart) umzuwandeln. Jede Komponente der geladenen Baugruppe wird dabei in das AllCATPart **isoliert** abgelegt (Copy\Paste\As Result).

Obwohl die Funktion ***Generate CATPart from CATProduct*** dem Anwender eine schnelle und unkomplizierte Möglichkeit anbietet, eine Baugruppe in ein Einzelteil umzuwandeln (und gleichzeitig zu filtern), wird derer Anwendung für die Umstellung auf den 3D-Master-Prozess **nicht** empfohlen. Der große Nachteil dieser Funktion besteht darin, dass sie nicht die Möglichkeit anbietet, Anmerkungen aus dem Entstehungsmodell in das AllCATPart zu übertragen. Dies bedeutet, dass die Produktbeschreibung des Bauteils nachträglich im AllCATPart vorgenommen werden muss. Falls sich der Konstrukteur nun dafür entscheiden sollte, stellt sich folgende Frage: Was passiert bei der Versionierung des Bauteils bzw. einer geometriebedingten Änderung? Änderungen werden standardmäßig im Entstehungsmodell vorgenommen. Da die Komponenten jedoch isoliert im AllCATPart abgelegt werden, besteht keinerlei Assoziativität zum Entstehungsmodell. Ein neues AllCATPart muss somit generiert werden, jedes Mal wenn eine Änderung am Bauteil vorgenommen wird. Dies wiederum hat zur Folge, dass die Produktbeschreibung des Bauteils im neuerzeugtem AllCATPart erneut durchgeführt werden muss. Der erhöhte zeitliche Aufwand der damit verbunden ist hat zur Folge, dass die Funktion ***Generate CATPart from CATProduct*** für den Prozess 3D-Master keinen Nutzen mit sich bringt.

Product to Part

Die Funktion ***Product to Part*** kann innerhalb der Workbench **Product Data Filtering** gefunden werden. Bei Aufruf der Funktion wird ein neues CATPart generiert, indem alle Komponenten der ausgewählten Baugruppe dort isoliert übertragen werden.

Die Funktion ***Product to Part*** erlaubt es somit dem Anwender, eine beliebig große Produktstruktur in ein Einzelteil umwandeln. Zugleich bietet diese einen Filtermechanismus mit mehreren Einstellungsmöglichkeiten an, um sensible Informationen aus dem Datenmodell zu entfernen und zugleich die Struktur des Ergebnismodells zu steuern. Die ausgewählte Produktstruktur kann beliebig komplex sein, d. h. beliebig viele Unterprodukte und Instanzen beinhalten. Die wichtigste Eigenschaft dieser Funktion hat mit der Übertragung von Anmerkungen in das Ergebnismodell zu tun. Im Gegensatz zu ***Generate CATPart from CATProduct*** können mit ***Product to Part*** Anmerkungen aus dem Entstehungsmodell in das Ergebnismodell übertragen werden.

Associativity

Die Standardfunktion ***Associativity*** der Workbench **Assembly Design**, bildet die Grundlage der Methode *Associative Assembly Part for 3D Master*. Bei dieser Methode handelt es sich um einen Workaround, der eigens für Unternehmen konzipiert wurde, die ihre internen Konstruktionsprozesse soweit es geht beibehalten wollen und zusätzliche Lizenzkosten vermeiden möchten, die mit der Anschaffung einer DF1 Lizenz auf sie zukommen.

Für die Umwandlung und Filterung von Baugruppen können Unternehmen, die sich entschließen den **Prozess 3D-Master** bei sich einzuführen, die Funktionen ***Product to Part*** und ***Associativity*** verwenden. In diesem Abschnitt werden Sie zunächst mit der Anwendung der beiden Funktionen vertraut gemacht. Dabei erhalten Sie zugleich einen genauen Überblick über die Vor- und Nachteile der jeweiligen Funktion. Zum Abschluss dieses Kapitels wird anhand des Beispiels einer Elektrokraftstoffpumpe, derer Anwendung in der Praxis demonstriert, so dass Sie in die Lage versetzt werden sich die Funktion aussuchen, die für Ihre Prozesse am besten geeignet ist.

3.3.2 Der Filterprozesses *Product to Part*

Beginnen wir zunächst mit der Funktion ***Product to Part*** der Workbench Product Data Filtering.

Das Datenmodell

Hinsichtlich der Umstellung auf den Prozess 3D-Master muss der Aufbau des Datenmodells (CATProduct) einigen wichtigen Vorgaben gerecht werden, bevor die Funktion ***Product to Part*** angewendet werden kann (Bild 3-14).

Die Struktur des CATProducts darf beliebig viele Instanzen beinhalten und beliebig tief strukturiert sein. Die Funktion wirkt auf die gesamte Baugruppe die in der aktiven Sitzung geladen ist. Dies bedeutet, dass für den Filterprozess jede Instanz des geladenen CATProducts als Übernahmeteil gilt.

Informationen zur Produktbeschreibung der Baugruppe werden innerhalb eines CATParts vom Typ **P**roduct **D**efinition **P**art abgelegt. Dieses PDP-Part muss sich auf der obersten Ebene der Produktstruktur befinden und ausschließlich baugruppenrelevante Anmerkungen beinhalten (Ansichten, Captures, Maße, Toleranzen…).

Die fertigungsrelevanten Informationen der Einzelteile werden im jeweiligen CATPart abgelegt. Der Konstrukteur kann sich beim Filtern entscheiden, ob diese mit im Ergebnismodell übertragen werden oder nicht. Einzelheiten zur Vorgehensweise folgen.

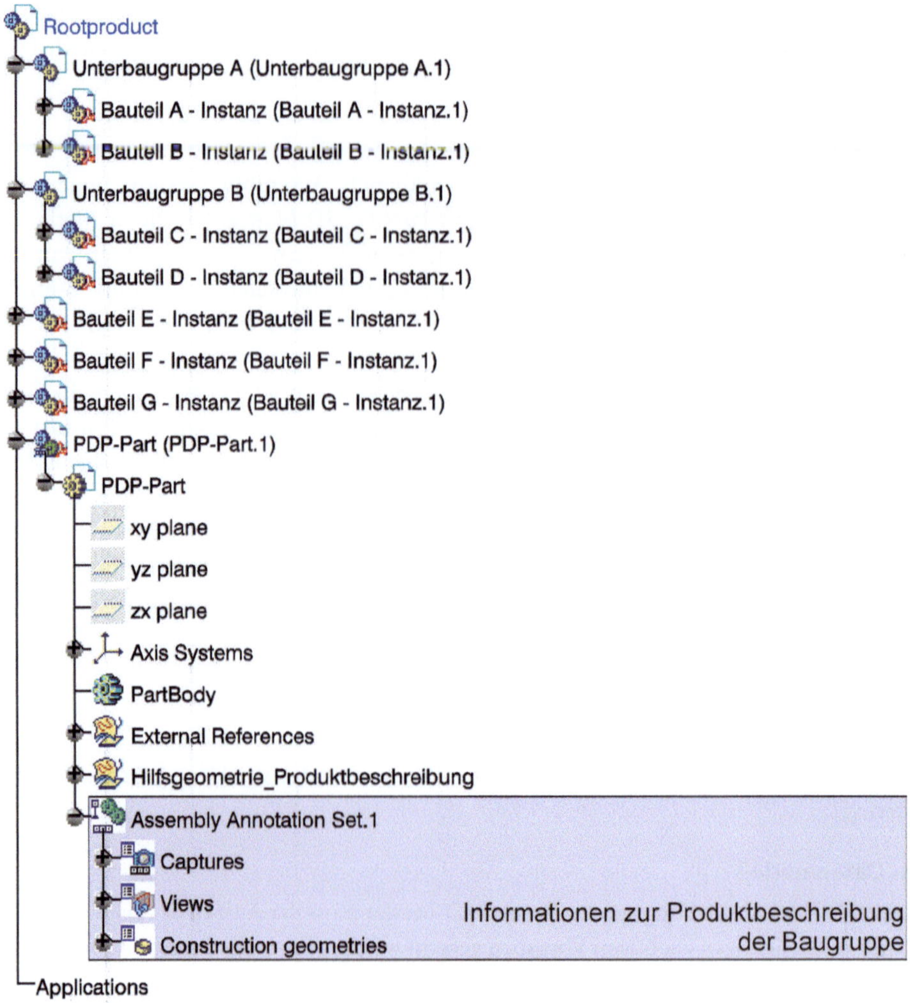

Bild 3-14: Beispielaufbau des Entstehungsmodells

Grundregeln des Filterprozesses

Beim Anwenden der Funktion ***Product to Part*** gelten folgende Grundregeln:

- Bei der Anwendung der Funktion wird immer eine Baugruppe (CATProduct) zu einem Einzelteil umgewandelt. Dies bedeutet, dass das Ergebnis immer ein Datenmodell vom Typ CATPart sein wird. Dabei kann ein beliebiger Knoten der Produktstruktur ausgewählt werden. Die darin enthaltenen Komponenten werden verarbeitet, sodass ein CATPart erzeugt werden kann.
- Der Standardname des abgeleiteten Einzelteils (Target) stellt sich aus den Namen des ausgewählten Knotens (Source) und dem Zusatz *_AllCATPart* zusammen. Der Name kann jedoch nachträglich zu jeder Zeit bearbeitet werden.

- Die in den Übernameteilen gefundene Geometrie wird als Volumenkörper (Solid), Fläche (Surface) oder Drahtmodell (Wireframe) übertragen und im sich ergebenden Einzelteil, in den entsprechenden Körper oder geometrischen Sets angeordnet. **Dabei wird nur das an Geometrie übertragen, was sich beim Start des Umwandlungsprozess im sichtbaren Bereich befand.**
- Alle Positionen der Geometrien werden in das resultierende Einzelteil übernommen, wobei der Ursprung des Einzelteils relativ zum höheren Rootprodukt erzeugt wird, das derzeit in V5 geöffnet ist.
- Volumenkörper werden mit den Grafikeigenschaften (Farbe, Linientyp, Strichstärke, Transparenz) des entsprechenden Originalkörpers erzeugt wobei Flächen und Drahtmodelle mit den Grafikeigenschaften der entsprechenden Ursprungskomponente erzeugt werden.

Da nun das Standardverhalten des Filterprozesses bekannt ist, wird im nächsten Abschnitt beschrieben, wie der Konstrukteur den Filterprozess bzw. den Umwandlungsprozess beeinflussen kann, um das Ergebnis des Prozesses zu steuern.

3.3.3 Benutzerdefiniertes Filtern über *Product to Part*

Beim Aufruf der Funktion ***Product to Part*** wird das gleichnamige Dialogfenster geöffnet. Hier stehen nun folgende Einstellungsmöglichkeiten zur Verfügung:

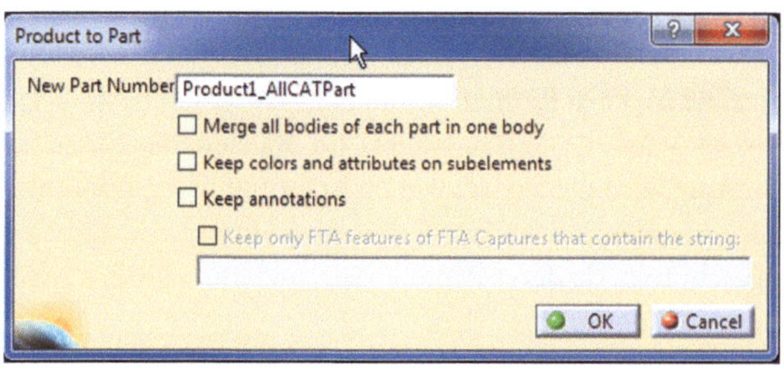

Bild 3-15: Das Dialogfenster *Product to Part*

- *Merge all bodies of each part in one body*
  Bei Aktivierung dieser Einstellung werden alle Körper (Bodies) die zu gleichen Instanz gehören, mit einer Booleschen Operation vom Typ *Assemble* miteinander verbunden und als **ein** Body im resultierenden Einzelteil abgelegt (Bild 3-16).
  Die Einstellung ist mit Vorsicht anzuwenden, da dadurch die Körper wesentliche Informationen zu ihrem Aufbau verlieren. Zum Beispiel sind bei Schnitten keine Bauteilgrenzen mehr vorhanden.
- *Keep colors and attributes on subelements*
  Diese Einstellung bewirkt, dass das Standardverhalten für Farben und Attribute außer Kraft gesetzt wird und somit die visuellen Aspekte der ursprünglichen Daten im abgeleiteten Einzelteil beibehalten werden.

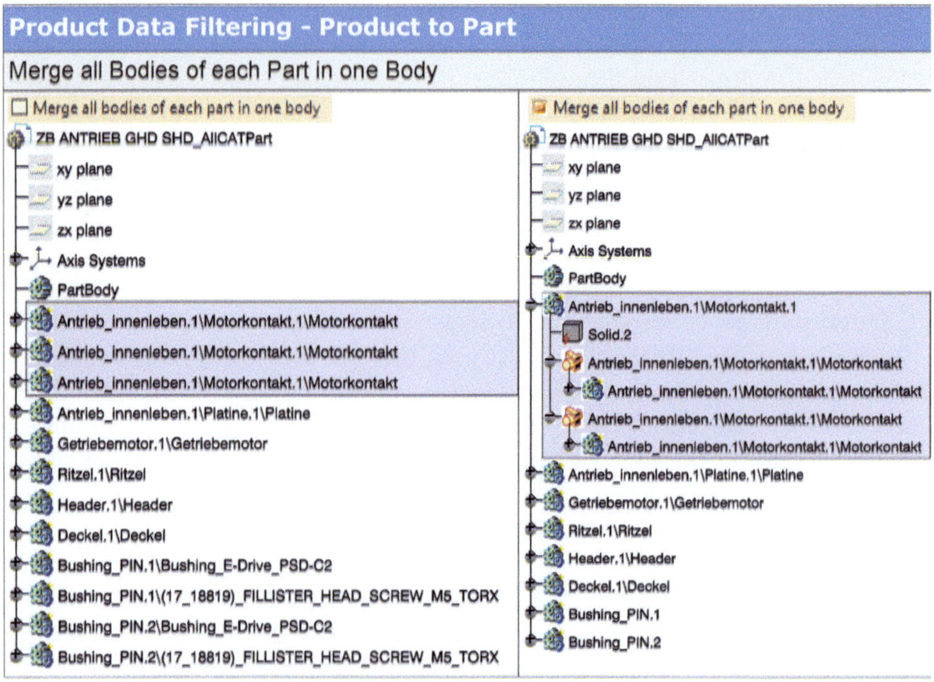

Bild 3.16: Auswirkung der Einstellung „Merge all bodies“

- *Keep Specifications of sketches* (***CATIA V5-6 R2013***)
  Wenn die Einstellung inaktiv ist, wird die Skizze isoliert im abgeleiteten Einzelteil übertragen. Bei dessen Aktivierung wird die Skizze, wie im ursprünglichen Datenmodell angegeben, übertragen, was wiederum dazu führt, dass diese dort auch bearbeitet werden kann. Jedoch nur eingeschränkt, da derer Parametrisierung und alle ihre Assoziativität mit externen Komponenten entfernt werden.
- *Keep annotations*
  Wir sind nun am wesentlichen Unterscheidungsmerkmal zwischen der Funktion ***Product to Part*** und ***Generate CATPart from CATProduct*** angekommen. Die Einstellung ermöglicht es im resultierenden Einzelteil, Anmerkungen zu übertragen. Prinzipiell gilt dabei, dass alle Anmerkungen die sich innerhalb der Übernahmeteile befinden übernommen werden. Die Anwendung dieser Einstellung ist jedoch auch in diesem Fall mit einigen Regeln und Einschränkungen verbunden, die wir nun gesondert betrachten werden.

3.3.4 Grundregeln beim Übertragen von Anmerkungen

Die Einstellung *Keep annotations* bewirkt, dass Anmerkungen im abgeleiteten Einzelteil übertagen werden. Dabei werden prinzipiell alle Anmerkungen übernommen, die in der geladenen Produktstruktur gefunden werden, unabhängig davon, ob sich diese in den einzelnen Bauteilinstanzen oder in einem PDP-Part befinden. Der Sichtbarkeitsstatus

(SHOW oder HIDE) der Anmerkung spielt dabei keine Rolle, da das Attribut HIDE/SHOW der Anmerkung im abgeleiteten Einzelteil mit übertragen wird. Mit anderen Worten, wenn eine Anmerkung im ursprünglichen Modell im nicht-sichtbaren Bereich liegt, weil diese z. B. rein informativ dort angelegt wurde, wird diese auch im abgeleiteten Modell nicht sichtbar sein.

Assoziativität

Das assoziative Arbeiten mit Anmerkungen spielt für den Prozess **3D-Master** eine wichtige Rolle.

Beim Filtern einer Baugruppe mit Product to Part ist es daher wichtig, dass die Assoziativität der Anmerkungen erhalten bleibt, wobei jedoch diese im abgeleiteten Modell nun mehr mit Volumenkörpern oder den isolierten Wireframe-Elementen verknüpft sind. Es gibt folgende Ausnahmen:

- wenn das Bezugselement der Anmerkung eine der drei Systemebenen ist
- oder das Bezugselement bei der Initiierung des Filterprozess im nicht-sichtbarem Bereich lag.

In diesen beiden Fällen werden die Anmerkungen **ungültig** im Ergebnismodell abgelegt. Es ist darauf zu achten, dass diese dort genauso dargestellt werden wie im Entstehungsmodell (gleiche Position, gleiche Ausrichtung, gleicher Name...). Um diese nun von gültigen Anmerkungen unterscheiden zu können, werden sie vom Filterprozess, ähnlich wie bei ***Part to Part***, farblich hervorgehoben und erhalten zudem im Spezifikationsbaum ein Ausrufezeichen. Um die Gültigkeit des Datenmodells zu gewährleisten, muss der Konstrukteur entweder den Bezug der Anmerkungen zur Geometrie wiederherstellen (über Geometry Connection Management) oder die betroffenen Anmerkungen aus dem Datenmodell entfernen.

Hinsichtlich der Assoziativität der Anmerkungsebenen im Ergebnismodell muss erwähnt werden, dass die Verknüpfungen dieser zu ihren Bezugselementen verloren gehen und somit isoliert im abgeleiteten Einzelteil übertragen werden.

Captures

Captures werden im Gegensatz zur Funktion ***Part to Part*** nun vom Filterprozess berücksichtigt. Es ist jedoch darauf zu achten, dass alle Captures die sich im Datenmodell befinden übertragen werden, unabhängig davon ob sich diese im PDP-Part oder in einem der Einzelteile befinden. Um den Ursprung der jeweiligen Capture zu erkennen bzw. unterscheiden zu können, aus welcher Instanz der Baugruppe Captures übernommen wurden, wird der Name der Instanz im Namen der Capture übernommen. Wie dies in der Praxis aussieht, wird im Bild 3-17 dargestellt.

Constructed Geometries

Konstruktionselemente (Constructed Geometries) werden beim Filtern vollständig übertragen und können in den gefilterten Dokumenten bearbeitet werden. Ein Sonderfall sind hier Gewindekonstruktionen (Threads). Diese müssen von Konstrukteur im Entstehungsmodell

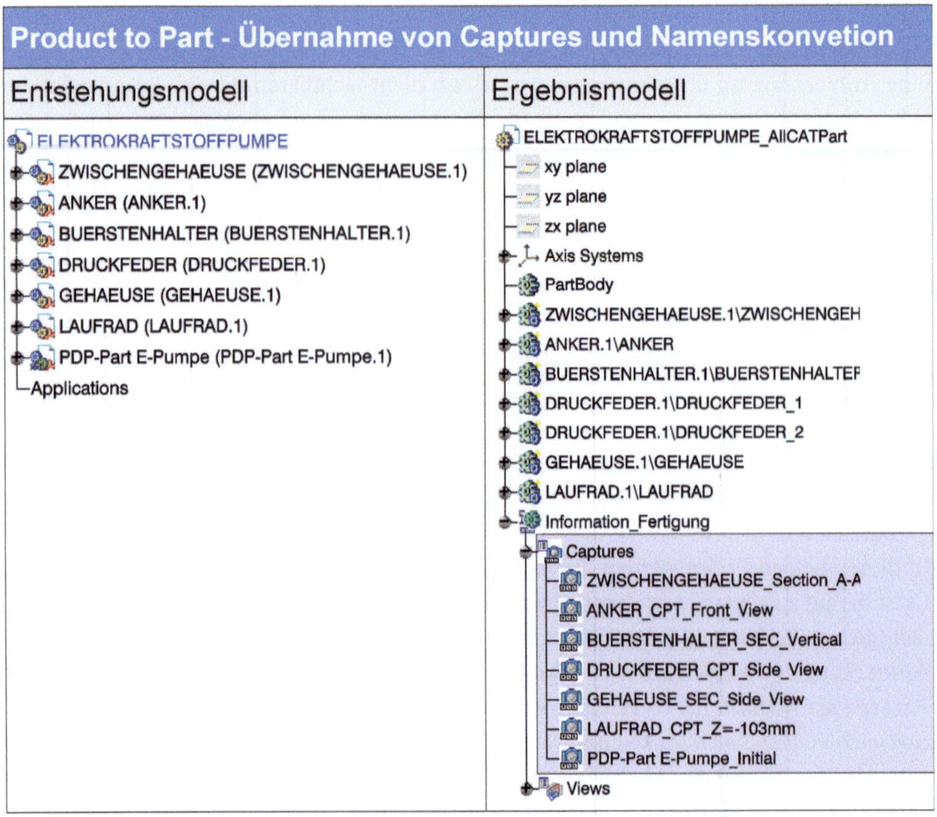

Bild 3-17: Capture Namen nach dem Filterprozess

als technologische Ergebnisse (*Technological Results*) deklariert werden, um somit in den abgeleiteten Einzelteilen anzukommen. Falls die Gewindekomponenten aus den technologischen Ergebnissen nicht generiert wurden, sind die übertragenen Geometriekomponenten aus der Gewindekonstruktion zusammen mit ihren verknüpften Anmerkungen ungültig.

3.3.5 Associative Assembly Part for 3D Master

Eine Alternative zu **Product Data Filtering** und den Befehl ***Product to Part*** bietet die Methode *Associative Assembly Part for 3D Master* an, die sich die Vorteile der Funktion *Associativity* der Worbench **Assembly Design** zur Nutze macht. Bevor jedoch die Methode vom Konstrukteur angewendet werden kann, sollte dieser zunächst einmal mit der Funktion Associativity vertraut gemacht werden.

Funktionsbeschreibung

Die Funktion *Associativity* bewirkt zunächst, dass in einer geladenen Baugruppenstruktur ein neues CATPart abgelegt wird. Dieses *Associative-Assembly-CATPart* wird erzeugt,

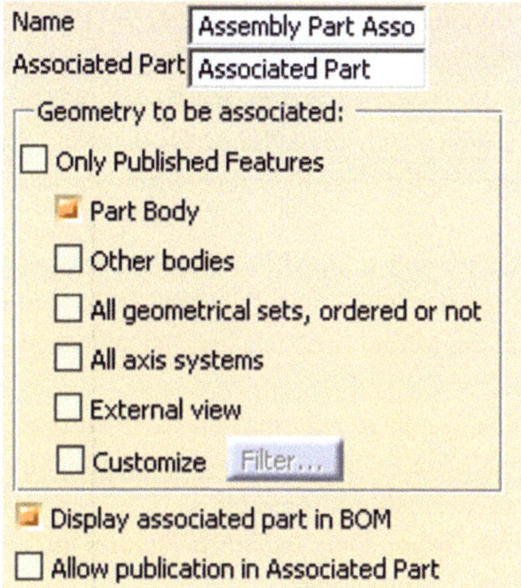

Bild 3-18:
Das Dialogfenster *Assembly Part Association*

indem eine Kopie aller Teilekomponenten importiert werden (Körper, geometrischen Sets...), die sich innerhalb der einzelnen Instanzen der Baugruppe befinden. Die Teilekomponenten (Features) werden dabei mit aktiver Verknüpfung in das AA-CATPart importiert (Copy \ Paste \ As Result with link) mit dem Ziel, eine Assoziativität zwischen dem AA-CATPart und der Baugruppengeometrie (und Struktur) aufrecht zu erhalten.

Welche Elemente der Bauteilinstanzen nun in das AA-Part importiert werden, kann vom Konstrukteur über das Dialogfenster der Funktion definiert werden.

Folgende Teilekomponenten stehen hierfür zur Verfügung:

- Hauptkörper (Part Body)
- andere Körper (Other Bodies)
- alle geometrischen Sets, sortiert oder unsortiert (All geometrical sets, ordered or not)
- alle Achsensysteme (All axis systems)
- externe Ansicht (External view)
- alle Kombinationen der zuvor ausgeführten Elemente unter Verwendung der Option *Customize*. Bei dieser Option können die Körper, die für jedes ausgewählte Teil kopiert werden sollen, explizit ausgewählt werden.

Veröffentlichte Komponenten (Publications)

Auf die Bedeutung von veröffentlichten Komponenten für die Konstruktion wurde schon mehrfach in diesem Buch hingewiesen. Über die Option *Only Published Features* (nur veröffentlichte Komponenten) kann der Konstrukteur steuern, ob nur die veröffentlichten Geometrien der Bauteilinstanzen in das AA-Part importiert werden oder nicht. Wenn die Option aktiviert wird, wird ein Körper und alle Komponenten die sich unter einem geometrischen Set oder geordneten geometrischen Set befinden nur importiert werden, wenn diese zuvor veröffentlicht wurden. Über die Funktion *Customize* kann zudem Veröffentlichungen einzeln ausgewählt werden. In diesem Fall wird der Hauptkörper/Körper/das geometrische Set/geordnete geometrische Set, zu dem diese Veröffentlichung gehört, zur Liste hinzugefügt. Die Verfügbarkeit und der Standardwert dieser Option hängen jedoch von der Einstellung *Restrict External Reference only to published Elements ab*, die unter Tools\Options\Infrastructure\Part Infrastructure\General\ External References zu finden ist.

- Wenn die Einstellung *Restrict External Reference only to published Elements* entsperrt und nicht ausgewählt ist, steht im Dialogfenster die Option *Only Published Features* nur während der Bearbeitung zur Verfügung und das Markierungsfeld im Dialogfenster ist standardmäßig abgewählt.
- Wenn die Einstellung *Restrict External Reference only to published Elements* entsperrt und ausgewählt ist, steht die Option *Only Published Features* nicht zur Verfügung und das Markierungsfeld im Dialogfenster ist standardmäßig ausgewählt.
- Ist nun die besagte Einstellung gesperrt, ist die Option *Only Published Features* immer inaktiviert und ihr Wert entspricht dem Wert der Einstellung.

Methodenbeschreibung

„Wie genau kann aber die Funktion Associativity für den Prozess 3D-Master eingesetzt werden und welche Vorteile ergeben sich daraus?"

Für die Umstellung auf den zeichnungsfreien Prozess wird BMW-Lieferanten die Methode *Associative Assembly Part for 3D Master* als Workaround zu Product Data Filtering angeboten. Diese Methode wurde vom Projektteam entwickelt, um Lieferanten die Möglichkeit zu geben, zeichnungsfreie 3D-Modelle aus ihren eigenen Datenmodellen auszuleiten, ohne dabei große Veränderungen an ihren internen Prozessen vorzunehmen. Es folgt nun eine Schritt-für-Schritt-Anleitung dieser Methode:

Schritt 1: Die Baugruppe laden

Der Konstrukteur muss in CATIA die Baugruppe laden, in der die Konstruktion des Bauteils vorgenommen wird und aus dem der Lieferumfang ausgeleitet werden soll. Dabei sollte beachtet werden, dass Initial jede Instanz der Baugruppe von der Methode berücksichtigt wird.

Schritt 2: Die Funktion Associativity aufrufen

Die Funktion ***Associativity*** bewirkt zunächst, dass in der gerade geladenen Baugruppe, ein assoziatives CATPart abgelegt wird mit der Bezeichnung *Associated Part* (Bild 3-19). Zudem wird auf Produktebene das Assembly Feature abgelegt, das die Verknüpfung des AA-Parts zur Baugruppe wiederspiegeln soll.

Schritt 3: Im Dialogfenster die gewünschten Komponenten auswählen

Im Dialogfenster muss der Konstrukteur definieren, welche Komponenten (Körper, geometrische Sets, Achsensysteme und externe Ansichten) aus den Instanzen der Baugruppe in das im AA-CATPart mit aktiver Verknüpfung übernommen werden. Die Komponenten

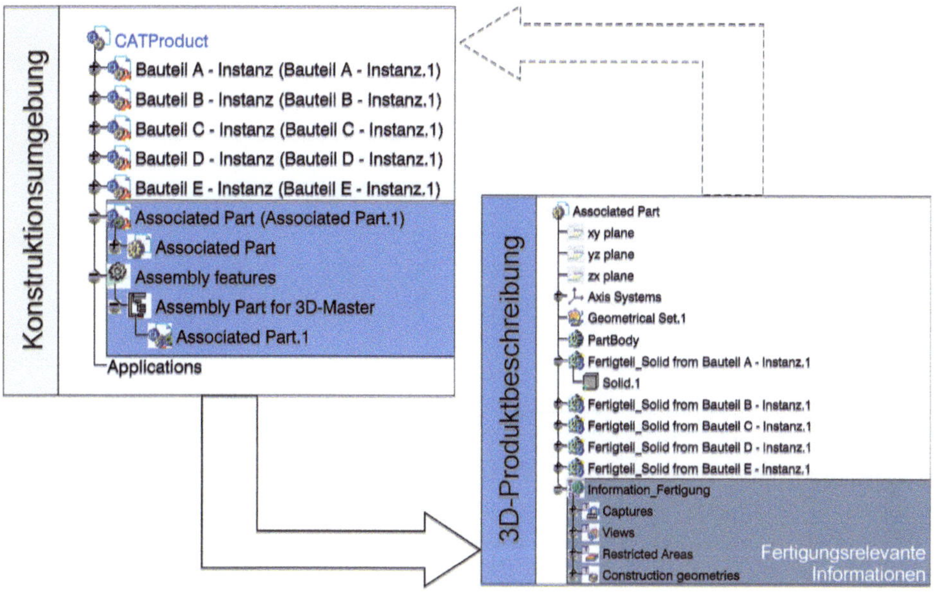

Bild 3-19: Der Aufbau der Methode Associative-Assembly-CATPart

sind so auszuwählen, dass die Struktur des AA-CATParts letzen Endes der des Lieferumfangs entspricht.

Schritt 4: Die Produktbeschreibung des Bauteils vornehmen

Im Gegensatz zur herkömmlichen Vorgehensweise für die Produktbeschreibung von Baugruppen (PDP-Part), wird für die Methode *Associative Assembly Part for 3D Master* die Produktbeschreibung des Bauteils innerhalb AA-Parts vorgenommen. Dazu das AA-Part über die Funktion *Open in new window* in ein neues Fenster laden und alle fertigungsrelevanten Informationen des ZBs dort ablegen (Ansichten, Captures, Bemaßungen, Toleranzen…).

Jede Änderung die am Entstehungsmodell vorgenommen wird, wird durch die vorhandene Verknüpfung in das AA-Part übertragen. Somit ist vom Prozess her sichergestellt, dass aus Sicht der Geometrie (Körper, GeoSets…) und aus Sicht der Produktbeschreibung (FTA-Features), das AA-Part immer auf den aktuellen Stand bleibt.

Schritt 5: Das AA-Part für den Datenversand aufbereiten

Die Lieferumfänge der Zulieferer müssen meistens strikte Vorgaben einhalten, die die jeweiligen OEMs an ihre Datenmodelle richten. Es kann sich hierbei um Vorgaben zur Struktur des Datenmodells oder zu dessen Inhalt handeln.

Eine der Vorgaben mit der wir uns nun beschäftigen werden besagt, dass der Lieferumfang, sei es in Form eines CATParts oder eines CATProducts, keinerlei Verknüpfung zu externen Dokumenten aufweisen darf, die nicht Bestandteil des gleichen Lieferumfangs sind. Für den Konstrukteur bedeutet dies, dass die aktive Verknüpfung des AA-Parts zum

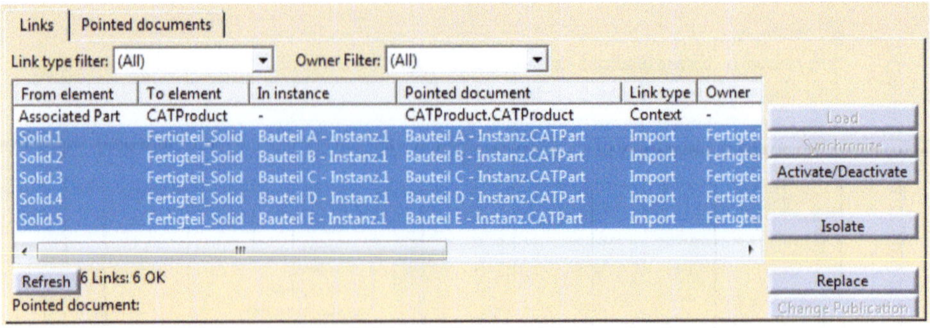

Bild 3-20: Das Dialogfenster *Edit Links*

Entstehungsmodell unterbrochen bzw. entfernt werden muss. Über den Befehl *Links* kann dies sehr leicht vorgenommen werden. Dazu das AA-Part laden und unter *Edit* die Funktion *Links* aufrufen. Das gleichnamige Dialogfenster öffnet sich und alle aktiven Verknüpfungen des AA-Parts werden angezeigt. Per Multiselektion können nun alle Verknüpfungen im Dialogfenster ausgewählt und über die Schaltfläche *Isolate* entfernt werden. Diese Aktion führt letzten Endes dazu, dass ein „isoliertes" Einzelteil (CATPart) erzeugt wird, das nun an den Kunden weitergeleitet werden kann.

3.3.6 Praxisbeispiel: Elektrokraftstoffpumpe

Die Anwendung der beiden Vorgehensweisen, ***Product to Part*** und ***Associative Assembly Part for 3D Master*** wird nun mit Hilfe eines Beispiels vorgestellt. Ziel dieser Praxisbeispiele soll es sein, die Vor- und Nachteile der jeweiligen Funktion darzustellen, so dass sich der Anwender/Konstrukteur für seinen Prozess die geeignete Methode aussuchen kann.

Der Aufbau des Entstehungsmodells wird im Bild 3-21 dargestellt. Es handelt sich hierbei um ein reguläres CATProdukt, das aus mehreren Instanzen besteht, die jeweils auf der ersten Ebene des Produkts abgelegt wurden. Die Instanzen bilden im zusammengebauten Zustand den *ZB Elektrokraftstoffpumpe*.

Anwendungsfall A: ***Product to Part***

Um die Funktion ***Product to Part*** hinsichtlich der Umstellung auf den Prozess **3D-Master** anwenden zu können, muss auf der höchsten Ebene der Baugruppe (CATProduct) ein PDP-Part abgelegt werden. Innerhalb des PDP-Parts soll die Produktbeschreibung stattfinden, so dass dieses letzten Endes alle fertigungsrelevanten Informationen des ZBs beinhaltet.

Ziel dieses Szenarios soll es sein, ein isoliertes Einzelteil aus der gerade geladen Baugruppe zu generieren, inklusive aller Informationen die zu dessen Produktbeschreibung benötigt werden.

- In die Workbench **Product Data Filtering** wechseln und die Funktion ***Product to part*** aufrufen

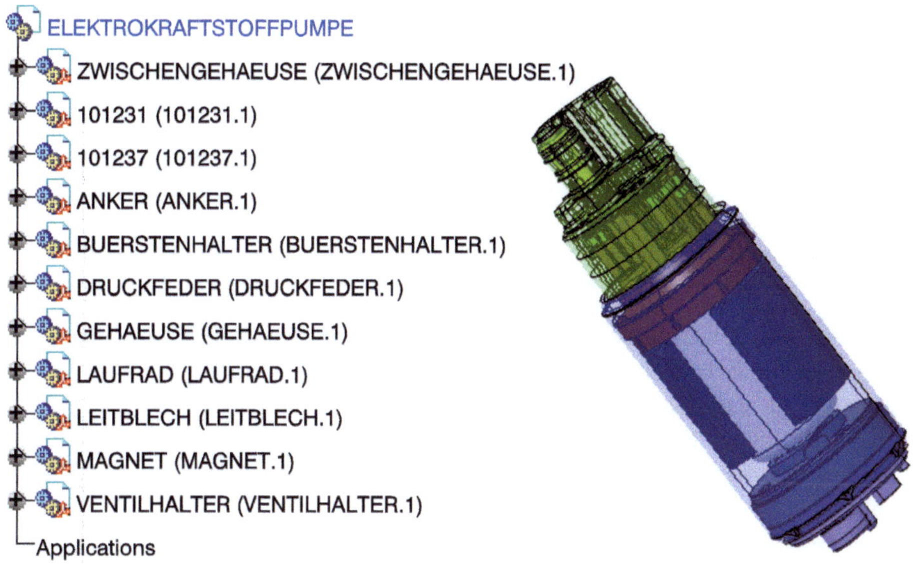

Bild 3-21: Aufbau des Datenmodells E-Pumpe

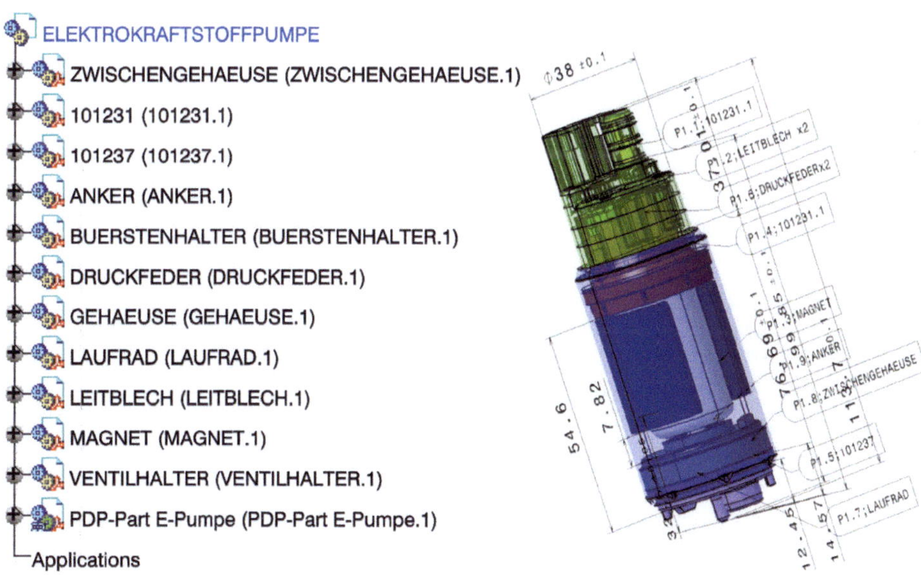

Bild 3-22: Die Struktur des Datenmodells mit dem PDP-Part

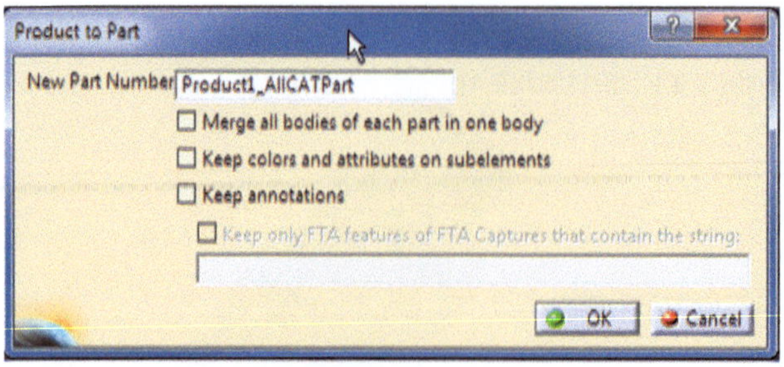

Das gleichnamige Dialogfenster wird angezeigt, in dem der Konstrukteur nun den Filterprozess beeinflussen kann.

- *Keep colors and attributes on subelements* aktivieren
  Dadurch wird das Standardverhalten für Farben und Attribute außer Kraft gesetzt und die visuellen Aspekte des Entstehungsmodells werden im abgeleiteten Einzelteil beibehalten.
- *Keep Annotations* aktivieren, um ein vollständig bemaßtes Bauteil zu generieren
  Über Folgendes muss sich der Konstrukteur vor dem Aktivieren dieser Einstellung im Klaren sein: Es werden immer alle Anmerkungen die innerhalb der Baugruppe gefunden werden im Ergebnismodell übertragen. Die Anmerkungen jedoch die sich innerhalb der Einzelteile befinden, dienen hauptsächlich zu derer Fertigung und sind in den meisten

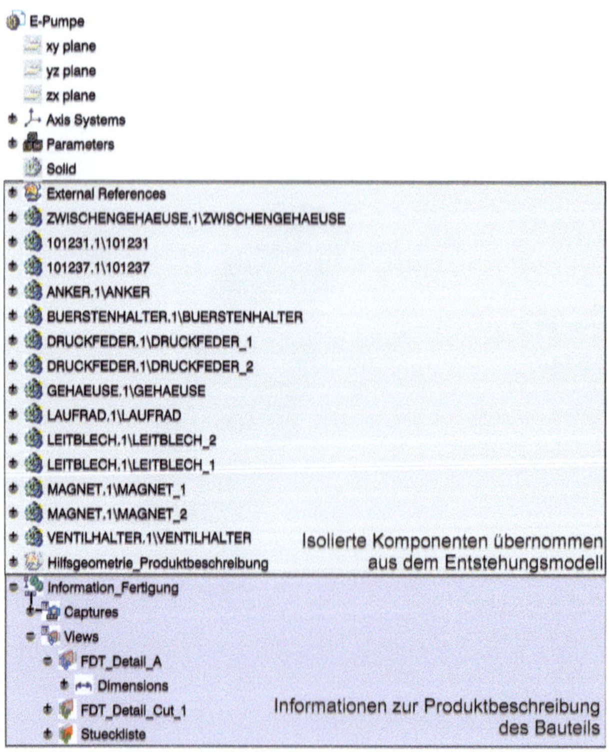

Bild 3-23: Die Struktur des Ergebnismodells

Fällen für den Kunden irrelevant. Um diese Anmerkungen nicht in das Ergebnismodell zu übertragen, sollten diese vor der Initiierung des Filterprozess aus dem Modell entfernt werden. Mit dem Entfernen der Anmerkungen aus den einzelnen Instanzen wird mit anderen Worten sichergestellt, dass im Ergebnismodell nur FTA-Features aus dem PDP-Part übertragen werden.
- Den Filterprozess über die Schaltfläche *OK* initiieren

Das Ergebnismodell

Das Ergebnis des Filterprozesses ist ein CATPart ohne Konstruktionshistorie (isoliert), das zudem alle Informationen (FTA-Features) beinhaltet, die vom Kunden zur Produktbeschreibung des Bauteils benötigt werden (Bild 3-23).

Anwendungsfall B: *Associative Assembly Part for 3D Master*

Ziel dieses Szenarios soll es sein, ein Assoziatives CATPart zu erzeugen, das alle Komponenten aus dem Entstehungsmodell beinhaltet, die Teil des Lieferumfangs sind.
- In die Workbench **Assembly Design** wechseln und die Funktion ***Associativity*** aufrufen. In der Struktur der Baugruppe wird zunächst das AA-Part mit der Bezeichnung *Associated Part* angelegt. Zudem wird unter *Assembly Features* das Feature *Assembly Part Association* hinzugefügt (Bild 3-24).

  Dem Aufruf der Funktion folgt die Anzeige des gleichnamigen Dialogfensters.

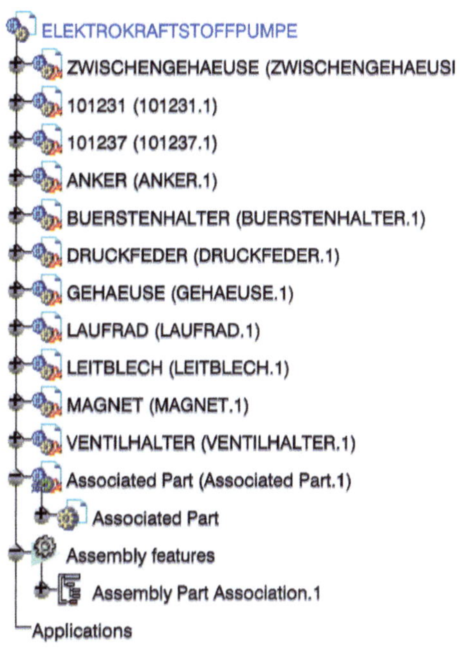

Bild 3-24:
Datenmodell bei der Anwendung von *Associative Assembly Part*

- Die Auswahl der Teilekomponenten treffen
  Hier kann der Konstrukteur nun entscheiden, welche Komponenten aus dem Entstehungsmodell mit aktiver Verknüpfung in das AA-Part abgelegt werden. Vor der Auswahl der Komponenten sollte sich der Konstrukteur den Inhalt des Lieferumfangs vor Augen halten.
  In diesem Szenario werden alle Körper (Bodies) und geometrischen Sets (geometrical Sets) aus den Instanzen der Baugruppe übernommen. Dazu folgende Einstellungen setzen:

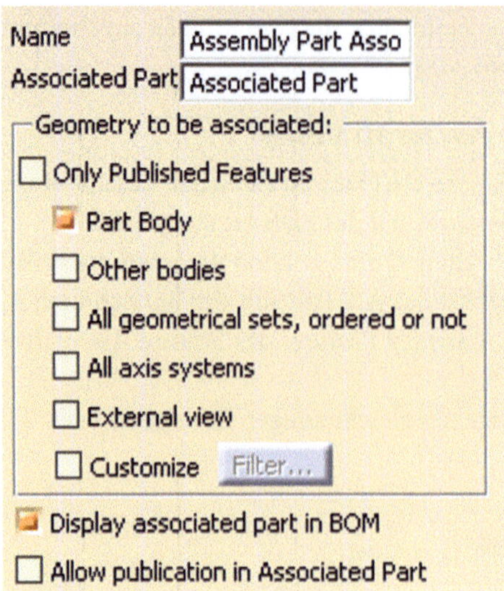

- Hauptkörper (Part Body)
- andere Körper (Other Bodies)
- alle geometrischen Sets, sortiert oder unsortiert (All geometrical sets, ordered or not)

Zu diesem Zeitpunkt sollte nochmals auf den Nutzen der Einstellung *Only Published Features* eingegangen werden. Damit kann gesteuert werden, dass aus den Bauteilinstanzen nur die veröffentlichte Geometrie in das AA-Part importiert wird. Die Einstellung kann sich als sehr nützlich erweisen, falls im Entstehungsmodell Inhalte (in Form von Körpern und geometrischen Sets) vorhanden sind, die nicht in das Ergebnismodell übertragen werden sollen.

- Das AA-Part separat laden
  Über das Kontextmenü des *Associated Parts* und der Funktion *open in new Window* kann dieses in ein separates Fenster geladen werden. Dies vereinfacht das weitere Vorgehen.
- Die Produktbeschreibung des Bauteils innerhalb des AA-Parts vornehmen
  Nun da das AA-Part erzeugt wurde und sich dort alle Inhalte des Lieferumfangs befinden, kann dort die Produktbeschreibung des ZBs vorgenommen werden. Dazu in die Workbench **Functional Tolerancing & Annotations** wechseln und alle dazu benö-

tigten FTA-Features (Views, Dimensions, Text, Captures…) erzeugen. Durch die vorhandene Verknüpfung zum Entstehungsmodell bleiben die Anmerkungen immer auf den aktuellen Stand.

– Das AA-Part isolieren
  Über den Menüpunkt Edit und der Funktion Links können alle Verknüpfungen aus dem AA-Part entfernt werden. Dazu im Dialogfenster Links alle verknüpfte Elemente per Multiselektion auswählen und über die Schaltfläche Isolate entsprechend isolieren.

Das Ergebnismodell

Das Ergebnis der Methode *Associative Assembly Part for 3D Master* ist ein CATPart ohne Konstruktionshistorie (isoliert), das zudem alle Informationen (FTA-Features) beinhaltet, die vom Kunden zur Produktbeschreibung des Bauteils benötigt werden.

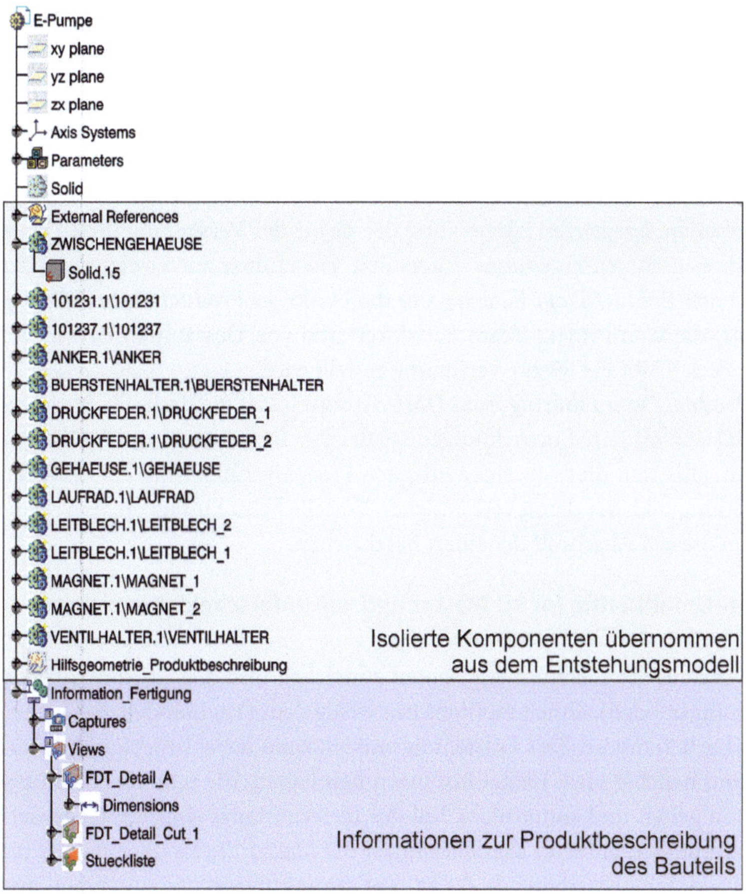

Bild 3-25: Die Struktur des Ergebnismodells

3.4 Der Prozess *Datafiltering for 3D-Master*

Bis jetzt wurden in diesem Kapitel alle Funktionen und Methoden vorgestellt die CATIA V5 standardmäßig zur Verfügung stellt, um das Datenmodell eines Bauteils (Einzelteil oder Baugruppe) umzuwandeln und zu filtern, bevor dieses an den OEM bzw. den Kooperationspartner weitergeleitet werden kann. Jede dieser Funktionen kann auf die eine oder andere Weise für die Datenaufbereitung verwendet werden. Da es sich hierbei aber um Standardfunktionen handelt, ist deren Anwendung mit einem hohen Aufwand verbunden, da diese nicht speziell für die Umstellung auf den 3D-Master- Prozess konzipiert wurden. Nun wenden wir uns einer neuen Methode der Datenfilterung zu, die genau für die dreidimensionale Produktbeschreibung entwickelt wurde, *Datafiltering for 3D Master.*

3.4.1 Prozessbeschreibung

Bei der Ausarbeitung des Prozesses „Zeichnungsfreies E-Ressort" galt die Aufmerksamkeit des BMW Projekt-Teams zum größten Teil den Datenumfängen, die extern entwickelt und an den OEM (in diesem Fall BMW) fertigkonstruiert, geliefert werden. Die internen Prozesse der Zulieferer wurden daher näher begutachtet und deren Anforderungen und Wünsche aufgenommen. Die Zulieferer (Lieferanten, Entwicklungsdienstleister und KO-Büros) äußerten dabei den Bedarf nach einem Filtermechanismus, den diese leicht in ihre Austauschprozesse integrieren können und der sie bei der Verwaltung ihrer Daten und beim Schutz ihres geistigen Eigentums unterstützt. Dies führte zur Erweiterung der CATIA V5 Workbench *Product Data Filtering* um die Funktion ***Product Data Filtering from DMU Groups,*** die vom Projekt-Team entwickelt und von Dassault ab CATIA V5 Release 19 Service Pack 9 Hot Fix 89 zur Verfügung gestellt wird.

Die Funktion ***Product Data Filtering from DMU Groups*** bildet die Basis des Prozesses *Datafiltering for 3D Master* den Entwicklungsdienstleister, Lieferanten und KO-Büros verwenden können, falls sich diese zu einer internen Prozessveränderung entschließen sollten. Die Anwendung inkl. der damit verbundenen Vorteile beim Einsatz dieses Verfahrens werden nun im diesem Abschnitt detailliert beschrieben.

Was genau ist aber Datafiltering for 3D Master und wie unterscheidet es sich von den Standardmethoden der Datenumwandlung?

Das Datenmodell in dem der Lieferant ein Bauteil entwickelt und dessen Konstruktion vornimmt (Entstehungsmodell), ähnelt meistens nur wenig dem Datenmodell, das letzten Endes an den OEM geliefert wird. Das Entstehungsmodell kann dabei beliebig tief unterstrukturiert sein und beliebig viele Bauteilinstanzen beinhalten, die rein als Hilfsmittel für die Konstruktion gelten und somit nicht Teil des Lieferumfangs sind. Im Gegensatz nun zu den Standardmethoden bietet *Datafiltering for 3D Master* die Möglichkeit an, die dreidimensionale Produktbeschreibung direkt am Entstehungsmodell vorzunehmen und regelrecht „per Knopfdruck" ein vollständig bemaßtes Bauteil (Einzelteil sowie Baugruppe) auszuleiten, dessen Struktur den Anforderungen des jeweiligen Kunden entspricht.

Welche Anforderungen stellt Datafiltering for 3D Master an das Datenmodell?

Auf der obersten Ebene der Produktstruktur des Entstehungsmodells muss ein PDP-Part vorhanden sein. Dieses beinhaltet alle Informationen (FTA-Features), die zur Produktbeschreibung des Bauteils benötigt werden. Hierbei handelt es sich schon um die einzige Anforderung, die *Datafiltering for 3D Master* an die Struktur des Datenmodells richtet. Die Struktur kann somit beliebig viele Instanzen beinhalten und beliebig tief unterstrukturiert sein, Szenen für die Abbildung komplizierter Baugruppen-darstellung aufweisen, sowie Views (2D Marker) für die Ablage von Informa-tionen auf Produktebene und DMU Reviews für derer Strukturierung.

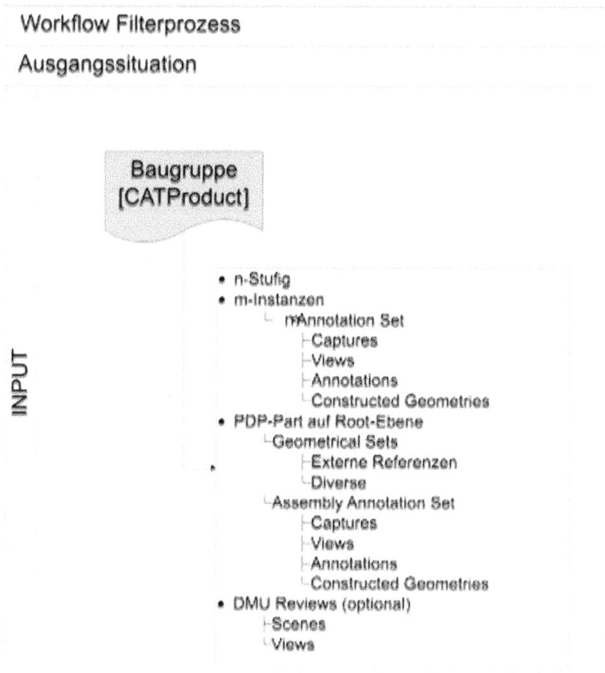

Wie genau wird aus dem Entstehungsmodell der Lieferumfang abgeleitet?

Zunächst müssen alle Instanzen des Entstehungsmodells, die Teils des Lieferumfangs sind, über die Funktion ***Groups*** zu einem Set gruppiert werden. Nun kommt die Funktion ***Product Data Filtering from DMU Groups*** zum Einsatz. Diese wandelt die gruppierten Instanzen, je nach Einstellung, in ein Einzelteil (AllCATPart) oder in eine Baugruppe (AllCATProduct) um. Details zum gesamten Vorgang folgen in den nächsten Abschnitten.

Welche Voraussetzungen werden ans System gerichtet?

- CATIA V5 ab R19 SP9 HF89
- DF1-Lizenz (Product Data Filtering)
- DMN Lizenz (Groups)

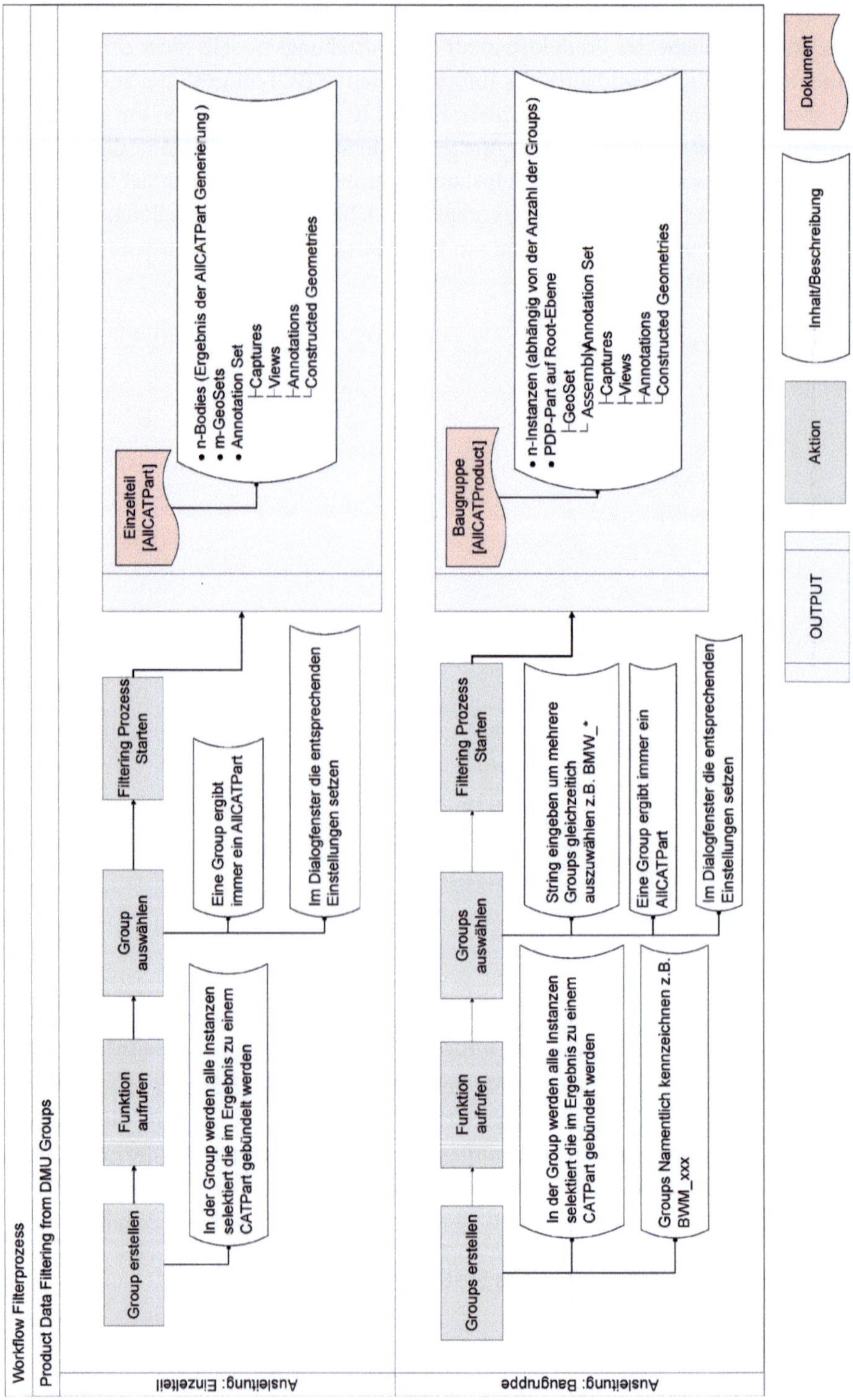

Bild 3-26: Arbeitsfolge für die Anwendung von Product Data Filtering from DMU Groups

Im Bild 3-26 wird der Prozess insgesamt nochmals abgebildet. Darauf folgt die Beschreibung der einzelnen Funktionen (DMU Groups, Product Data Filtering von DMU Groups) und zwei Anwendungsfälle, mit deren Hilfe der Prozess *Datafiltering for 3D Master* verinnerlicht werden soll.

3.4.2 Begriffsdefinition

Es folgt nun die Erläuterung der wesentlichen Begriffe, die innerhalb dieses Abschnitts noch häufiger verwendet werden:

Entstehungsmodell (Input): Beim Entstehungsmodell handelt es sich um die Produktstruktur (CATProduct), indem die Entwicklung und letzten Endes auch die Konstruktion des Bauteils stattfindet.

Ergebnismodell (Output): Hierbei handelt es sich um das Datenmodell, das nach Abschluss der Datenfilterung entsteht. Wie später im diesem Abschnitt noch ausführlich beschrieben wird, kann es sich beim Ergebnismodell um ein Einzelteil (AllCATPart) oder einer Baugruppe (AllCATProduct) handeln.

Übernahmeteile (Kept-Parts): Bei Kept-Parts handelt es sich um Instanzen innerhalb des Entstehungsmodells, die vom Filterprozess berücksichtigt werden.

Extrahierten FTA-Features: Hierbei handelt es sich um alle FTA Features die vom Entstehungsmodell in das Ergebnismodell übertragen werden.

3.4.3 Instanzen gruppieren *DMU Group*

Um den Prozess *Datafiltering for 3D Master* überhaupt anwenden zu können, ist die Verwendung von DMU Groups erforderlich. Eine DMU Group entspricht einem Set, das explizit durch die Auswahl von Komponenten der Produktstruktur definiert wird. Gruppen sind persistent und können somit in Dokumenten gespeichert werden. Ein Beispiel für derer Anwendung wird in der Abbildung 3-27 gezeigt.

Die Vorgehensweise zur Erstellung einer Group ist relativ simpel. Dem Aufruf der Funktion  folgt lediglich die Auswahl der Komponenten, die dann den Inhalt der *Group* bilden. Im Dialogfenster *Edit Group* werden die ausgewählten Komponenten aufgelistet, wobei im Fenster *Preview* eine Vorschau dieser Komponenten angezeigt wird. Das Element vom Typ *Group*, wird im Spezifikationsbaum unter *Applications* und dem Knoten Group abgelegt.

Es wird empfohlen, der Group nach der Erstellung einen geeigneten Namen zu vergeben, der das Kriterium der Gruppierung wiedergibt. Im Beispiel der Abbildung wurden mit Hilfe der Funktionalität Group verschiedene Varianten einer Fördereinheit gebildet.

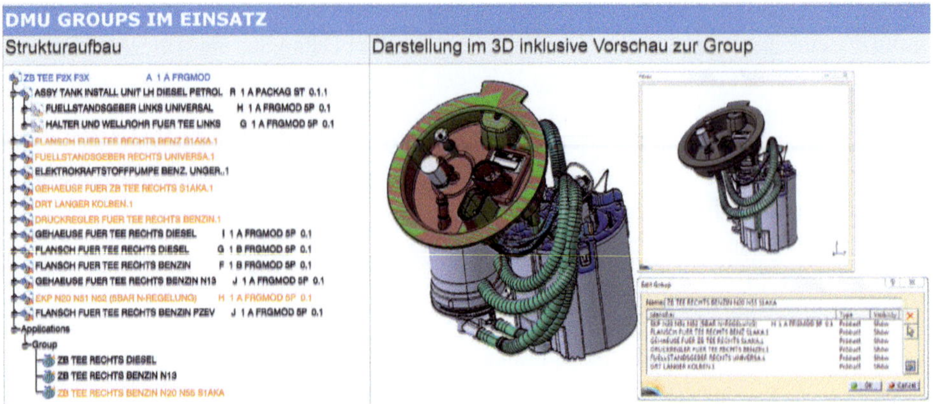

Bild 3-27: Beispiel für die Gruppierung von Instanzen

3.4.4 Grundregeln bei der Ausleitung von Einzelteilen

Um aus einer bestehenden Produktstruktur ein Einzelteil (CATPart) auszuleiten, muss vom Anwender zunächst eine DMU Group innerhalb dieser Produktstruktur abgelegt werden. Die Group darf dabei nur Instanzen (CATParts) beinhalten, die im Filterprozess berücksichtigt werden sollen und somit für den Filterprozess als Übernahmeteile gelten. Der Anwender wählt über das Dialogfenster diese Group aus und initiiert den Filterprozess. Bei der Anwendung der Funktion ***Product Data filtering from DMU Groups*** gelten dabei folgende allgemeine Regeln:

- In dem sich ergebenden AllCATPart wird für jeden Körper (Part-Body), der sich in einem der Übernahmeteile befindet, ein isolierter Körper (isolated Part-Body) erzeugt.
- Die gefundene Geometrie wird als Part-Bodies, Flächen (isoliert) oder Wireframes (isoliert) übernommen.
- Die Part-Bodies werden mit den Grafikeigenschaften (Farbe, Linientyp, Strichstärke, Transparenz) ihres ursprünglichen Körpers erzeugt.
- Die Flächen und die Wireframes werden mit den Grafikeigenschaften ihrer ursprünglichen Komponente erzeugt.
- In dem sich ergebenden AllCATPart bleiben sämtliche Positionen der Geometrie erhalten.
- Das AllCATPart erhält ein Anmerkungsset. Dieses beinhaltet alle FTA-Features die einen Bezug zu einem der Übernahmeteile aufweisen.
- Die Annotations erhalten einen **direkten** Bezug zur Geometrie.

Hierbei handelt es sich natürlich um Grundregeln. Der Anwender erhält zusätzlich noch die Möglichkeit über das Dialogfenster *Product Data filtering from DMU Groups* das Ergebnis des Filterprozesses zu steuern. Diese Einstellungen werden im Laufe dieses Abschnitts noch detailliert beschrieben.

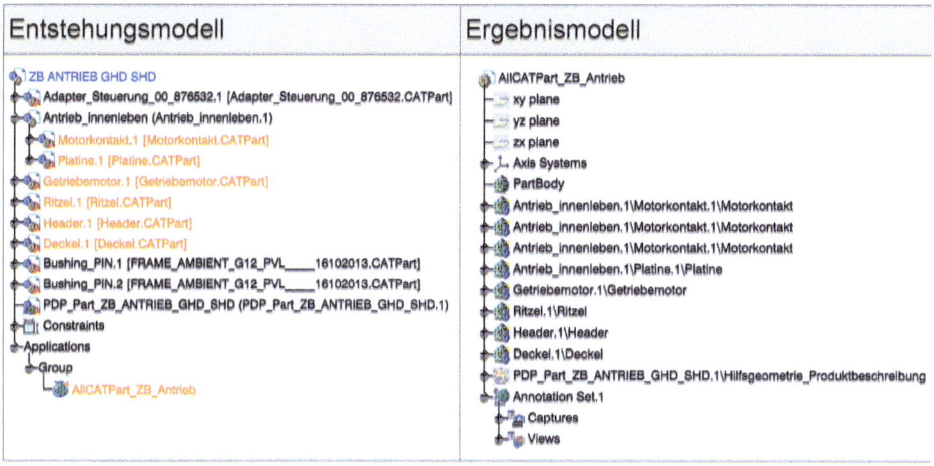

Bild 3-28: Beispiel für die Ausleitung eines Einzelteils

3.4.5 Grundregeln für die Ausleitung von Baugruppen

Um aus einer bestehenden Baugruppe nun ein AllCATProduct zu erzeugen, müssen vom Filterprozess mehrere Groups zugleich angesprochen werden. Dabei gilt: für jede dieser Groups wird im Ergebnismodell (AllCATProduct), ein AllCATPart entstehen. Zusätzlich zu den AllCATParts wird im Ergebnismodell noch ein PDP-Part abgelegt. Dieses beinhaltet alle FTA-Features, die aus dem PDP-Part des Entstehungsmodells (1st Level) übernommen werden und zugleich einen Bezug zu Übernahmeteilen (Kept-Parts) aufweisen. Wie genau gelingt es aber dem Konstrukteur mehrere Groups zugleich „anzusprechen"? Dies erreicht der Konstrukteur indem er den besagten DMU Groups einen identischen Textstring in ihrer Benennung vergibt. (z. B. BMW_). Jede DMU Group die den eingegebenen String in ihrem Namen enthält, wird beim Filterprozess berücksichtigt. Die Positionen der Geometrien, die Sichtbarkeit und die Farben, die übertragen werden, entsprechen der Referenz der ausgewählten Groups.

Für das AllCATProduct gilt:

- Der Standardname des CATProducts lautet „Name des Knotens des ursprünglichen CATProduct"_FLT und kann jederzeit bearbeitet werden.
- Wenn ein Exemplar eines CATParts ausgewählt wird, wird ein neues CATPart erzeugt. Die so erzeugten Komponenten behalten den Namen ihrer Pendants aus dem ursprünglichen CATProduct bei.
- Eine Geometrieverdopplung wird vom Filterprozess erkannt und unterbunden.
- Die Grafikattribute der Komponenten werden beibehalten.

Fürdie AllCATParts gilt:

- Die in den CATParts gefundenen Geometrien werden als Part-Bodies, Flächen oder Drahtmodelle übertragen und im entsprechenden neuen CATPart angeordnet.

- Die Part-Bodies der CATParts werden mit den Grafikeigenschaften (Farbe, Linientyp, Strichstärke, Transparenz) ihres ursprünglichen Körpers erzeugt. Die Flächen und die Drahtmodelle werden mit den Grafikeigenschaften ihrer ursprünglichen Komponente erzeugt.
- Wird sichtbare Geometrie in einem Körper des ursprünglichen CATParts gefunden, wird im sich ergebenden CATPart ein Part-Body mit demselben Namen erzeugt.
- Falls die Anmerkungen der Einzelteile übernommen werden, werden diese im entsprechenden AllCATPart des Outputs abgelegt.

Fürdas PDP-Part gilt:

- Alle FTA-Features (aus dem PDP-Part des Entstehungsmodells), die einen Bezug zu Kept Parts aufweisen, werden hier abgelegt.
- Die Flächen und die Drahtmodelle werden mit den Grafikeigenschaften der ursprünglichen Komponente erzeugt.
- Bei der Übernahme von Captures sollte folgendes Verhalten berücksichtigt werden: Captures können im Entstehungsmodell so aufgebaut werden, dass komplette Instanzen im nicht-sichtbaren Bereich abgelegt werden. Im Falle der Ausleitung eines AllCAT-Products kommt es vor, dass diese Instanzen zu Part-Bodies einer neuen Instanz umgewandelt werden. Bei Aktivierung dieser Captures müssen nun im Ergebnismodell einzelne Bodies geschaltet bzw. ins Show oder ins noShow gestellt werden. Dies gelingt jedoch nur, wenn die Instanzen denen diese Bodies zugeordnet sind, im **Design Mode** geschaltet werden. Dieses Verhalten wird noch zu einem späteren Zeitpunkt in diesem Abschnitt detailliert beschrieben.

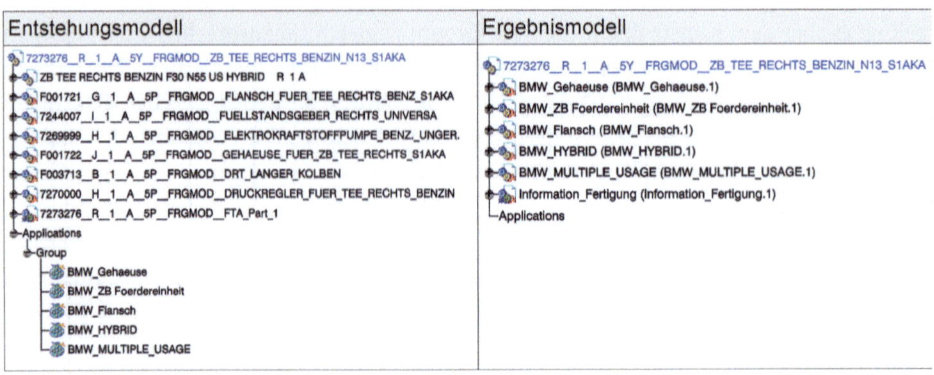

Bild 3-29: Beispiel für die Ausleitung einer Baugruppe

3.4.6 Das Dialogfenster

Nachdem die notwendigen Groups in der Produktstruktur definiert wurden, kann mit dem Filterprozess begonnen werden. Nach Aufruf der Funktion *Product Data filtering from DMU Groups* öffnet sich das gleichnamige Dialogfenster:

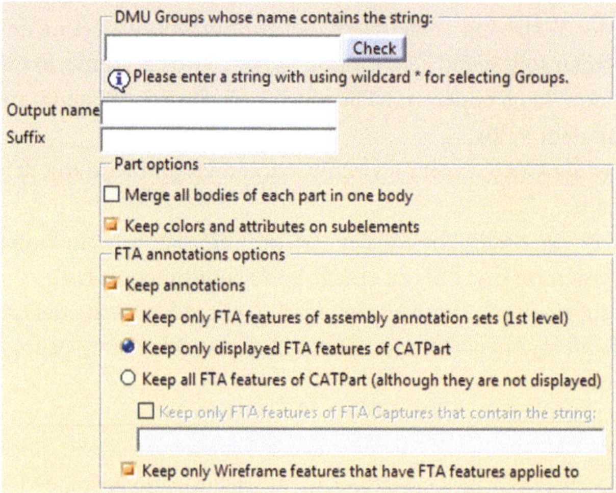

Bild 3-30: Das Dialogfenster *Product Data Filtering from DMU Groups*

Dem Konstrukteur stehen nun mehrere Einstellungsmöglichkeiten zur Verfügung, um das Ergebnis des Filterprozesses entsprechend der Anforderungen zu steuern:

Die Rubrik *DMU Groups whose name contains the string* beinhaltet ein Eingabefeld, einen *Check* Button und eine Informationsleiste:

- *Selektion/Eingabefeld:* Im Feld wird der Name der Group angezeigt, die vom Anwender im Spezifikationsbaum des Entstehungsmodells selektiert wurde. Außerdem dient dieses für die Eingabe eines Suchstrings (z. B. BMW_*), mit dessen Hilfe entweder nach einer ganz bestimmten DMU Group im Baum gesucht werden kann oder mehrere DMU Groups zugleich angesprochen werden können.
  Ob es sich beim Ergebnismodell um ein AllCATPart [a] oder AllCATProduct [b] handelt wird in der Informationsleiste angezeigt. Der Anwender wird zudem über die Informationsleiste darauf hingewiesen, ob im Strukturbaum eine DMU Group gefunden wurde, die den angegeben Suchstring in ihrem Namen beinhaltet [c] oder ob sich auf der höchsten Ebene der Produktstruktur eine DMU Group befinden [d].

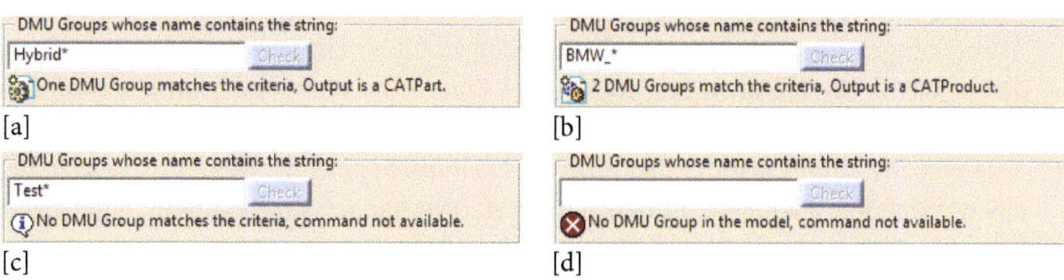

Bild 3-31: Meldungen innerhalb der Informationsleiste [a]

- *Check*: Über die Schaltfläche *Check* wird das Output-Format kontrolliert bzw. bestätigt. Der Filterprozess kann nur initiiert werden, wenn zuvor diese Kontrollfunktion durchgeführt wurde.

- *Output name:* Im Feld wird der Textstring eingetragen, der im Ergebnis als Name des Datenmodells eingetragen werden soll. Wenn kein Eintrag erfolgt, wird als Outputname der Name der Group verwendet. Baugruppen (CATProducts) erhalten die Benennung des Rootproducts, ergänzt mit dem Suffix.
- *Suffix:* Der Name der Group (oder Output name) wird übernommen und wird mit den Suffix ergänzt z. B. „Group_name"_FLT.
- *Merge all bodies of each part in one body:* Alle Körper (Bodies) die sich innerhalb der Übernahmeteile befinden, werden im Ergebnis zu einem Body zusammengefasst.
- *Keep colors and attributes on subelements:* Diese Option setzt das Standardverhalten für Farben und Attribute außer Kraft und bewirkt, dass die visuellen Aspekte der ursprünglichen Daten beibehalten werden.

FTA annotations options

In dieser Rubrik werden dem Konstrukteur nun verschiedene Einstellungen bezüglich der Übernahme von FTA-Features zur Verfügung gestellt:

- *Keep annotations*: Über diese Einstellung wird die grundsätzliche Entscheidung getroffen ob Anmerkungen, die einen Bezug zu den Übernahmeteilen aufweisen, im Filterprozess mit berücksichtigt werden oder nicht.

Falls Anmerkungen im Ergebnis des Filterprozesses erwünscht sind, wird die Einstellung aktiviert woraufhin weitere Einstellungen zur Verfügung gestellt bzw. freigeschaltet werden.

- *Keep only FTA features of assembly annotation sets (1st level):* Wenn diese Einstellung deaktiviert wird, werden beim Filterprozess **alle** FTA-Features berücksichtigt die einen Bezug zu Übernahmeteilen aufweisen, unabhängig davon ob sich diese im PDP-Part befinden oder in den Übernahmeteilen selbst. Bei Aktivierung werden beim Filterprozess ausschließlich Anmerkungen vom PDP-Part übernommen (Assembly Annotation Set 1st level).
- *Keep only displayed FTA features of CATPart*: Es werden ausschließlich Anmerkungen übernommen, die einen Bezug zu Übernahmeteilen aufweisen und im Moment des Filterns sichtbar sind (Show Modus).
- *Keep all FTA features of CATPart (although they are not displayed)*: Es werden nur Anmerkungen übernommen die einen Bezug zu Übernahmeteilen aufweisen, unabhängig davon ob sich diese im Moment des Filterns im Show- oder im Hide- Modus befinden.
- *Keep only Wireframe features that have FTA features applied to:* Wenn in Übernahmeteilen Wireframe-Elemente (Punkte, Linien etc.) vorhanden sind, kann mit Hilfe dieser Einstellung gesteuert werden, ob diese im Ergebnis des Filterprozesses mit übernommen werden oder nicht. Dabei werden jedoch nur die Wireframe-Elemente von Übernahmeteilen (**und vom PDP-Part**) übernommen, die einen Bezug zu extrahierten FTA-Features aufweisen. Bei Deaktivierung werden **alle** Wireframe-Elemente der Übernahmeteile übernommen, ausgenommen der Wireframe-Features vom PDP-Part das sich auf der Root-Ebene des CATProducts befindet.

3.4.7 Extrahierte FTA-Features und ihre Besonderheiten

Für die dreidimensionale Produktbeschreibung und dem Prozess 3D-Master spielen Anmerkungen eine gravierende Rolle. Deshalb werden wir uns jetzt etwas genauer mit den extrahierten FTA-Features befassen.

Kompatibilität

Beginnen wir zunächst mit der Kompatibilität der extrahierten FTA-Features. Bei den FTA-Features des Ergebnismodells handelt es sich um reguläre FTA-Features. Ausgenommen hier sind die Captures die von einem Assembly Annotation Set übernommen werden, da diese (ab CATIA V5 R19 HF89) mit neuen Fähigkeiten angereichert wurden. Was bedeutet dies aber in der Praxis? Alle Anmerkungen, ausgenommen der Captures von Assembly Annotation Sets, weisen im Ergebnismodell das gleiche Verhalten auf wie im Entstehungsmodell auch. Der Anwender kann die Anmerkungen editieren, deren Bezugselement ändern und die Position der Anmerkungen in 3D modifizieren. Die extrahierten Anmerkungen können auf einer anderen (dafür geeigneten) Anmerkungsebene transferiert werden und zugleich deren Darstellung mit Hilfe von bereits vorhandenen oder neuerstellten Captures gesteuert werden. Anmerkungsebenen werden im Ergebnismodell isoliert abgelegt, können jedoch für die Erzeugung neuer Anmerkungen verwendet werden oder für die Ausrichtung neuer oder bereits vorhandener Anmerkungen.

Captures die nicht aus Assembly Annotation Sets übertragen wurden, können editiert und programmiertechnisch abgefragt werden.

Verhalten bei positionierten Instanzen

Beim Transfer der Part-Instanzen vom Assembly in das Ergebnismodell wird der Inhalt der jeweiligen Anmerkungssets in die neu erzeugten CATParts abgelegt. Dabei wird die Positionsmatrix vom Entstehungsmodell übernommen. Konkret wird die Matrix auf das Achsensystem den Anmerkungsebenen und den der Captureansichten angewandt. Falls mehrere Instanzen des gleichen Einzelteils übertragen werden, wird der Inhalt der Anmerkungssets kopiert und mehrfach im Ergebnismodell abgelegt.

Benennung

Die Benennung der extrahierten Anmerkungen sowie die der Captures werden vom Entstehungsmodell übernommen. Besonders bei der Gruppierung von Informationen kann sich dies als äußerst hilfreich erweisen.

Durch den Filterprozess werden alle Anmerkungssets der Übernahmeteile und das des PDP-Parts zu einem verschmolzen. Daher erhält das Anmerkungsset im Ergebnismodell einen Standartnamen, der wiederum abhängig vom Typ des Anmerkungsset ist (z. B. *Annotation Set.1* oder *Assembly Annotation Set.1*).

Die Namen der Bezugselemente von extrahierten FTA-Features, die auch im Fenster *Geometry Connection Management* angezeigt werden, werden nur zum Teil übernommen. Die Namen gruppierter Flächen (*Group of Surfaces*) und benutzerdefinierten Flächen (*User*

Surfaces) werden übertragen, jedoch die der Geometriekomponenten (*Geometric Components*) nicht. Diese erhalten im Entstehungsmodell einen Standardnamen.

Captures

Die Darstellung einer extrahierten Capture ist im Ergebnismodell identisch mit der Darstellung im Entstehungsmodell. Falls dies nicht vorkommen sollte, kann die Ursache dafür daran liegen, dass

- die FTA-Features, die sich im Entstehungsmodell innerhalb von Instanzen befinden, vom Filterprozess ins neuerzeugte PDP-Part des Ergebnismodells abgelegt wurden,
- bestimmte Geometrieelemente, Körper oder Komponenten nicht im Ergebnismodell übertragen wurden,
- extrahierten FTA-Features im Ergebnismodell vom System als ungültig deklariert wurden,
- die Einstellung *Merge all bodies of each part in one body* aktiviert wurde, wodurch die Verlinkung der Capture zu den jeweiligen Part-Bodies und Geometrical Sets verloren geht.

Bezüglich der Kameraansichten von Captures werden diese nur teilweise ins Ergebnismodell übertragen. Die Ansicht selbst wird zwar nicht übertragen, dafür werden aber deren Ausrichtung und der Zoomfaktor in der Capture gespeichert. Beim Editieren der Capture wird im Ergebnismodell die verlinkte Kamera mit dem Namen *UndefCam* angezeigt.

Ab CATIA V5 R19 HF89 werden Captures, die innerhalb eines Anmerkungssets vom Typ Assembly generiert wurden, mit einer neuen Fähigkeit angereichert. Diese können nun im Entstehungsmodell die Sichtbarkeit von Instanzen des Assemblys steuern. Der Anwender muss sich jedoch über einige Eigenschaften\Restriktionen dieser neuen Fähigkeit im Klaren sein:

- Um die Sichtbarkeit einer Instanz im Assembly (Entstehungsmodell) über eine Capture steuern zu können, muss im PDP-Part eine Anmerkung vorhanden sein, die einen Bezug zu dieser Instanz aufweist. Beim Bezugselement **muss** es sich dabei um ein Part-Body Feature handeln.
- Damit die Steuerung der Sichtbarkeit auch im Ergebnismodell möglich ist, muss der Konstrukteur sicherstellen, dass der Part-Body (indem sich das Bezugselement befindet) und die Anmerkung (die auf dieses Part-Body Feature verweist), beide vom Entstehungsmodell übernommen werden. Die Struktur muss dabei im Design Mode geladen sein.
- Die Capture kann im Ergebnismodell **nicht** bearbeitet werden.

Constructed Geometries und Thread construction geometry

Konstruktionselemente (*Constructed Geometries*) werden generell vom Filterprozess berücksichtig, jedoch nur wenn diese unter dem Anmerkungsset abgelegt wurden (ab CATIA V5 R13). Konstruktionselemente für die Gewindedarstellung (*Thread construction geometry*), werden nur übertragen wenn diese im Entstehungsmodell als *Technological Results* deklariert wurden.

Parameters

Wenn am Bauteil die Bemaßung oder Form- und Lagetolerierung mit Hilfe der Funktion ***Tolerancing Advisor*** durchgeführt wird, Textanmerkungen mit Modellattributen verlinkt werden (Attribute links) oder wenn die Bemaßung des Modells über die Funktion ***Generative Dimensions*** durchgeführt wird, erhalten die FTA-Features Parameter.

Die Parameter werden dabei im Spezifikationsbaum unter dem dazugehörigen FTA-Feature angezeigt. Beim Filtern des Datenmodells werden diese Parameter vom Filterprozess in das Ergebnismodell übertragen. Dabei ist jedoch darauf zu achten, dass **nur** der Parameterwert beibehaltet wird und nicht das damit verbundene Know-How (Formeln, Attributes links und Verknüpfungen). Ein Beispiel ist in der Abbildung 3-32 dargestellt.

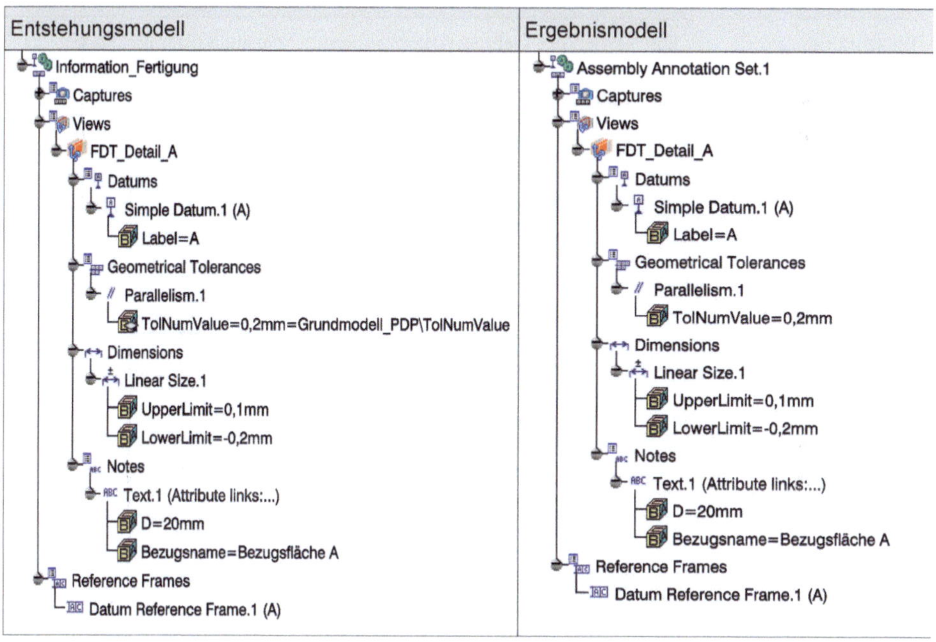

Bild 3-32: Beispiel für die Ablage von Parametern im Ergebnismodell

Restriktionen/Einschränkungen

Da nun das Verhalten des Filterprozesses bei der Ausleitung von Anmerkungen detailliert beschrieben wurde, erfolgt zum Abschluss dieses Abschnitts eine Auflistung der wichtigsten Erkenntnisse. (Tabelle 3-1).

Tabelle 3-1: Einschränkungen bei der Ausleitung von FTA-Features

Einschränkung 1	Falls eine Instanz (Product oder Part) direkt oder indirekt Bestandteil von mehreren selektierten DMU Groups ist, kann der Filterprozess nicht initiiert werden. Der Anwender wird über die entsprechende Fehlermeldung darauf hingewiesen.
Einschränkung 2	Beim Filterprozess werden ausschließlich FTA-Features der Übernahmeteile und des PDP-Parts (auf Rootebene) berücksichtigt.
Einschränkung 3	Es werden prinzipiell keine Anmerkungen berücksichtigt, die sich auf der Produktebene befinden.
Einschränkung 4	FTA-Features von V4-Dokumenten werden ignoriert.
Einschränkung 5	Es werden ausschließlich DMU Groups beim Filtern berücksichtigt, die sich auf der obersten Ebene der gerade geladenen Produktstruktur befinden.
Einschränkung 6	Die Namen der Geometriekomponenten (die auch über das Panel *Geometry Connection Management* angezeigt werden) werden nicht beibehalten.
Einschränkung 7	Die Verlinkung zwischen "alten" Konstruktionselementen (generiert vor V5 R13) und FTA Captures geht verloren. Wenn im Entstehungsmodell die Darstellung eines solchen Konstruktionselements mit Hilfe einer Capture gesteuert wird, so ist dies im Ergebnismodell nicht mehr möglich.
Einschränkung 8	Die Kameraansichten der Captures werden nur teilweise übertragen.
Einschränkung 9	Wenn die Einstellung *Merge all bodies of each part in one body* beim Filtern aktiviert ist, wird die Verlinkung der Captures zu den jeweiligen Bodies verloren gehen.
Einschränkung 10	Die Verwaltung der Sichtbarkeit von Wireframe-Elementen innerhalb des PDP-Parts geht bei Filtern verloren.

3.4.8 Praxisbeispiel ZB Antrieb

Durch die Anzahl der Einstellungen und derer Komplexität ist es durchaus verständlich, dass die Auswirkungen des Filterprozesses am Ergebnis der Ausleitung nicht auf Anhieb nachzuvollziehen sind. Deshalb wird nun anhand eines ausgewählten Beispiels beschrieben, wie ***Product Data Filetring from DMU Groups*** in der Praxis eingesetzt werden kann.

Das Datenmodell, wie es im Bild 3-33 dargestellt wird, wurde gemäß den Vorgaben des 3D-Master Prozesses konzipiert und beinhaltet somit zusätzlich zur auskonstruierten Geometrie alle Elemente die zu dessen Produktbeschreibung in 3D benötigt werden. Schauen wir uns aber die Struktur und den Inhalt des Modells etwas genau an.

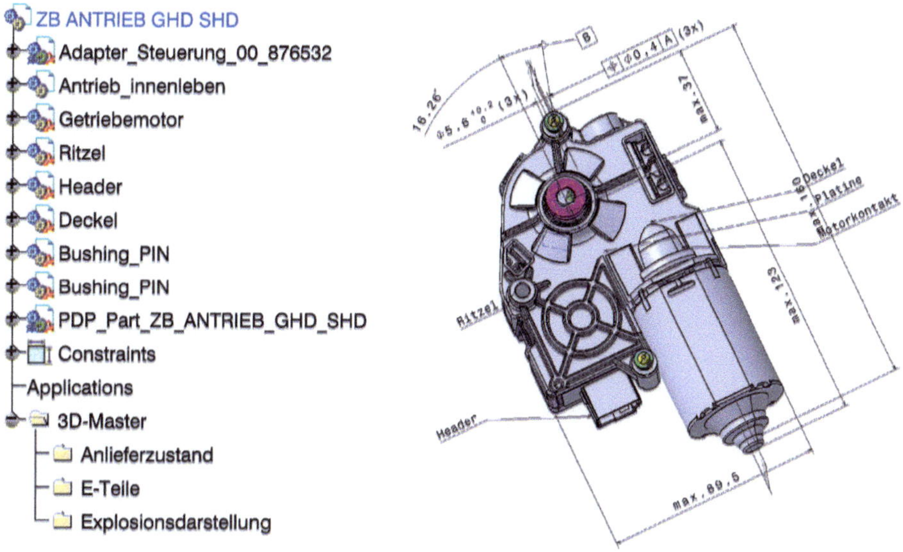

Bild 3-33: Aufbau des Entstehungsmodells ZB Antrieb

Die Baugruppe

Beginnen wir zunächst mit der Beschreibung des CATProducts. Dieses beinhaltet mehrere Instanzen, verteilt auf zwei Ebenen. Auf Produktebene wurden zudem Applikationen abgelegt, die dabei helfen sollen, die dreidimensionale Produktbeschreibung zu vervollständigen. Dazu gehören DMU Reviews, Szenen und 2D-Marker-Elemente.

Adaptermodell

Um die Entstehung von Referenzen und deren Steuerung für die Konstruktion zu gewährleisten, wurde die *Adapter–Modell-Technik* angewandt. Beim Adaptermodell handelt es sich um ein CATPart, das steuernde Geometrie und Parameter für die ganze Baugruppe verwaltet. Der Adapter wurde speziell in diesen Fall für die Positionierung der Baugruppenkomponenten (Bauteile, Unterbaugruppen) verwendet und zugleich für die Ablage von Referenzgeometrie, die später zur Erzeugung der Bauteile eingesetzt wird. Beispielsweise wurde im Adaptermodell eine Profilskizze hinterlegt, auf die mehrere Bauteile bei ihrer Erzeugung referenzieren. Mit dieser Technik entstehen Links die alle zentral auf den Adapter zeigen und Assoziativität zwischen den Bauteilen generieren. Durch den zentralen Knoten ist es einfach, den Überblick über die Struktur zu behalten.

Bauteilinstanzen

Die eigentliche Geometrie befindet sich innerhalb der einzelnen Bauteilinstanzen (CATParts), die im zusammengebauten Zustand den *ZB-Antrieb* bilden. Die einzelnen CATParts beinhalten zum einem, die komplette Konstruktionshistorie inkl. des gesamten

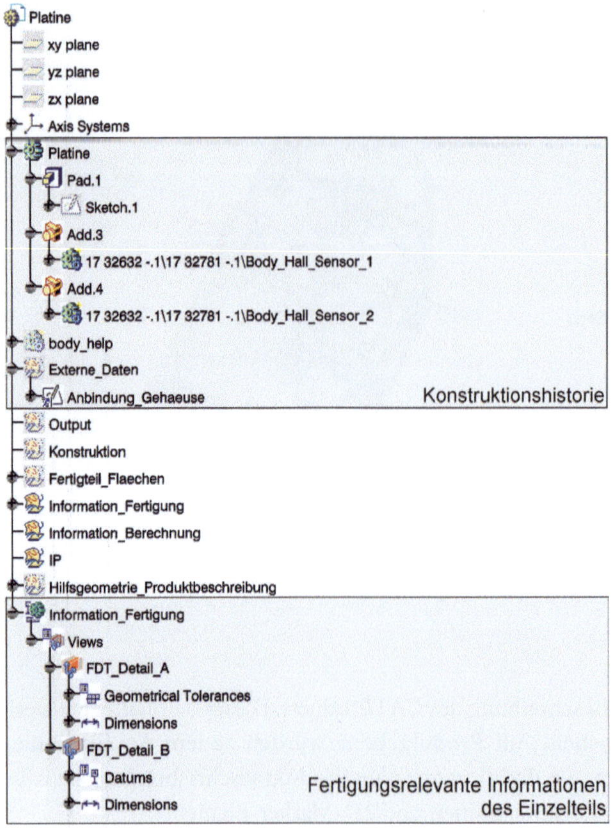

Bild 3-34: Aufbau der Bauteilinstanz Platine.1

Know-Hows (Formeln, Parameter…) und zugleich alle Informationen die vom Lieferanten zur Fertigung des Einzelteils benötigt werden.

PDP-Part

Auf der höchsten Ebene des Produkts (Root-Level) befindet sich ein PDP-Part. Dieses wird dazu verwendet, um alle Informationen abzulegen die zur Produktbeschreibung der Baugruppe (ZB) benötigt werden. Es kann sich hierbei um alle möglichen Arten von Anmerkungen, Anmerkungsebenen, Captures und Wireframe Elemente handeln, die zur Unterstützung der Produktbeschreibung eingesetzt werden. Beim Anmerkungsset handelt es sich natürlich um ein Set vom Typ Assembly, dass nur über instanz-übergreifende Anmerkungen erzeugt werden können.

Nachdem nun der Aufbau des Entstehungsmodells bekannt ist, wird jetzt mit Hilfe von zwei Anwendungsfällen die Funktion ***Product Data Filtering from DMU Groups*** beschrieben.

Anwendungsfall A: Ausleitung eines Einzelteils

Das Ziel in diesem Anwendungsfall besteht darin, aus der Baugruppe, in der u. a. auch die Konstruktion stattfindet, ein Einzelteil auszuleiten das später an den OEM weitergeleitet werden kann. Das Ergebnismodell soll dabei die Geometrie nur ganz bestimmter Instanzen der geraden geladenen Produktstruktur beinhalten, inklusive der Informationen die zu dessen Produktbeschreibung benötigt werden.

- In die Umgebung der Workbench **DMU Navigator** wechseln und die Funktion ***Group*** der Symbolleiste **DMU Review Creation** aufrufen.
  Alle Instanzen die bei der Einzelteilausleitung berücksichtigt werden sollen, müssen nun über eine DMU Group zu einem Set gruppiert werden. In diesen Fall die Instanzen *Motorkontakt.1*, *Platine.1*, *Getriebemotor.1*, *Ritzel.1*, *Header.1* und *Deckel.1* nacheinander auswählen und die Auswahl mit OK bestätigen. Der DMU Group sollte dabei ein geeigneter Name vergeben werden um diese schnell wiederzufinden, besonders wenn es geplant ist mehrere solcher *Groups* im Modell abzulegen (z. B. *AllCATPart_ZB_Antrieb*).
- In die Umgebung der Workbench **Product Data Filtering** wechseln, die Group *AllCATPart_ZB_Antrieb* im Spezifikationsbaum selektieren und die Funktion ***Product Data Filtering from DMU Groups*** starten.
  Das gleichnamige Dialogfenster wird angezeigt. Hier werden nun grundlegende Entscheidungen zum Inhalt und zu der Struktur des Ergebnismodells getroffen.

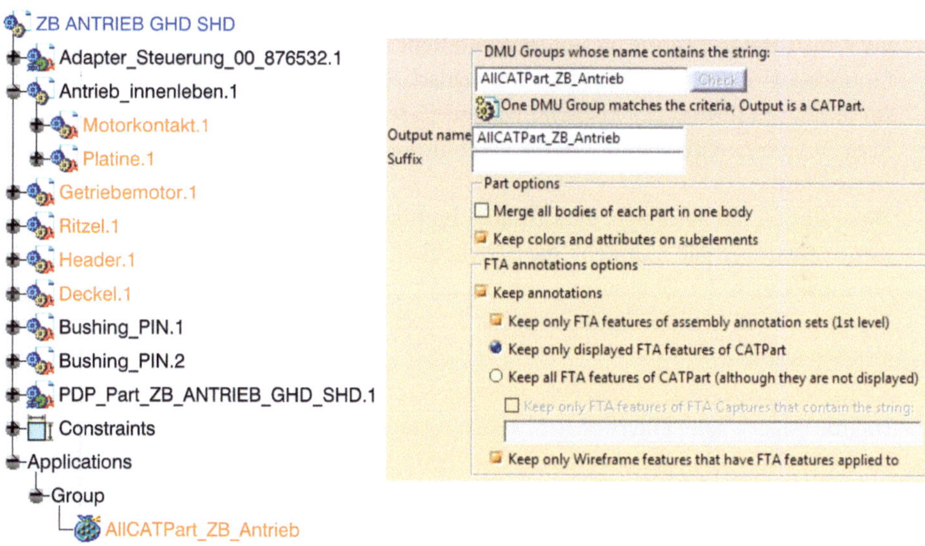

Bild 3-35: Die Einstellungen am Dialogfenster für die Ausleitung eines Einzelteils

- Die zuvor erzeugte Group im Strukturbaum selektieren und die Schaltfläche *Check* betätigen.
  Der Anwender wird über die Informationsleiste darauf hingewiesen, dass es sich beim Ergebnismodell um ein Einzelteil bzw. CATPart handeln wird. Die Instanzen *Motor-*

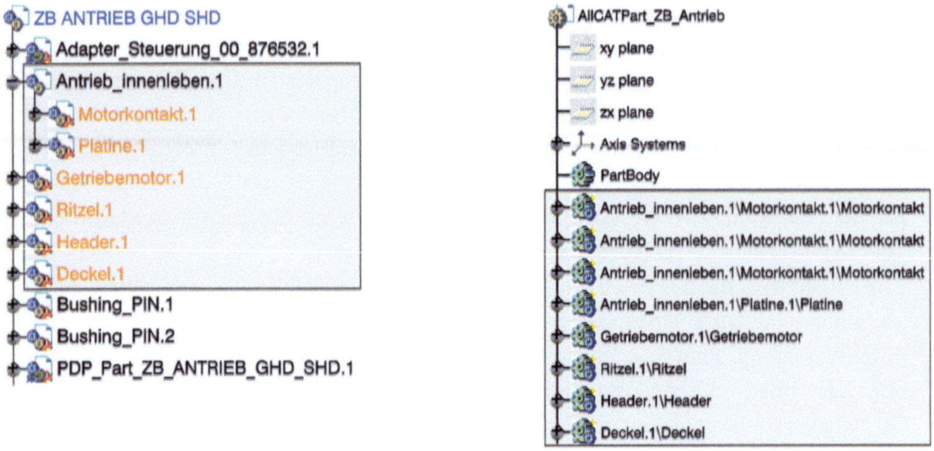

[a] [b]

Bild 3-36: Benennung im Entstehungsmodell [a] Benennung im Ergebnismodell [b]

kontakt.1, *Platine.1*, *Getriebemotor.1*, *Ritzel.1*, *Header.1* und *Deckel.1* gelten nun für den Filterprozess als Übernahmeteile (Kept-Parts) und werden zudem im Strukturbaum ins Highlight gestellt. Initial bedeutet dies, dass alle Körper (Bodies) die sich innerhalb dieser Instanzen befinden, im Ergebnismodell übertragen werden wobei das Entfernen der Konstruktionshistorie im Vordergrund steht. Die Benennung der Körper im Ergebnismodell wird durch die Funktion automatisch durchgeführt. Somit ist die Zuordnung zur jeweiligen Instanz des Entstehungsmodells jederzeit möglich.

- *Keep Annotations* aktivieren um im Ergebnismodell ein vollständig bemaßtes Bauteil zu erhalten.
  Diese Aktion hat zur Folge, dass zusätzliche Einstellungen freigeschaltet werden. Der Konstrukteur erhält nunmehr die Möglichkeit, eine „Feinjustierung“ durchzuführen hinsichtlich der Übernahme von Anmerkungen aus dem Entstehungsmodell. Im Ergebnismodell wird ein Anmerkungsset erzeugt in dem alle extrahierten FTA-Features abgelegt werden.
- *Keep only FTA features of assembly annotation sets (1st level)* aktivieren.
  Hiermit werden beim Filtern ausschließlich Anmerkungen übertragen, die sich innerhalb des PDP-CATParts (der obersten Ebene) befinden. Die Anmerkungen der Übernahmeteile selbst werden somit vom Filterprozess ignoriert. So wird sichergestellt, dass im Ergebnismodell nur Informationen (Anmerkungen) abgelegt werden, die für den OEM (Kunden) auch relevant sind. Fertigungsrelevante Informationen der Einzelteile (z. B. der PINs) werden somit ausgefiltert, da diese für den OEM eher selten von Interesse sind.

Alle weiteren Einstellungen die nun in der Rubrik *FTA annotations options* gesetzt werden, beziehen sich nun ausschließlich auf die Anmerkungen des PDP-CATParts.

- *Keep only displayed FTA features of CATPart* aktivieren.
  Es werden somit nur Anmerkungen übertragen, die im Moment des Filterns sichtbar sind. Anmerkungen die vom Konstrukteur im nicht-sichtbaren Bereich abgelegt wurden, werden ignoriert. Hierbei kann es sich zum Beispiel um Anmerkungen handeln, die rein informativ im Modell abgelegt wurden und für die Folgeprozesse nicht relevant sind.
- *Keep only Wireframe features that have FTA features applied to* aktivieren.
  Der Filterprozess durchsucht die Übernahmeteile und das PDP-CATPart nach Wireframe-Elementen die einen Bezug zu Anmerkungen aufweisen die sich innerhalb des PDP-CATParts befinden. Diese Wireframes werden im Ergebnismodell übertragen und dort unter dem dafür vorgesehenen geometrischen Set abgelegt. Somit wird sichergestellt, dass kein Know-How an den Kooperationspartner weitergeleitet wird (z. B. vom Adaptermodell), wenn dieses nicht explizit angefordert wurde.

Nachdem nun alle Einstellungen gesetzt wurden, kann der Filterprozess initiiert werden. Das Ergebnismodell vom Typ AllCATPart wird erzeugt und in der Sitzung geladen. Im Bild 3-37 wird das Ergebnis des Filterprozesses dargestellt.

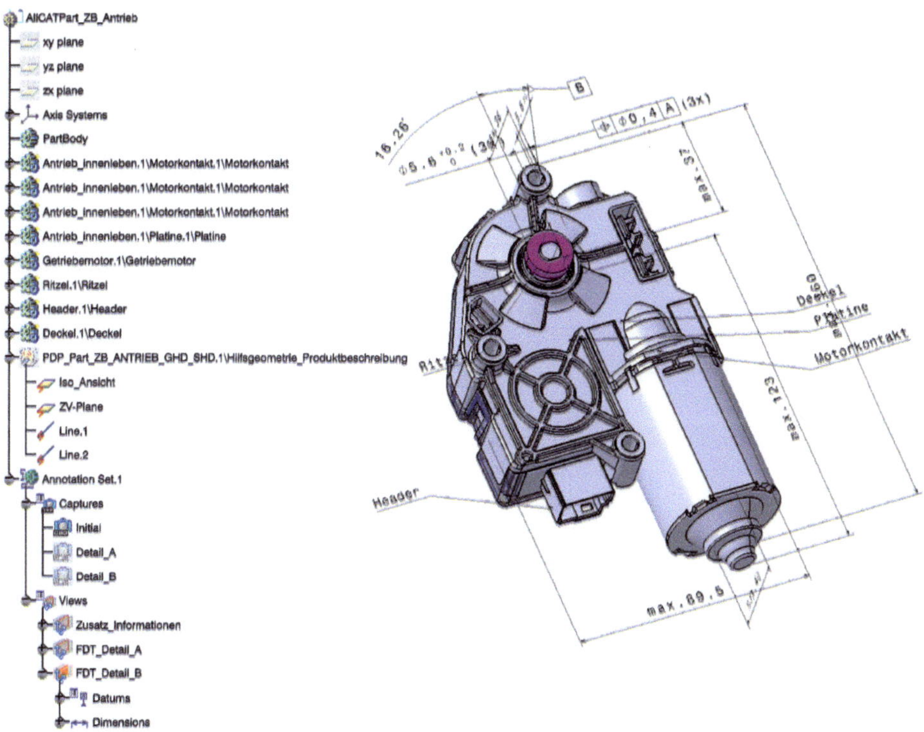

Bild 3-37: ZB Antrieb als AllCATPart

Anwendungsbeispiel B: Ausleitung einer Baugruppe

Besonders bei Baugruppen kommt es sehr oft vor, dass der OEM (Kunde) den Strukturaufbau des Lieferumfangs vorgibt (z. B. Maximalanzahl der verbauten Instanzen, Strukturebenen…). Zusätzlich zur Entfernung der Konstruktionshistorie muss daher der Lieferant auch eine Umwandlung an seiner Struktur vornehmen, bevor das Datenmodell an den Kunden weitegeleitet werden kann. Dieses Verfahren wird nun anhand des folgenden Anwendungsfalls vorgestellt.

- In die Umgebung der Workbench **DMU Navigator** wechseln und die Funktion ***Group*** der Symbolleiste **DMU Review Creation** starten

  Der Konstrukteur muss nun zwei DMU Groups erzeugen. Bei derer Definition ist es wichtig darauf zu achten, dass der Filterprozess aus jeder DMU Group ein AllCATPart erzeugt. Das AllCATPart wiederum wird erstellt, indem alle Instanzen (die mit Hilfe der DMU Group zu einem Set gruppiert wurden) zu einer zusammengestellt werden. Die Gruppierung erfolgt gemäß den Anforderungen, die der OEM an den Aufbau des Datenmodells gerichtet hat. Im Fall des ZB-Antriebs wurden die Instanzen wie folgt gruppiert: *Motorkontakt.1, Platine.1 und Header.1* bilden die DMU Group *AllCATProduct_E-Teile* und die Instanzen *Getriebemotor.1, Ritzel.1, Deckel.1 und Bushing_PIN* die DMU Group *AllCATProduct_Gehaeuse.* Die *Groups* erhalten in ihrer Benennung einen Textstring, der den Zusammenhang dieser wiedergibt, z. B. AllCATProduct_. Dieser Textstring dient später für den Filterprozess als Suchkriterium, um beide Groups gleichzeitig beim Filtern anzusprechen.

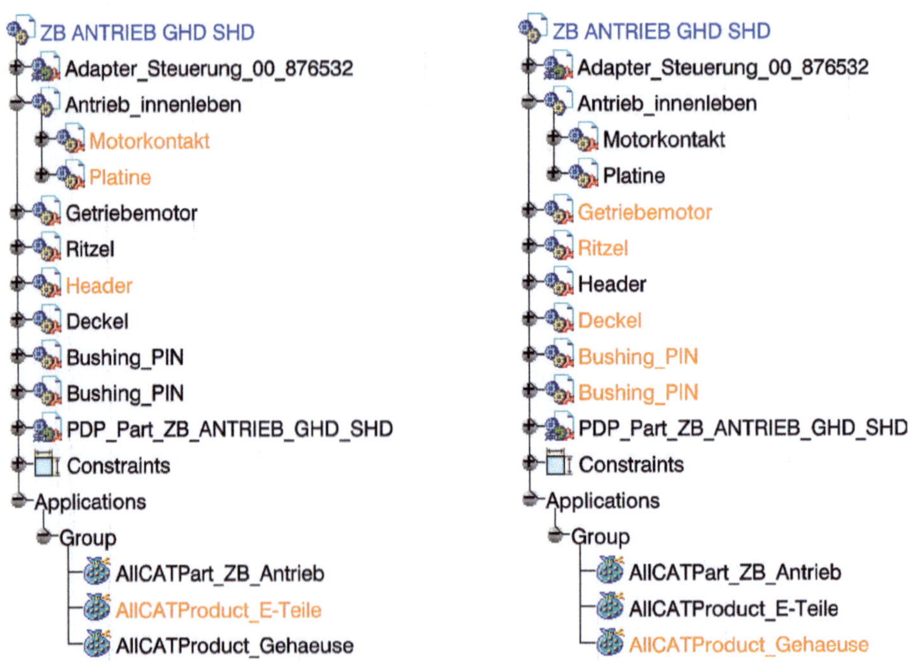

Bild 3-38: Gruppierung der Bauteilinstanzen im Entstehungsmodell

- In die Umgebung der Workbench **Product Data Filtering** wechseln und die Funktion ***Product Data Filtering from DMU Groups*** starten
  Das gleichnamige Dialogfenster wird angezeigt. Damit nun mehrere DMU Groups gleichzeitig vom Filterprozess angesprochen werden, muss der Konstrukteur im Eingabefeld den Textstring angeben, den beide Groups in ihrem Namen beinhalten.
- Im Eingabefeld den Textstring AllCATProduct_* eingeben und die Schaltfläche Check betätigen
  Der Anwender wird über die Informationsleiste darauf hingewiesen, dass im Entstehungsmodell zwei DMU Groups gefunden wurden, die den angegebenen Text in ihrer Benennung aufweisen. Das Ergebnis des Filterprozesses wird daher ein CATProduct sein. Die Instanzen der beiden DMU Groups gelten nun für den Filterprozess als Übernahmeteile (Kept-Parts) und werden zudem im Strukturbaum ins Highlight gestellt. Für jede Group wird im Ergebnismodell ein AllCATPart abgelegt.

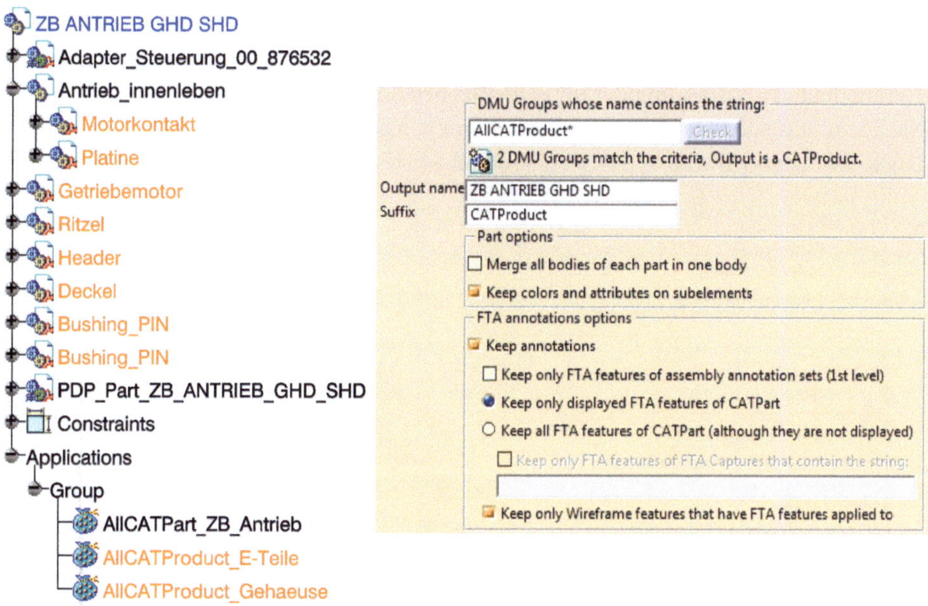

Bild 3-39: Die Einstellungen im Dialogfenster für die Ausleitung einer Baugruppe

- *Keep Annotations* aktivieren, um im Ergebnismodell eine vollständig bemaßte Baugruppe zu erhalten
  Diese Aktion bewirkt zunächst, dass ein neues PDP-Part erzeugt und im Ergebnismodell abgelegt wird. Dieses PDP-Part beinhaltet dabei alle Anmerkungen, die aus dem PDP-Part des Entstehungsmodells übernommen werden.
- *Keep only FTA features of assembly annotation sets (1st level)* **deaktivieren.**
  Im Gegensatz zum vorherigem Anwendungsfall werden hier nicht nur die Anmerkungen des PDP-Parts in das Ergebnismodell übertragen, sondern auch die der Übernah-

meteile selbst. Die Anmerkungen der Übernahmeteile werden im Ergebnismodell in der Instanz abgelegt, in der sich deren Bezugselemente befinden.

Alle weiteren Einstellungen die nun in der Rubrik *FTA annotations options* gesetzt werden, beziehen sich auf alle Anmerkungen die einen Bezug zu Übernahmeteilen aufweisen, unabhängig davon ob sich diese im PDP-CATPart oder in den Teilen selbst befinden.

- *Keep only displayed FTA features of CATPart* aktivieren
  Hiermit werden nur Anmerkungen übertragen die im Moment des Filterns sichtbar sind. Anmerkungen die im vom Konstrukteur im nicht-sichtbaren Bereich abgelegt wurden, werden ignoriert.
- *Keep only Wireframe features that have FTA features applied to* aktivieren
  Der Filterprozess durchsucht nun die Übernahmeteile und das PDP-CATPart nach Wireframe-Elementen die einen Bezug zu extrahierten Anmerkungen aufweisen. Diese Wireframes werden im Ergebnismodell übertragen und dort unter den dafür vorgesehenen geometrischen Sets abgelegt. Die geometrischen Sets werden dabei entweder im PDP-Part oder in einer der neu erzeugten Instanzen abgelegt. Wo genau diese abgelegt werden ist abhängig davon, ob sich die extrahierten Wireframe Features vor dem Filtern, innerhalb der Instanzen oder im PDP-Part befanden.

Nachdem nun alle Einstellungen gesetzt wurden, kann der Filterprozess initiiert werden. Das Ergebnismodell vom Typ AllCATProduct wird erzeugt und in der Sitzung geladen.

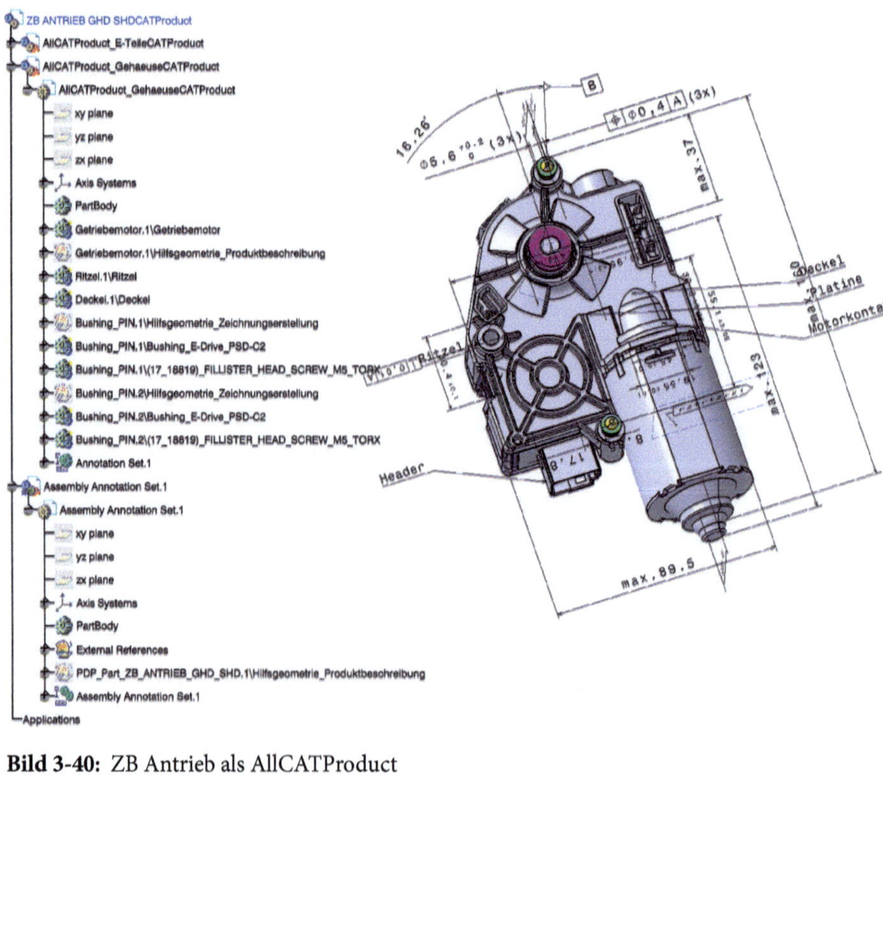

Bild 3-40: ZB Antrieb als AllCATProduct

Wie geplant besteht dieses aus zwei Bauteilinstanzen und einem PDP-Part (Assembly Annotation Set). Die Bauteilinstanzen beinhalten zusätzlich zur Geometrie auch produktbeschreibende Informationen zum Einzelteil. Dazu gehören Anmerkungen sowie Wireframe-Elemente. Die Anmerkungen werden unter dem Anmerkungsset der jeweiligen Instanz abgelegt, wobei die Wireframe-Elemente isoliert in geometrischen Sets kopiert wurden. Auf der Root-Ebene des AllCATProducts wird ein PDP-Part abgelegt, dessen Inhalt zur Produktbeschreibung der Baugruppe dienen soll.

3.4.9 Variantenmanagement

Aus den vorherigen Abschnitten sollte hervorgehen, dass *Datafiltering for 3D Master* neue Möglichkeiten der Datenumwandlung und Datenfilterung anbietet. Abgesehen davon stellt jedoch der Prozess auch eine interessante Alternative zum wichtigen Thema des Variantenmanagements zur Verfügung.

Große Unternehmen tun sich heutzutage schwer damit, umfangreiche Datenmodelle zu verwalten, vor allem wenn es zu einem Bauteil mehrere Varianten gibt und diese auch noch an den OEM geliefert werden müssen (z. B. bei Sitzstrukturen, Tanksystemen,...). Den Weg den die meisten Unternehmen dabei einschlagen lautet *Tabellenzeichnung*. Mit dieser Vorgehensweise wird an den OEM nur ein einziger dreidimensionaler Datensatz des Bauteils geliefert, auf dem dann die Tabellenzeichnung verweist. In der Zeichnung sind dann alle Varianten des Bauteils in Form logistisch bestellbarer Sachnummern hinterlegt. In einer Zeit, in der aber das 3D-Modell als Master gilt, ist diese Handhabung für viele nicht mehr akzeptabel. Was hindert aber die Unternehmen daran für jede Variante ein Datenmodell zu erzeugen. Die Antwort auf diese Frage ist schnell gegeben: der erhöhte Erstellungs- und Pflegeaufwand der Datenmodelle, besonders wenn Änderungen vorgenommen werden müssen. *Datafiltering for 3D Master* bietet jedoch genau hierfür die Lösung.

Über DMU Groups kann der Lieferant in seiner Produktstruktur nun alle Varianten eines Bauteils abbilden und über ***Product Data filtering from DMU Groups*** für jede Variante ein Datenmodell erzeugen lassen. Die Produktstruktur muss dafür lediglich den Anforderungen des Prozesses gerecht werden (siehe Abschnitt 3.4.1).

Fallbeispiel ZB Frontscheibe

Um dies nun etwas greifbarer für den Leser zu machen, wird der Vorgang anhand eines Beispiels präsentiert. In der nachfolgenden Tabelle sind alle Varianten einer ZB-Frontscheibe aufgelistet. Hierbei handelt es sich um eine einfache Form einer Tabellenzeichnung. Die erste Spalte zeigt dabei die Namen der einzelnen Varianten an, wobei die restlichen Spalten die verbauten Bauteile zu jeder Variante wiedergeben. Zu dieser Tabelle liegt beim Lieferanten (bzw. beim Konstrukteur) natürlich ein Datenmodell vor, in dem die Entwicklung der Scheibe und dessen Konstruktion stattfindet (Tabelle 3-2).

Tabelle 3-2: Auflistung der Varianten ZB-Frontscheibe 3er BMW

	ZB FRONTSCHEIBE	RLSBS Gehaeuse	Abdeckschwarzdruck Basis	Abdeckschwarzdruck 02-06	Abdeckschwarzdruck 07-08	Punktaufloesung Basis	Punktaufloesung mit Sonnenblende	Punktaufloesung ohne Sonnenblende	Punktaufloesung mit SB und KABAS	Schwarzdruck Basis	Schwarzdruck ohne RLSBS	Schwarzdruck mit RLSBS	Schwarzdruck Kafas mit RLSBS	Basis Spiegelfuss	Graukeil	HUD Feld LL-RL	Kafas	RLSBS Sensor
ZB Frontscheibe Basis	X		X			X				X				X				
ZB Frontscheibe grün	X	X		X			X				X							
ZB Frontscheibe grün RLSBS	X	X		X			X					X						X
ZB Frontscheibe Graukeil	X	X		X				X			X				X			
ZB Frontscheibe Graukeil RLSBS	X	X		X				X				X			X			X
ZB Frontscheibe RLSBS HUD SB	X	X		X			X					X				X		X
ZB Frontscheibe RLSBS KAFAS SB	X	X			X				X			X					X	X
ZB Frontscheibe RLSBS KAFAS SB HUD	X	X			X				X			X				X	X	X

Vorgehensweise:

Zunächst wird für jede abgeleitete Variante, eine DMU Group in der Struktur abgelegt. Den Inhalt der Groups geht dabei aus der Tabelle hervor. Auf der höchsten Ebene der Produktstruktur des Entstehungsmodells wird dann ein PDP-Part abgelegt, um die produktbeschreibenden Informationen der Baugruppe abzulegen. Aus den einzelnen Groups kann

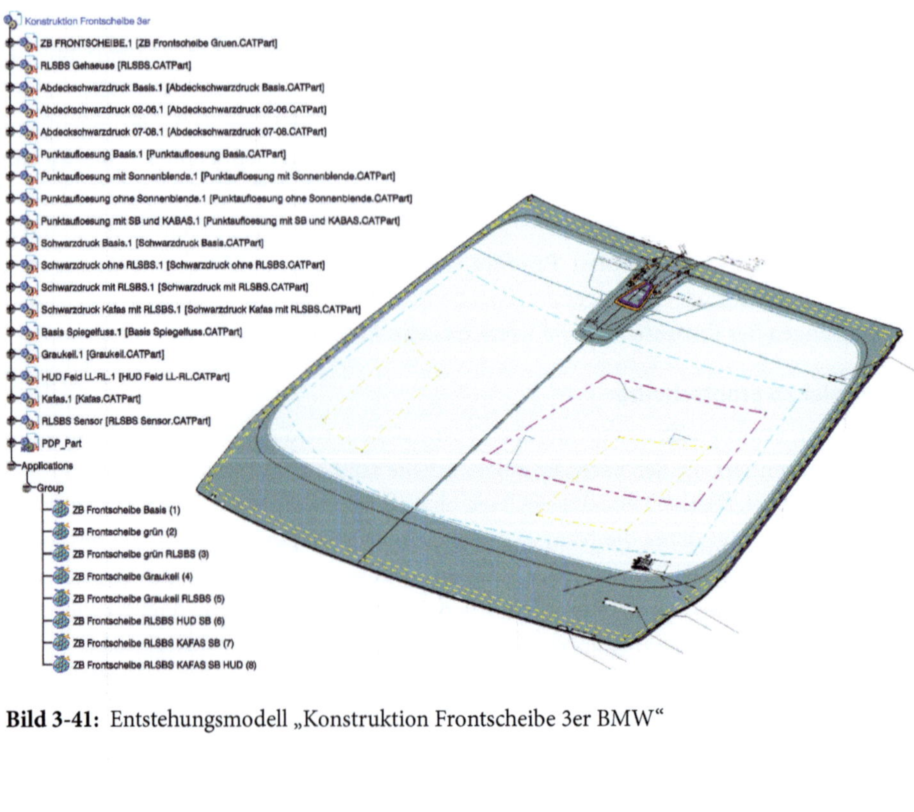

Bild 3-41: Entstehungsmodell „Konstruktion Frontscheibe 3er BMW“

dann mit Hilfe von ***Product Data filtering from DMU Groups*** entsprechend ein Datenmodell (inkl. Anmerkungen) abgeleitet werden. Der Aufbau des Entstehungsmodells wird in der Abbildung 3-41 dargestellt.
Zur Vorführungszwecken wurden für dieses spezielle Fallbeispiel zwei unterschiedliche Varianten der Frontscheibe aus dem Entstehungsmodell abgeleitet:

- ZB Frontscheibe Graukeil, die sich aus folgenden Einzelteilen zusammenstellt:
  - ZB Frontscheibe
  - RLSBS Gehäuse
  - Abdeckschwarzdruck 02-06
  - Punktauflösung ohne Sonnenblende
  - Graukeil
- ZB Frontscheibe RLSBS KAFAS SB HUB, die sich aus folgenden Einzelteilen zusammenstellt:
  - ZB Frontscheibe
  - RLSBS Gehäuse
  - Abdeckschwarzdruck 07-08
  - Punktauflösung mit SB und KABAS
  - Schwarzdruck mit RLSBS
  - HUD Feld RL-LL
  - Kafas
  - RLSBS Sensor

Für beiden Varianten wurde jeweils ein Datenmodell vom Typ AllCATPart aus dem Entstehungsmodell abgeleitet, da dieser Typ die Handhabung des Datenmodells um vieles erleichtert. Wenn die Struktur der AllCATParts näher betrachtet wird, kann man erkennen, dass zu einem nur Volumenkörper und Flächen der Kept Parts übernommen wurden und zugleich ein Anmerkungsset in jedem AllCATPart erzeugt wurde. Diese Anmerkungssets beinhalten dann alle relevanten produkt- und fertigungsrelevanten Informationen des jeweiligen AllCATParts. Welche Anmerkungen nun konkret aus dem Entstehungsmodell übernommen wurden (bzw. als relevant deklariert wurden), ist abhängig von Einstellungen die über ***Product Data filtering from DMU Groups*** gesetzt wurden. Captures, Views, Anmerkungen und Constructed Geometries wurden korrekt übertragen. Besonders erwähnenswert ist hier die Tatsache, dass sich die Anmerkungen nun direkt auf die Geometrie beziehen und nicht mehr wie im Falle des PDP-Part über externe Referenzen aufgebaut ist.

Die Ergebnisse der Variantenausleitung werden in den Abbildungen 3-42 und 3-43 dargestellt.

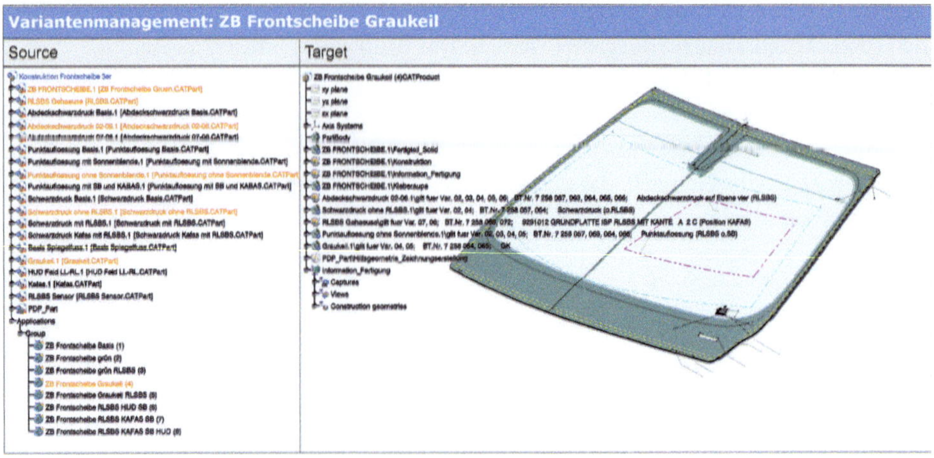

Bild 3-42: ZB Frontscheibe Graukeil

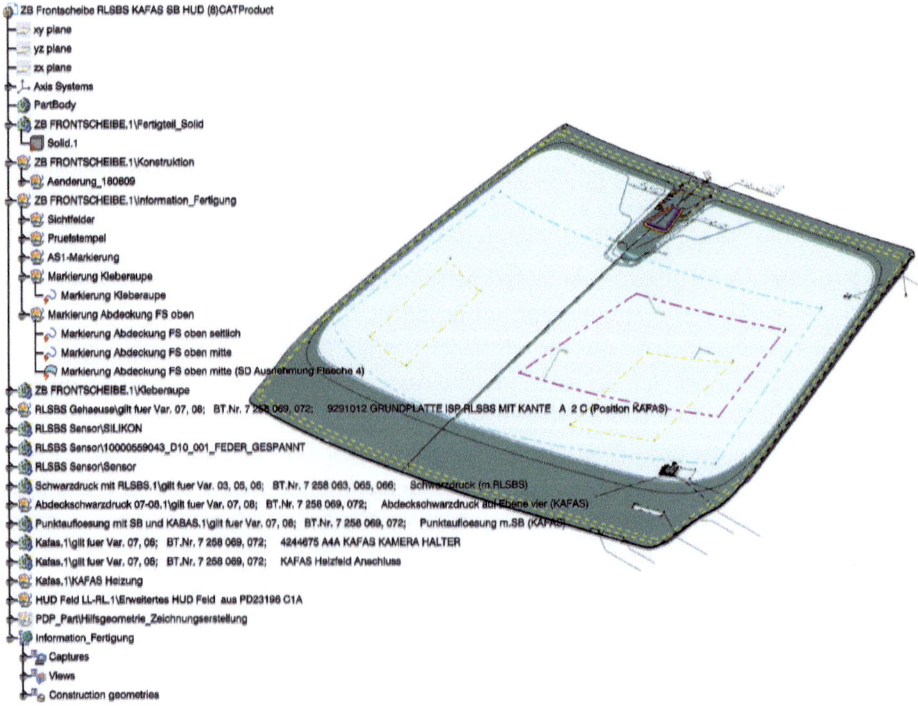

Bild 3-43: ZB Frontscheibe RLSBS KAFAS SB HUD

Ersatzformate

4

Seit einigen Jahren wird im Bereich Engineering und besonders in der Automobilindustrie intensiv nach einer alternativen Methode zum herkömmlichen Austausch von Originaldatensätzen zwischen den einzelnen Kooperationspartnern gesucht. Diese neue Methode soll vor allem Lösungen für die Visualisierung von 3D-Datensätzen anbieten, wenn das Originalsystem, in dem der Datensatz konstruiert wurde, nicht vorhanden ist und der Datenaustausch und die nachfolgende Visualisierung zu hohe Kosten mit sich bringen. Zu diesem Zweck wird nun bei den OEMs der Einsatz von neutralen 3D-Formaten untersucht.

Am Markt wird zurzeit eine Vielzahl von neutralen Formaten angeboten, wobei jedes dieser Formate Stärken und Schwächen aufweist.

„Welches neutrale Format ist für meine eigenen Prozesse am besten geeignet?"

„Welche Faktoren muss ich hinsichtlich der Umstellung auf den Prozess 3D-Master berücksichtigen?"

Diese berechtigten Fragen stellen sich Vertreter der Automobilindustrie gerade in diesem Moment, jedoch kann eine Antwort darauf nicht pauschal gegeben werden. Welches neutrale 3D-Format für ein Unternehmen das richtige ist, ist von einer Vielzahl von Faktoren abhängig:

- Wie viel Wert wird auf die Genauigkeit der Darstellung gelegt?
- Soll die Dateigröße des neutralen Formats ausschlaggebend bei der Entscheidung sein?
- In welchen Unternehmensbereichen wird das Format eingesetzt?

Dieses Kapitel soll als Orientierungshilfe dienen, um den Leser/Entscheider bei der Auswahl des jeweils passenden 3D-Formats zu unterstützen.

4.1 Einleitung

Im Laufe der Ausarbeitung des **3D-Master**-Prozesses wurden mehrere 3D-Ersatzformate untersucht und beurteilt. Folgende Fragen der Fachbereiche dienten dabei als Vergleichskriterien:

- Werden alle freigaberelevanten Informationen des nativen CATIA-Modells im Ersatzformat visualisiert?
- Stehen für die Visualisierung kostenfreie Viewer zu Verfügung?
- Welche Konverter werden heute am Markt angeboten, um die Daten im jeweiligen 3D-Ersatzformat ausgeben?
- Welche Möglichkeiten stehen für die (Weiter-)Entwicklung von Zusatzsoftware zur Verfügung?
- Ist das Format genormt?

Da die effiziente Nutzung oftmals auch durch die Dateigröße bestimmt wird, wurde zusätzlich noch die Größe der Datei mit untersucht, die bei der Konvertierung in ein 3D-Format entstehen kann.

Im Laufe dieses Kapitels werden zwei Ersatzformate näher vorgestellt:

- JT (Jupiter Tessellation)
- 3D-PDF (Portable Document Format)

Bei diesen 3D-Formaten handelt es sich um die meist verbreiteten Ersatzformate, speziell in der Automobilindustrie. Zudem wurden deren Spezifikationen vor kurzem offengelegt, was uns einen etwas tieferen Einblick ermöglicht. Formate wie beispielsweise IGES, CGM und DXF, die in ihrer Anwendung nicht sehr verbreitet sind, werden daher in diesem Buch nicht berücksichtigt.

4.1.1 Beurteilungskriterien/Anwendungsfälle

Um die Anwendbarkeit der Ersatzformte im täglichen „doing" besser beurteilen zu können, wurden diese aus Sicht der Visualisierung, DMU (Digital Mock-Up) und Dokumentation betrachtet.

Visualisierung und DMU

Oft ist für die Prozesskette der Einsatz eines kostenpflichtigen CAD-Systems nicht erwünscht. In diesem Fall spielt die Visualisierung von Engineering-Daten mittels neutraler 3D-Viewer eine wichtige Rolle, vor allem bei der Präsentation der Produktdaten, bei der Darstellung von 3D-Modellen zu Informationszwecken oder zur Qualitätsabsicherung im Werk.

Zusätzlich zu diesen allgemeinen Anforderungen wurden auch fachbereichsspezifische Anforderungen mit aufgenommen: Während in vielen Bereichen des Unternehmens die „einfache" Visualisierung der Daten ausreichend ist, kann für andere zusätzlich die Darstellung von Metadaten oder auch von Produkt- und Fertigungsinformationen (PMI) erforderlich sein. Zudem kommt es öfter vor, dass die Visualisierung von größeren Baugruppen, von Bauräumen und Umgebungsgeometrie ein wichtiges Kriterium ist. In diesen Fällen ist die Verwendung von vereinfachten Darstellungen besonders wichtig. Das Ersatzformat und der damit verbundene Visualisierungsprozess muss daher eine Reihe von Anforderungen erfüllen, um diesen Erwartungen gerecht zu werden:

- Darstellung der Modelldaten (Geometrie und Metadaten) in dem jeweils benötigten Detaillierungsgrad

- die Möglichkeit die Produktstruktur über Sichten oder Layer zu Filtern
- Durchführung von Messungen
- Durchführung von Animationen
- Darstellung von Produkt- und Fertigungsrelevanter Informationen (PMI)
- Verfügbarkeit von systemübergreifenden und einfach zu bedienenden 3D-Viewern
- Gleichstand zwischen den nativen CATIA-Modell und dem Ersatzformat zu erreichen

Dokumentation

Um eine einwandfreie Dokumentation und eventuell auch Archivierung von Engineering-Daten zu ermöglichen, ist es erforderlich, dass der Prozess der Ersatzformatgenerierung zum einem die Metadaten des Bauteils berücksichtigt und zum anderen die exakte Datenrepräsentation einschließlich aller PMI-Informationen mit einbezieht. Für den Prozess **3D-Master** ist letzteres von hoher Bedeutung, besonders für die Produktdokumentation des Bauteils und für dessen Produktzulassung, da Zeichnungen und technische Dokumente zukünftig durch digitale Datenmodelle „ausgetauscht" werden. Für die Dokumentation ergeben sich daraus nun folgende Anforderungen:

- Berücksichtigung aller Produktbeschreibenden Informationen, wie PMI und DMU-Applikationen
- Die Kombination von Daten aus verschiedenen Quellsystemen ist zu ermöglichen.

Jedoch die wichtigste Anforderung für die Dokumentation von Engineering-Daten besteht darin, dass alle freigaberelevanten Informationen\Dokumente in einem Format gespeichert werden, das unabhängig von den Besonderheiten der jeweiligen IT-Infrastruktur eines Unternehmens ist und somit auch nach einem längeren Zeitraum gelesen werden kann (genormtes Format).

4.1.2 Beurteilung der Ersatzformate (Übersicht)

Das Ergebnis der Bewertung ist in der nachfolgenden Matrix dargestellt. Hierbei handelt es um eine Einschätzung, in wie weit ein 3D-Format für den jeweiligen Anwendungsfall (Visualisierung, DMU und Dokumentation) geeignet ist.

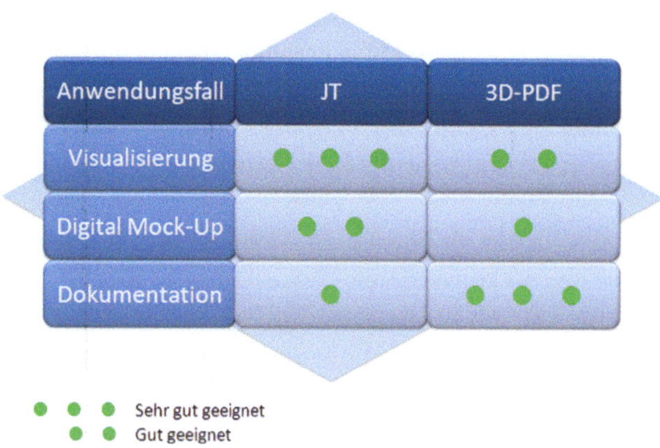

Bild 4-1: Evaluierungsmatrize „Der Einsatz der Ersatzformate im jeweiligen Anwendungsfall"

Wie aus der Matrix hervorgeht sind beide Ersatzformate, JT und 3D-PDF, aufgrund ihrer Eigenschaften und der verfügbaren Viewer bestens für den Visualisierungsprozess geeignet. Für reine DMU-Untersuchungen ist jedoch das JT am besten geeignet, da dem 3D-PDF die notwendigen Schnittstellen zu den entsprechenden DMU-Applikationen in CATIA wie z. B. Szenen, DMU Reviews, kinematische Simulationen etc. fehlen. Aufgrund seiner dokumentorientierten Struktur eignet sich hingegen 3D-PDF hervorragend für den Anwendungsfall *Dokumentation*. In einem PDF-Dokument können alle erforderlichen Informationen, einschließlich Begleitdokumente, Tabellen, Metadaten und vieles mehr, gespeichert werden.

Eine umfassende Beschreibung der wichtigsten Aspekte der untersuchten 3D-Formate folgt in den nächsten Abschnitten dieses Kapitels. Es werden sowohl die Konverter vorgestellt, die zur Generierung dieser Ersatzformate benötigt werden, als auch die Viewer die zur Visualisierung der Formate eingesetzt werden können.

4.2 3D-PDF

Das Portable Document Format (PDF) ist ein plattformunabhängiges Dateiformat für Dokumente, das vom Unternehmen *Adobe Systems* entwickelt und 1993 veröffentlicht wurde.

Das Ziel dieses Format besteht darin, ein Dateiformat für elektronische Dokumente zu schaffen, das diese unabhängig vom ursprünglichen Anwendungsprogramm, vom Betriebssystem oder von der Hardwareplattform, originalgetreu weitergeben kann. Ein Leser einer PDF-Datei soll das Dokument immer in der Form betrachten und ausdrucken können, die der Autor festgelegt hat.

4.2.1 Universal 3D und Project Reviewer Compressed

Seit Acrobat Version 7 gibt es PDF-Dokumente vom Typ 3D-PDF, die entweder ein U3D-Flächenmodell oder ein BREP/Flächenmodell PRC enthalten.

Das Format U3D (Universal 3D) wurde von der Firma ECMA International entwickelt und als ECMA-363 standardisiert. Das Ziel der Entwicklung bestand darin ein universelles Standard-Format für die Komprimierung dreidimensionale Daten aller Art bereitzustellen. In diesem sollten dreidimensionale Objekte in ein U3D-Format umgewandelt, diese in PDF-Dokumente eingefügt (eingebettet) und über die PDFs entsprechend visualisiert werden.

PRC (Project Reviewer Compressed) bietet als Format die Möglichkeit, 3D-Daten in unterschiedliche Komprimierungsstufen zu konvertieren (Tesselliert oder BREP). Hinsichtlich der Umstellung auf den Prozess 3D-Master ist es wichtig zu erwähnen, dass vom Komprimierungsprozess dabei u. a. auch PMI-Informationen unterstützt werden. PRC ISO 14739 hat Ende 2012 den DIS-(Draft International Standard)-Ballot-Prozess erfolgreich durchlaufen.

Der kostenlose Adobe Reader kann ab der Version 8.1 dazu verwendet werden, beide Formate anzuzeigen, Animationen wiederzugeben, 3D-Schnitte zu erzeugen und auch Messungen durchzuführen. Adobe Reader X (inkl. aller Folgeversionen) kann zudem 3D-PDFs direkt öffnen und bedienen. Mit Acrobat 3D V7 und Acrobat 3D V8 bzw. Acrobat 9 Pro Extended lassen sich 3D-Daten aus über vierzig 3D-CAD-Formaten in 3D-PDF-Dateien konvertieren. Dazu gehören u. a. CATIA (Dassault Systems), CREO (PTC), NX (Siemens), Solid Edge (Siemens), SolidWorks (Dassault Systems) sowie Autodesk.

2010 hat Adobe die Weiterentwicklung, den Vertrieb und den Support der 3D-PDF-Konverter-Technologie eingestellt. Die 3D-Konverter werden nun von der Firma Tech Soft 3D weiterentwickelt. Ab Acrobat X ist die Konvertierung deshalb als kostenpflichtiges 3D PDF Converter der Firma Tetra 4D verfügbar. Die Firma Tetra 4D hat die 3D-Konverterlizenzen für Acrobat X als Plug-In von Tech Soft 3D lizenziert.

In folgendem Abschnitt sehen wir uns den Konverter 3.6 von Tetra 4D an sowie die Ausgabe und Visualisierung der Daten im Adobe Reader X.

4.2.2 Der Konverter Tetra-4D

In diesem Abschnitt wird nun der Konverter der Firma **Tetra-4D** etwas näher betrachtet. Angeboten wird diese Software als Plug-In im Adobe Acrobat oder als Stand-Alone Software *3D-Reviewer* in Verbindung mit Adobe Acrobat. Wie im Bild 4-2 abgebildet wird, unterstützt der Konverter alle momentan verfügbaren CATIA-Versionen.

Dateiformat	Version	Tess	B-Rep	PMI
CATIA V4	bis zu V4.2.5	✓	✓	✓
CATIA V5	bis zu R22	✓	✓	✓
CATIA V6	bis zu V6 2012	✓	×	✓

Bild 4-2: Auflistung der Unterstützung von CATIA Releases des Konverters 3.6

In unserem Test untersuchten wir den 3D-Reviewer mit der Konverter-Version **3.6** in Zusammenarbeit mit der CATIA VersionV5 R19 SP9.

Konvertereinstellungen

Die Einstellungen für die Konvertierung von CATIA V5-Daten sind in der folgenden Abbildung dargestellt:

- *Solids*: Wird der Haken bei Solids gesetzt, so werden alle Bodies des CATParts übertragen. Dabei wird die gesamte Historie entfernt.
- *Surfaces*: Die Flächenelemente (Face, Surface) werden übertragen, dabei wird die gesamte „Geometrical Set"-Struktur mit übertragen.
- *Wireframes*: Die Drahtgeometrie (Wireframe) wird übertragen, dabei wird die gesamte „Geometrical Set"-Struktur mit übertragen. Außerdem werden die Zielobjekte mit dem Namen des CATIA-Objektes ergänzt. Beispiel: „Line.7" wird „GSMLine.7".

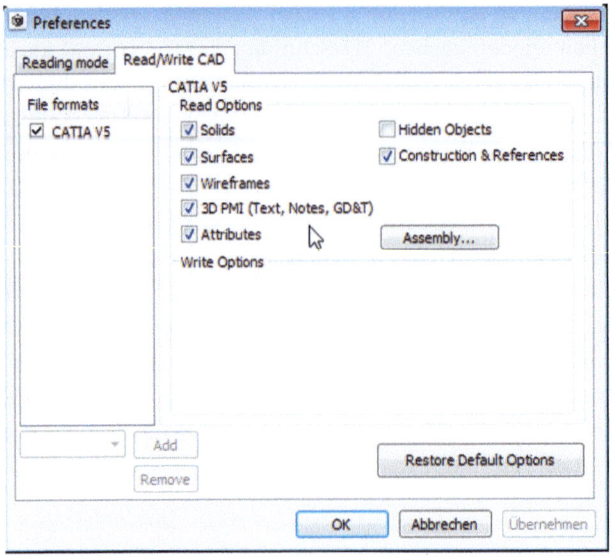

Bild 4.3: Optionen für den Konverter CATIA – 3D PDF

- *3D-PMI (Text, Notes, GD&T)*: Alle Anmerkungen (FTA-Features) aus CATIA werden bei der Konvertierung berücksichtigt.
- *Attributes*: Als *Attributes* werden die Eigenschaften (Properties) bezeichnet, die aus einem CATIA-Modell übernommen werden. Vom Typ her kann es sich beim CATIA-Modell um ein CATPart oder ein CATIA Product handeln.
- *Hidden Objects*: Wird der Haken bei *Hidden Objects* erstmals gesetzt, so werden alle CATIA-Objekte (Körper, Flächen, Drahtgeometrie und Anmerkungen) die sich im nicht sichtbaren Bereich befinden (Hide) mit übertragen. Im abgeleiteten PDF befinden sich dann diese Objekte ebenfalls im Hide. Diese Einstellung sollte vom Konstrukteur mit Vorsicht eingesetzt werden, da auch „unerwünschte" Objekte im PDF mit übernommen werden, z. B. geometrische Set-Strukturen.
- *Construction & References*: Für eine weitere Bearbeitung sind die Anmerkungsansichten nicht zu empfehlen, da der Viewpoint der View nicht gespeichert ist und somit unkontrollierte Darstellungen angezeigt werden.

Die Datenmodelle

Untersucht wurden drei Datenmodelltypen, die vom Prozess **3D-Master** vorgegeben bzw. unterstütz werden:

- **Datenmodell Einzelteil.** Beim Datenmodell Einzelteil handelt es sich um ein CATIA-Dokument vom Typ CATPart. Dieses beinhaltet die Geometrie des Bauteils in Form von Volumenkörpern und Flächen und dazu die produktbeschreibenden Informationen in Form von Anmerkungen (FTA-Features). Die Struktur bzw. die Ablage dieser Inhalte im Datenmodell spielt für die Visualisierung eine wichtige Rolle und wurde deshalb bei der Bewertung der Ersatzformatgenerierung gesondert betrachtet.

- **Datenmodell Baugruppe.** Beim diesem Datenmodell handelt es sich um ein CATIA-Dokument vom Typ CATProduct. Das CATProduct kann dabei beliebig tief unterstrukturiert sein und beliebig viele Instanzen beinhalten. Auf der obersten Produktstruktur werden Anmerkungen abgelegt die zur Beschreibung des Produkts benötigt werden. Die Instanzen selbst bzw. die Einzelteile weisen zum einem Geometrie in Form von Volumenkörpern und Flächen auf und zum anderen die produktbeschreibenden Informationen in Form von Anmerkungen (FTA-Features). Ob nun die Anmerkungen der Einzelteile im Ersatzformat übertragen werden müssen oder nicht, ist abhängig davon welche Anforderungen die Folgeprozesse an das Ersatzformat richten. Daher wurde die Möglichkeit mit untersucht, die Anmerkungen der Einzelteilinstanzen aus dem Datenmodell „herauszufiltern".
- **Datenmodell Baugruppe mit PDP-Part.** Beim diesem Datenmodell handelt es sich erneut um ein CATIA-Dokument vom Typ CATProduct. Das CATProduct kann beliebig tief unterstrukturiert sein und beliebig viele Instanzen beinhalten. Für die Produktbeschreibung der Baugruppe wird auf der obersten Ebene des CATProducts ein PDP-CATPart (**P**roduct **D**efinition **P**art) abgelegt. Wie bereits im Kapitel 2 ausführlich beschrieben wurde, enthält dieses alle Anmerkungen die zur vollständigen Produktbeschreibung des CATProducts benötigt werden, inklusive aller eventuell notwendigen Hilfsgeometrie. Zusätzlich zur Übernahme aller relevanter Geometrieelemente und aller relevanter Anmerkungstypen muss der Konvertierungsprozess die Möglichkeit anbieten, die Anmerkungen der einzelnen Instanzen „herausfiltern", außer derjenigen, die sich innerhalb des PDP-CATParts befinden. Dies setzt natürlich voraus, dass das PDP-CATPart als solches vom Konverter identifiziert und entsprechend behandelt wird.

4.2.3 Untersuchungsergebnisse – Darstellung im Adobe Reader

Bevor nun mit der Darstellung der Untersuchungsergebnisse begonnen wird, kann die Aussage getroffen werden, dass der Konverter in sehr kurzer Zeit sehr stimmige Übersetzungen erzielt hat. Bei den Tests blieb der Fokus ausschließlich auf die Visualisierung

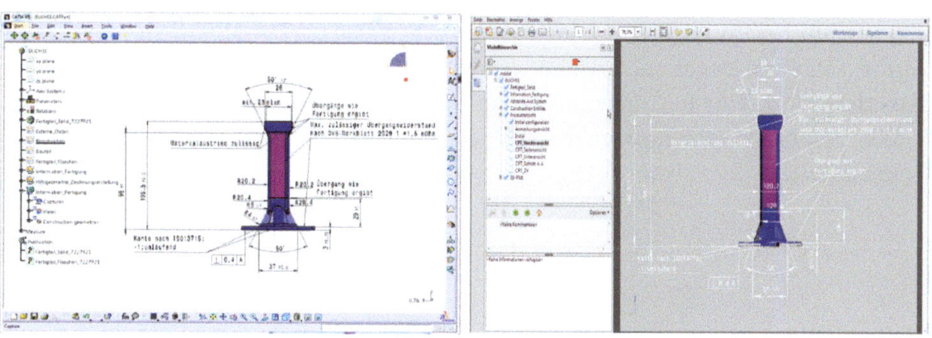

[a] [b]

Bild 4-4: Beispiel eines Einzelteils übersetzt von CATIA [a] nach 3D-PDF [b] der Daten gerichtet was dazu führte, dass die Geometrie als Formattyp „RPC tesseliert" umgewandelt wurde.

Für die Darstellung der Ergebnisse wurde Adobe Reader als Viewer verwendet. Dieser kann als eine kostenlose Alternative zum *3D-Reviewer* von Tetra4D verwendet werden, um effizient dreidimensionale Inhalte zu visualisieren. Der Reader bietet zudem eine Vielzahl von Darstellung- und Navigationsmöglichkeiten an. Im Laufe dieses Abschnitts wird kurz die 3D-Werkzeugleiste und die Modellhierarchie vorgestellt, da es sich hierbei aus Sicht der Visualisierung um die wichtigsten Steuerungselemente handelt.

Der Reader ist weltweit verfügbar und praktisch auf jedem PC zu Hause und mit den Betriebssystemen Microsoft Windows, Linux und Max OS X kompatibel.

In der nachfolgenden Abbildung wird das Beispiel eines Einzelteils dargestellt, das mit Hilfe des Tetra4D-Konverters in ein 3D-PDF umgewandelt wurde. Die Visualisierung des Dokuments erfolgt über Adobe durch das entsprechende Plug-in. Unterstützt wird hier das Format ab PDF 1.6.

Nach dem Öffnen des 3D-PDF-Dokuments wird am Bildschirm der Befehl *Aktivieren* angeboten. Nachdem *Aktivieren* ausgeführt ist, wird das 3D-PDF visualisiert.

Alle für den 3D-Master relevanten Elemente wurden aus dem CATIA-Modell übertragen. In der nachfolgenden Tabelle wird die Umwandlung dieser einzelnen Features vom CATIA Modell zum PDF beschrieben.

CATIA Bezeichner	**PDF Bezeichner**
Capture	Produktansicht
View	Anmerkungsansicht
Annotation	3D PMI
Geometrical Set + Wireframe	Knoten mit Name
Body	Knoten mit Name
Baugruppe mit Instance	Knoten mit Instanznamen

Ein wesentliches Unterscheidungsmerkmal zwischen dem CATIA-Modell und dem Ersatzformat sollte von Beginn an erwähnt werden: Direkt beim Laden des Modells fällt auf, dass dessen Struktur in Adobe mit der in CATIA nicht übereinstimmt. Die klassische Unterscheidung zwischen geometrischen Sets und Bodies ist im Ersatzformat nicht mehr vorhanden.

Navigation

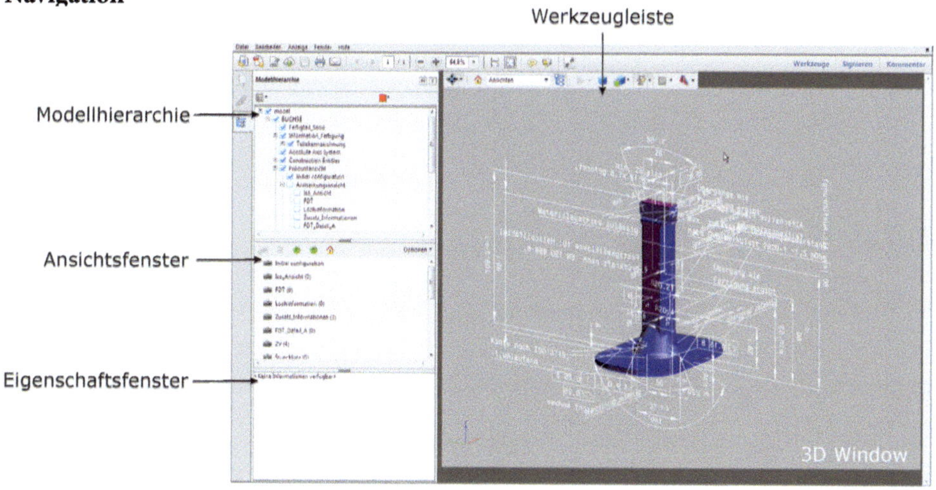

Bild 4-5: Aufbau des Bildschirms beim Adobe Reader

Die Werkzeugleiste wird immer eingeblendet, wenn man sich im 3D-Fenster befindet. In der Leiste sind alle Befehle zum Navigieren sowie der Schalter zum Öffnen der Modellhierarchie vorhanden. Auf die Navigationsbefehle wird nicht näher eingegangen, da diese zum größten Teil selbst erklärend sind.

Der Aufbau des Ersatzformats wird zunächst anhand eines Einzelteils beschrieben.

Die Modellhierarchie

Beginnen wir als erstes mit der Erläuterung der Modellhierarchie. In der Modellhierarchie befinden sich drei Unterfenster. Im ersten Fenster wird dem Anwender der Modellaufbau angezeigt. Der Einzelteilname (*Partname)* des CATParts ist der oberste Knoten nach dem Begriff *model-Instance.*

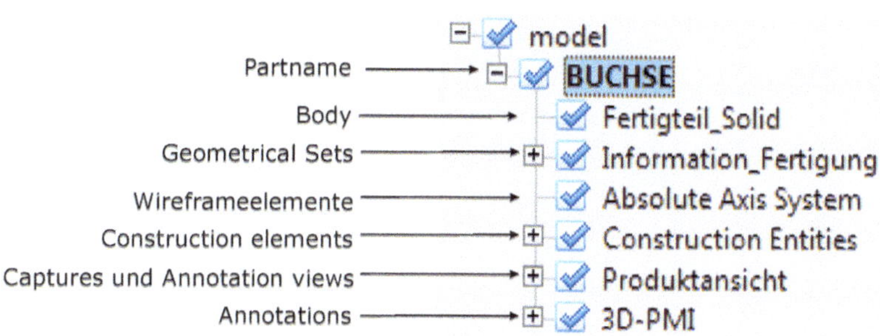

Bild 4-6: Aufbau der Modellhierarchie

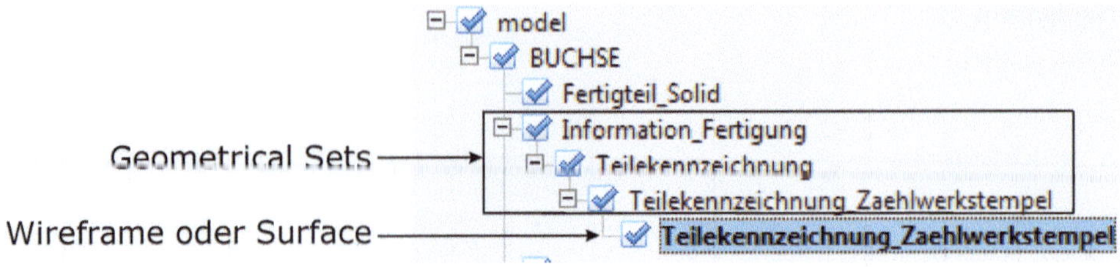

Bild 4-7: Aufbau eines „Geometrical Set"-Knotens

Wireframe- oder Surface-Elemente werden immer vom Rootknoten bis zum eigentlichen Element selbst dargestellt. Die Hierarchie der Geometrical Sets wird als Knoten dargestellt und kann dadurch geschaltet werden. Es empfiehlt sich hier die geometrischen Elemente mit stimmigen Namen zu versehen, um später im PDF Reader nicht den Überblick zu verlieren.

Das Ansichtsfenster

Unter dem Knoten der Produktansicht befindet sich der Knoten *Configurations*. Der Anwender kann mit Hilfe dieses Knotens den Ladezustand der Modelle steuern, wobei **Initial configuation** immer vorhanden ist.

Auf *Configurations* folgen die *Anmerkungsansichten*. Hierbei handelt es sich um alle Anmerkungsansichten die aus dem CATIA-Modell konvertiert wurden. Dabei werden derer Aufbau und deren Struktur beibehalten.

Nach den Anmerkungsansichten folgen die *Produktansichten*. Dabei handelt es sich um CATIA-Captures. Nach der Untersuchung des Ergebnisses kann man mit Sicherheit sagen, dass die Captures innerhalb des 3D-PDFs sich genauso wie in CATIA verhalten. Neben des abgespeicherten Ansichtspunkts (Viewpoints) wird auch die Steuerung der Sichtbarkeit von Anmerkungen und die der Geometrie unterstützt. Zudem wird beim Übertragen der Captures auch deren Clipping-Verhalten unterstützt, das besonders für die Darstellung von Schnitten (Geosets und Bodies) von hoher Bedeutung ist.

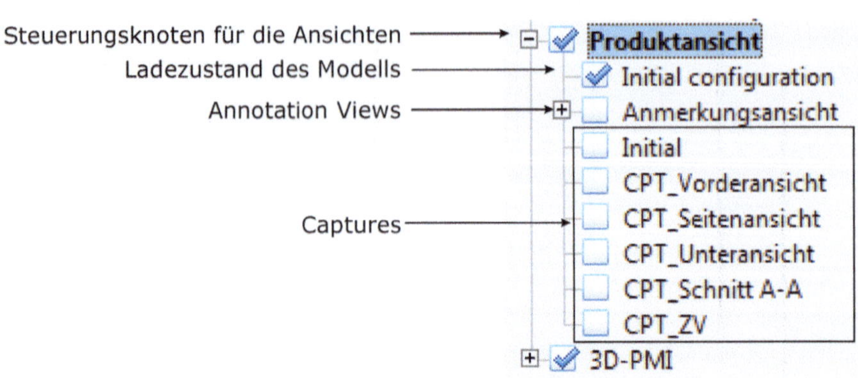

Bild 4-8: Aufbau des Bildschirms beim Adobe Reader

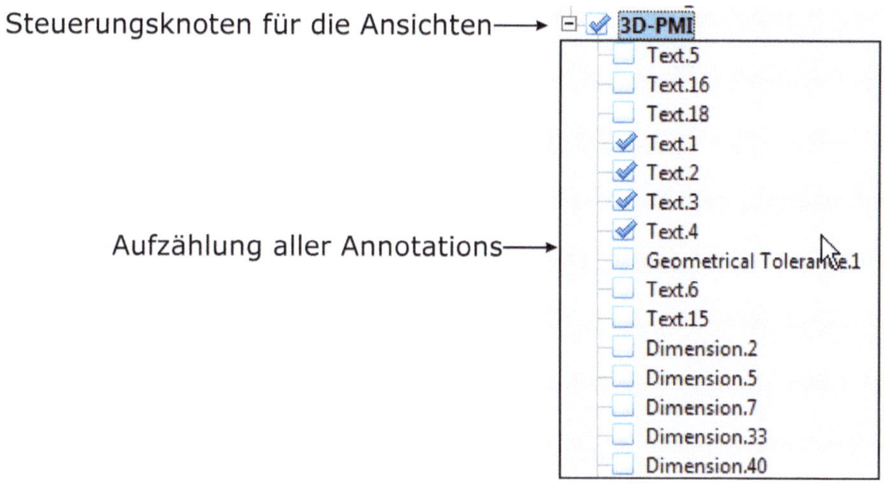

Bild 4-9: Aufbau des Bildschirms beim Adobe Reader

Unter dem Knoten **3D-PMI** sind nun alle CATIA-Anmerkungen (FTA-Features) aufgelistet. Dabei wird jedoch nicht zwischen den einzelnen Typen von Anmerkungen unterschieden, wie man es in CATIA gewohnt ist.

Wird in der *Produktansicht* eine bestimmte *Capture* geschaltet, so sieht man an dem gesetzten Haken, welche *3D-PMIs* mit dieser *Capture* sichtbar geschaltet wurden.

Das Eigenschaftsfenster

Im Eigenschaftsfenster werden die Produkteigenschaften (*Product Properties*) des Bauteils dargestellt. Die Darstellung wird durch Selektieren des Parts im Modellhierarchiefenster erreicht. Neben den *Product Properties* werden auch Benutzerdefinierte Eigenschaften (*Added Properties*) unterstützt. Allerdings ist hier zu beachten, dass man die Einheiten im Bezeichner mit transportieren muss, da diese nicht vom Konverter in das Ersatzformat übertragen werden.

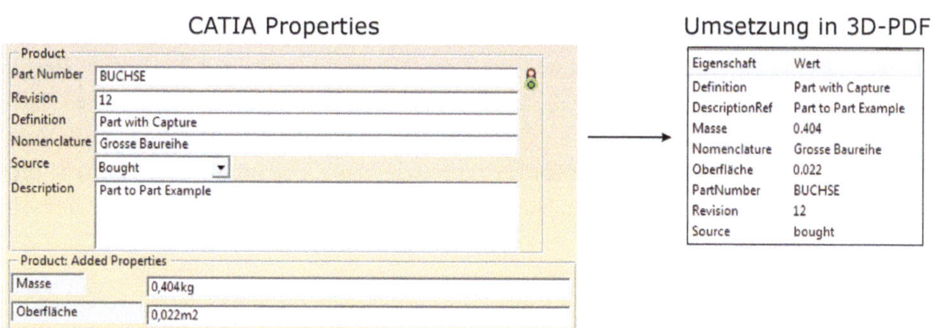

Bild 4-10: Umsetzung der CATIA Properties nach 3D PDF Properties (Einzelteil)

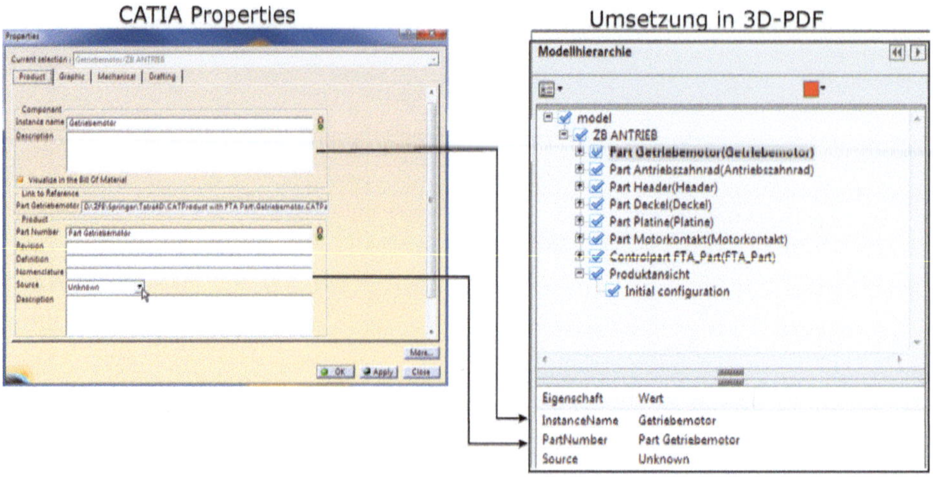

Bild 4-11: Umsetzung der CATIA Properties nach 3D PDF Properties (Baugruppe)

Wird eine Baugruppe (CATProduct) ausgeleitet, so findet man für jedes Einzelteil (CATPart) die *Product Properties* und auch die abweichenden *Component Properties*, wie zum Beispiel den Instanznamen (*Instance Name)* im Eigenschaftsfenster.

4.2.4 Praxisbeispiele

Um sicherzustellen, dass die Visualisierung von CATIA-Modellen über Adobe geeignet ist, wurde für jedes Datenmodell ein repräsentatives Bauteil herangezogen und mit den Konverter Tetra4D in ein Ersatzformat konvertiert.

Visualisierung eines Einzelteils

Für das Beispiel des Einzelteils wurde das 3D-Modell einer **HAA-Buchse** gewählt. Das Entstehungsmodell in CATIA beinhaltet die Geometrie in Form von Volumenkörpern und Flächen sowie Anmerkungen für dessen Produktbeschreibung. Bei den Anmerkungen handelt es sich um Ansichten (Views), Captures, Bemaßungen, Texte, Toleranzen und Konstruktionselementen.

Wird das Modell nun mit den Konverter Tetra4D behandelt und mit dem Adobe Reader als PDF visualisiert, so finden wir die Inhalte wie im letzten Abschnitt beschrieben. Dem Fenster *Modellhierarchie* folgt das *PART* und die geometrischen Ausprägungen wie Volumenkörper, geometrische Sets und Konstruktionselemente. Daraufhin folgen nun die Produktansichten wie „Captures" oder „Views" und die Anmerkungen in Form von 3D-PMIs. Der Anwender kann durch Setzen der Haken die unterschiedlichen Informationen aufrufen und entsprechend visualisieren.

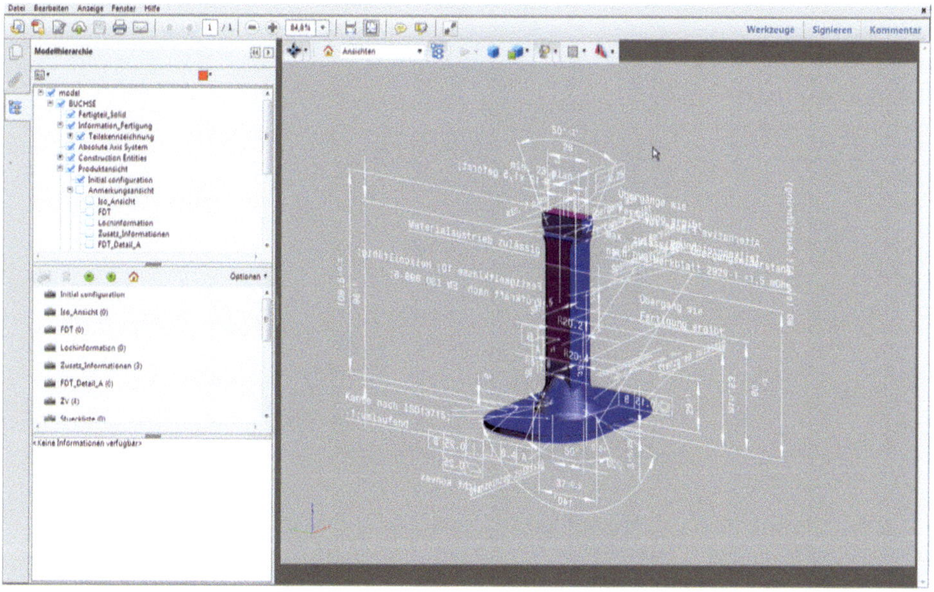

Bild 4-12: Praxisbeispiel „Einzelteil“

Visualisierung einer Baugruppe (Anmerkungsset im CATProduct)

Im Falle einer Baugruppe wurden zwei Arten von Datenmodellen untersucht. Beim ersten Datenmodell handelt es sich um eine Produktstruktur (CATProduct), die aus mehreren Instanzen besteht, die wiederum im zusammengebauten Zustand den „ZB Antrieb“ bilden. Alle Anmerkungen, die zur Produktbeschreibung der Baugruppe benötigt werden, wurden innerhalb eines Anmerkungssets hinterlegt, das sich wiederum auf Baugruppenebene befindet.

Lesen wir im Adobe Reader nun das PDF dieses CATProducts ein, so ändert sich der Aufbau im Vergleich zum Aufbau eines Einzelteils. Im Fenster der *Modellhierachie* folgen nach dem CATProduct die Instanzen. Der Instanzname steht wie in CATIA hinter dem Namen des CATParts in Klammern. Jede Instanz hat jetzt ihre eigenen geometrischen Ausprägungen wie Volumenkörper (Solids), geometrische Sets und Konstruktionselemente (constructed geometries). Danach folgen die Anmerkungen unter der Rubrik 3D-PMI. Zum Schluss sind im Strukturbaum Produktansichten wie *Captures* oder *Views* aufgelistet.

Durch Setzen des entsprechenden Hakens kann der Anwender nun durch die verschiedenen Produktansichten wechseln.

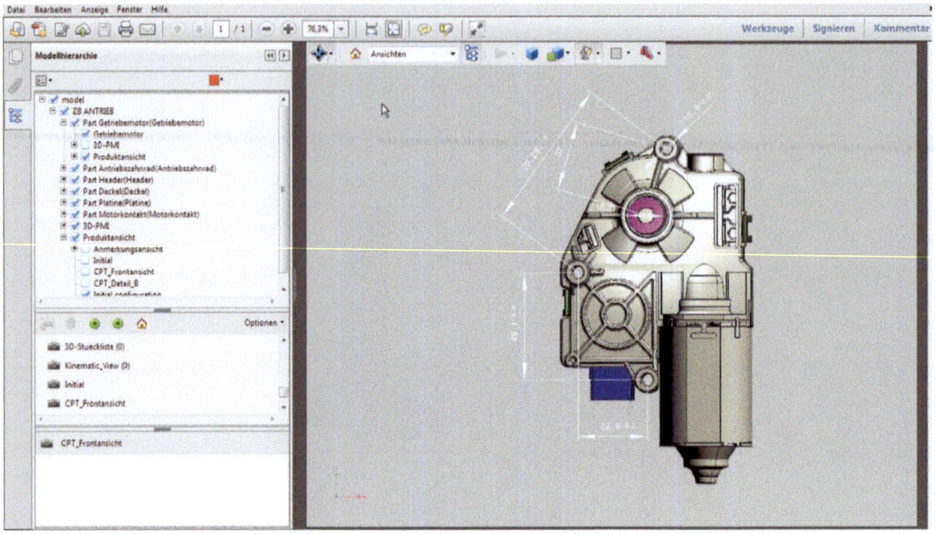

Bild 4-13: Praxisbeispiel „Baugruppe“ mit Anmerkungsset im CATProduct

Visualisierung einer Baugruppe (mit PDP Part)

Als zweiter Anwendungsfall für die Visualisierung von Baugruppen wurde das Datenmodell einer Baugruppe konvertiert, in dem alle Informationen, die zur Produktbeschreibung der Baugruppe benötigt werden, in einem PDP-Part abgelegt werden. Das PDP-Part befindet sich auf der obersten Ebene der Produktstruktur und wurde als solches gekenn-

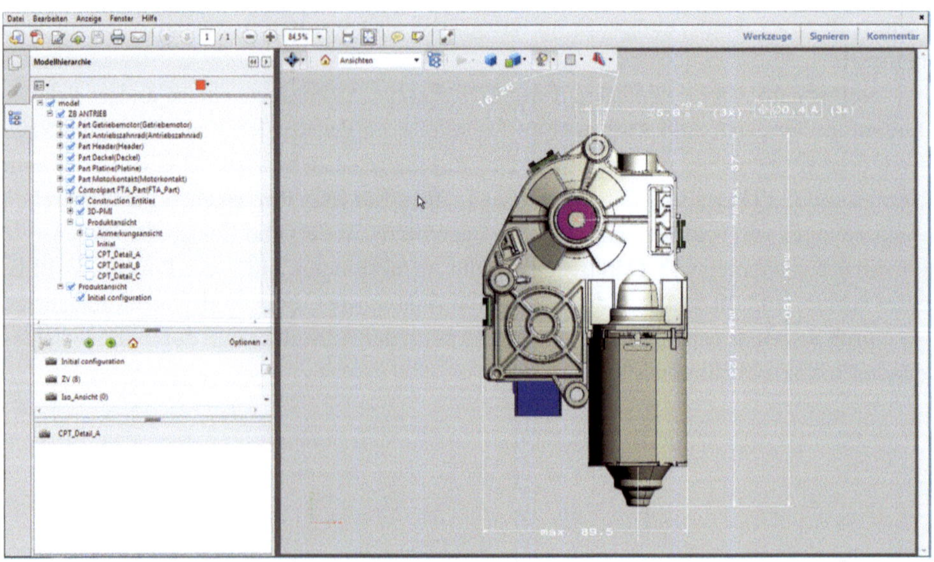

Bild 4-14: Praxisbeispiel „Baugruppe“ mit „PDP“ Part

zeichnet, indem in den Produkteigenschaften des PDP-Parts *PDP-Part Version 1.0* eingetragen wurde.

Lesen wir im Adobe Reader das PDF dieses CATProducts ein, so ändert sich der Aufbau im Vergleich zum Aufbau eines Einzelteils. Im Fenster der *Modellhierachie* folgen nach dem CATProduct die Instanzen. Der Instanzname steht wie in CATIA hinter dem Namen in Klammern. Jede Instanz hat natürlich ihre eigenen geometrischen Ausprägungen wie Solids, geometrische Sets und *Constructed geometries.* Ausschlaggebend ist jetzt das PDP-Part, das alle Ansichten sowie Captures und PMIs beinhaltet. Über die *Produktansichten* des PDP-Parts kann genauso gearbeitet werden, wie mit den Baugruppeninformationen. Einziges Unterscheidungsmerkmal: Unter der Rubrik *Produktansicht* ist die Ansicht *Initial configuration* gespeichert. Über die Ansicht kann der Anwender zu jeder Zeit die Baugruppe wieder in ihren ursprünglichen Zustand (Ladezustand) zurück versetzen.

4.2.5 Das PDF-Format als Container verwendet

Neu seit Acrobat 8 ist der **PDF-Container.** Hier werden verschiedene Dateien nicht zu einem einzigen Dokument zusammengeführt, sondern als *Single Files* in einer großen pdf-Datei zusammengefasst. Die Software kommt dabei wie gewohnt mit einer Vielzahl an Formaten zurecht. Unterstützt werden unterschiedliche Bilddateien, Textformate, Excel-Tabellen, HTML, technische Konstruktionen von AutoCAD, JT und natürlich PDFs. Der PDF-Container eignet sich besonders für die Archivierung von großen Eingangsordnern. Sie können jederzeit, auch Jahre später, aufgerufen und durchsucht werden.

Eine simulierte Freigabe über einen PDF-Container ist in der folgenden Abbildung dargestellt.

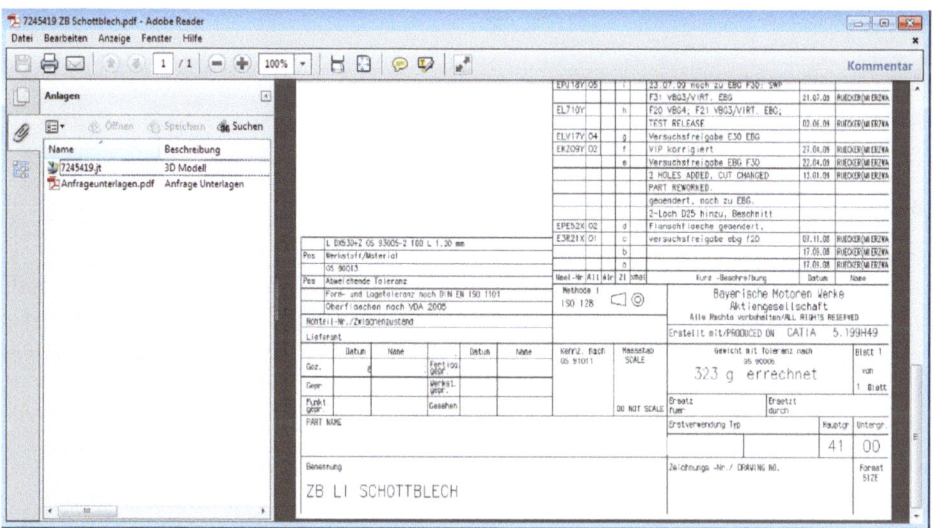

Bild 4-15: Der PDF-Container als Freigabedokument

Links im Bild erkennt man die Inhalte des Containers. In diesem Beispiel handelt es sich bei den angehängten Dateien um ein JT- und ein PDF-Dokument, das freigaberelevante Informationen beinhaltet. Rechts erkennt man den Schriftkopf mit den Metadaten zum Bauteil. Bei der Darstellung im Bild handelt es sich natürlich um die Startseite des PDF-Containers. Der Anwender erhält somit direkt beim Aufruf die wichtigsten Informationen zum Datenmodell, wie z. B. die Änderungshistorie, Informationen zum Ersteller, das Erstellungsdatum, den Index, das Material und viele weitere mehr. Ein großer Vorteil der sich daraus ergibt besteht darin, dass der Aufwand den der Umstieg vom Prozess mit Zeichnungen auf den zeichnungsfreien Prozess (3D-Master) mit sich bringt, bei der Anwendung des PDF-Containers sehr gering bleibt. Beispiele für die Ablage von Dokumenten in einem PDF-Container gibt es viele: JTs, Anfrageunterlagen, Werkstoffkennblätter, digitale Stücklisten, Auszüge aus Lastenheften, Prüfunterlagen, Redlining (Änderungsdokumentation/ Verbesserungsvorschläge), Kommunikationsunterlagen, Typzulassungen.

Handelt es sich beim angehängten Dokument um einen Dokumententyp der vom Adobe unterstützt wird (z. B. Anfrageunterlagen als PDF), wird dieses beim Aufruf in ein zusätzliches Adobe-Fenster dargestellt. Nicht von Adobe unterstützen Dokumententypen werden über den entsprechenden Windows-Registry-Eintrag geöffnet. Ist diesem speziellen Beispiel ist das JT mit dem Viewer JT2Go verbunden. Dieses Verhalten ergibt folgenden Vorteil: Der Ersteller des Dokuments kann einen „firmenneutralen" Container aufbauen, das dem Empfänger des Containers, sei es ein OEM oder ein Sub-Lieferant, erlaubt über den entsprechenden Registry-Eintrag seinen eigenen firmenspezifischen Viewer an das Dokument anzubinden.

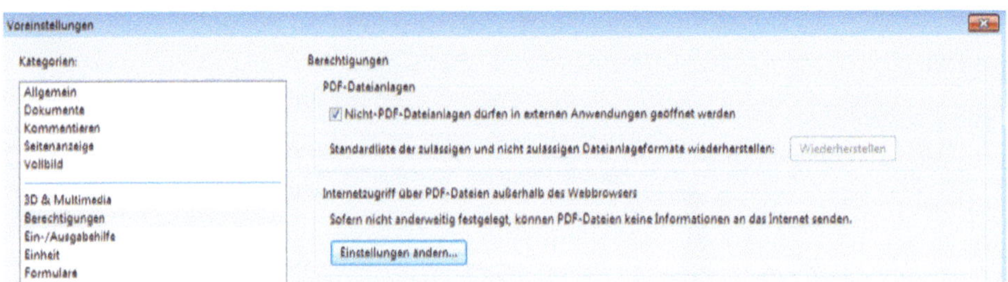

Bild 4-16: Berechtigung zum Laden von Nicht-PDF-Dokumenten

Im Sinne von ZLP (Zeichnungsloser Prozess) beschäftigt sich heute schon eine Vielzahl an OEMs und Zulieferern mit der Container-Problematik. Der Container wird dabei zukünftig (unter bestimmten Voraussetzungen) als tragfähige Lösung für den produktiven Einsatz des zeichnungslosen Prozesses erachtet.

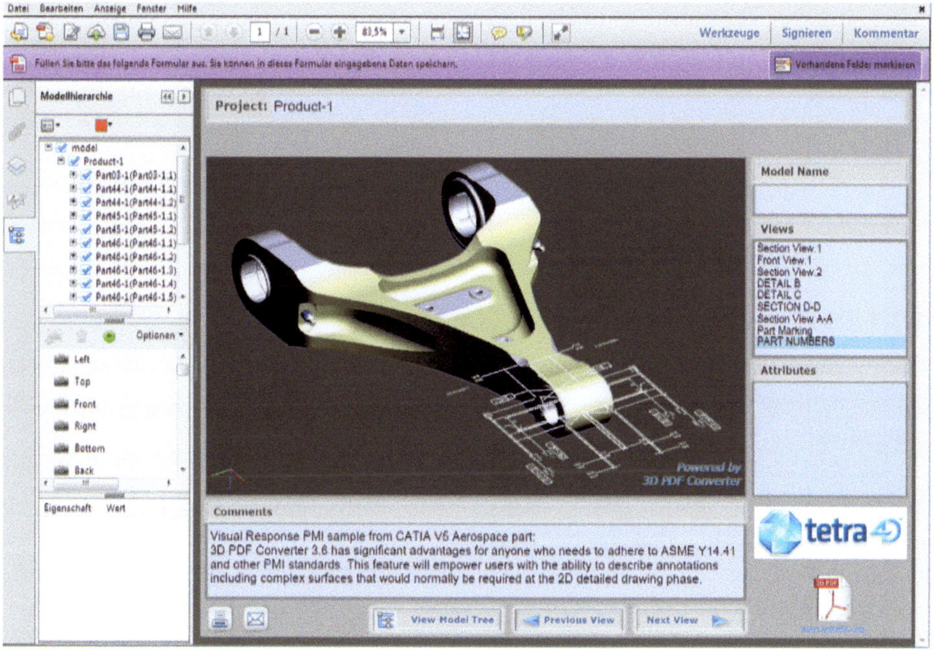

Bild 4-17: Praxisbeispiel die PDF-Datei als Arbeits-Desktop

4.2.6 Das PDF-Format als Arbeits-Desktop verwenden

Wird nun das Containerprinzip etwas genauer betrachtet, dann ergibt sich eine Vielzahl an Möglichkeiten, um das gesamte Thema **3D-Master** benutzerfreundlicher zu gestalten.

Durch die entsprechende Programmierung können die Inhalte des Containers mit einer Oberfläche dynamisiert werden. Ein Beispiel wie dies in der Praxis ausschauen könnte, wird in der folgenden Abbildung dargestellt.

Das Fenster *Modellhierarchie* wurde in diesem speziellen Fall um eigene Schaltflächen erweitert. Diese sollen dem Anwender einen effizienteren bzw. unkomplizierten Zugriff auf die wichtigsten Informationen ermöglichen. Unterhalb der 3D-Darstellung wurden zudem Schaltflächen hinterlegt, die den Anwender bei der Navigation des 3D-Modells unterstützen sollen (*Previous View, Next View, View Model Tree*).

Aus Sicht der Visualisierung ist der Nutzen als sehr hoch einzuschätzen. Der Container kann mit zusätzlichen Funktionen\Schaltflächen soweit erweitert werden, bis jede Anforderung der internen Prozesse an die Visualisierung, erfüllt wird.

4.3 Jupiter Tesselation (JT)

Das JT (Jupiter Tesselation) ist ein binäres Format, dessen Datenmodell verschiedene Repräsentationen der CAD-Geometrie unterstützt. Diese können einzeln oder kombiniert in einer JT-Datei gespeichert werden.

Die JT-Spezifikation (Version 9.5) wurde im Dezember 2012 als ISO 14306:2012 veröffentlicht.

4.3.1 Das Format

Beim JT handelt es sich um ein neutrales 3D-Format das dem Anwender erlaubt, hoch komplexe Baugruppenstrukturen schnell zu laden, durch diese zu navigieren und sie zu untersuchen.

Am Markt werden zurzeit mehrere Konverter angeboten, die native CATIA-Dokumente in Ersatzformate umwandeln. Dabei kann das Datenmodell in verschiedenen Darstellungsmodi bzw. Repräsentationen abgebildet werden:

- **BREP** (Boundary Representation): Bei dieser Art der Repräsentation wird der höchste Grad an Genauigkeit bei der Darstellung angeboten. BREP-Daten werden mit verschiedenen Algorithmen komprimiert und gespeichert. In der aktuellen JT-Spezifikation (Version 9.5) werden zwei BREP-Repräsentationen angeboten: die normale JT-BREP-Repräsentation und die sogenannte XT-BREP, die auf der früheren Boundary Representation basiert.
- **Tessellated**: Bei der tesselierten Repräsentation werden Körper und Flächen facettiert dargestellt. Die JT-Datei kann dabei mit unterschiedlichen levels of detail (LOD) definiert werden. Bei niedriger LOD-Einstellung wird die Datenmenge des Dokuments gering gehalten, was jedoch geringere Präzision in der Darstellung zur Folge hat. Bei einer höheren LOD-Einstellung wird die Geometrie des Bauteils nahezu exakt dargestellt, was wiederum die Datenmenge des Dokuments erhöht.

Hinsichtlich der Datenablage sollte Folgendes berücksichtigt werden: Bei der Konvertierung eines einzelnen CATIA-Dokuments (z. B. eines CATParts), wird eine einzelne JT-Datei erzeugt und entsprechend abgelegt. Bei der Konvertierung einer Produktstruktur kann diese in verschiedenen JT-Datei-Konfigurationen abgebildet werden:

Per Part

Alle Produktknoten innerhalb der Produktstrukturhierarchie werden in einer einzigen JT-Datei gespeichert (Assembly-JT). Jeder Bauteilknoten in der Hierarchie wird in einer individuellen JT-Datei in einem Unterordner gespeichert, der denselben Namen wie das Assembly-JT trägt. Daraus ergeben sich folgende Vorteile:

- Binär abgelegtes Dateiformat
- höhere Perfomance beim Laden

Fully shattered
Jeder Produktknoten in der Hierarchie wird in einer individuellen JT-Datei gespeichert.

Monolithic
Die gesamte Produktstruktur wird in einer einzigen JT-Datei gespeichert (Struktur und Geometrie).

PLM-XML
Hierbei handelt es sich um ein offenes XML-basiertes Dateiformat. Eine PLMXML-Struktur kann zum einem auf Modelldaten in anderen Dateien verlinken (External Representation), zum anderen die Daten direkt mit den Darstellungselementen in der XML-Datei abbilden (Internal Representation). Besonders für die Kategorie **External Representation** ergeben sich folgende Vorteile:

- maschinenlesbares Format
- einfache Editierbarkeit durch Fremdsysteme

4.3.2 Der COM/FOX-Konverter

Für die Konvertierung von CATIA-Modellen nach JT wurde der Konverter COM/FOX (multi Format Optimized eXchange) der Fa. T-Systems verwendet, der zurzeit auch bei BMW dazu verwendet wird, um aus den nativen 3D-Datensätzen Ersatzformate zu generieren.

COM/FOX availability matrix

to \ from	CATIA V5	CATIA V4	ProE	STEP AP214 AP203	VDAFS	IGES	SAT	STL	VRML	CGR	JT PLMXML	Micro Station
CATIA V5	available	available	available	available	available	available	available	not yet available	not yet available	not yet available	available	available
STEP AP214	available	available	not yet available	not yet available	not yet available	not yet available	not yet available	technically impossible	technically impossible	technically impossible	not yet available	not yet available
VDAFS	available	available	available	available	available	available	available	technically impossible	technically impossible	technically impossible	available	available
BIF	available	available	available	available	available	available	available	available	available	available	available	available
SAT	available	available	available	available	available	available	available	available	available	available	available	available
IGES	available	available	available	available	available	available	available	available	available	available	available	available
KBL	available	not yet available	technically impossible	technically impossible	technically impossible	technically impossible	technically impossible	technically impossible	technically impossible	technically impossible	technically impossible	technically impossible
STL	available	available	available	available	available	available	available	available	available	available	available	available
VRML	available	available	available	available	available	available	available	available	available	available	available	available
CGR	available	available	available	available	available	available	available	available	available	available	available	available
JT	available	available	available	available	available	available	available	available	available	available	available	available
PLMXML	available	available	not yet available	not yet available	available	available	available	available	available	available	not yet available	not yet available
OpenInventor	available	available	available	available	available	available	available	available	available	available	available	available

available / not yet available / technically impossible

Bild 4-18: Verfügbarkeit\Kompatibilität Matrix von COM\FOX [Quelle: ComFox Manual T-Systems]

Der Konvertierungsprozess wird von der Anwendung in verschieden Schritten durchgeführt, optional im Batch-Modus oder auch interaktiv:

- Der 3D-Datensatz wird in seinem nativen Format eingelesen.
- Die Konvertierungsparameter bzw. Einstellungen werden abgerufen. Diese können auch vom Anwender angepasst bzw. gesetzt werden.
- Der Konvertierungsprozess wird initiiert.
- Das Modell wird ins Zielformat gespeichert.

Bild 4-18 zeigt eine Darstellung der Verfügbarkeit/Kompatibilität des Konverters in Form einer Matrix:

Die Einstellungen

Der Konverter stellt eine Vielzahl an Parameter\Einstellungen zur Verfügung, um das Ergebnis des Konvertierungsprozesses zu steuern. Ein Unternehmen kann die Einstellungen so wählen, dass beim Abschluss des Konvertierungsprozesses ein Ersatzformat entsteht, das von der Prozesskette verwendet werden kann, um all ihre internen Prozesse zu bedienen. Für eine detaillierte Auflistung und Beschreibung dieser Einstellungen verweisen wir Sie an dieser Stelle auf den COM\FOX-Leitfaden. Einige dieser Einstellungen sind jedoch ausschlaggebend für die erfolgreiche Konvertierung von nativen 3D-Daten im Sinne des 3D-Master Prozesses und werden daher nun kurz beschrieben:

- ConvertFTA=Yes
  Eine Möglichkeit um produkt- und fertigungsrelevante Informationen im 3D-Modell abzulegen besteht darin, Anmerkungen (FTA-Features) zu erzeugen und dort abzulegen. Um nun alle FTA-Features vom nativen Format in das Ersatzformat zu übertragen, muss zunächst einmal die Einstellung „ConvertFTA“ auf „Yes“ gesetzt werden.
- JtCapturePmiShownAs=UnderView
  Wie in Kapitel 2 bereits mehrfach erwähnt wurde, werden Anmerkungsebenen (Views) nicht nur zur Erzeugung von Anmerkungen benötigt, sondern dienen zugleich auch als Strukturierungselement. Um diese Eigenschaft der Anmerkungsebenen auch im JT zu übertragen, muss die Einstellung „JtCapturePmiShownAs“ auf „UnderView“ gestellt werden.
- JtCaptureViewMode=CapturesAndViews
  Die Sichtbarkeit von Anmerkungen wird im CATIA-Modell über Captures gesteuert. Um dies noch weiterhin im Ersatzformat zu gewährleisten, muss die Einstellung „JtCaptureViewMode“ auf „CapturesAndViews“ gestellt werden.
- JtCreateSceneTransforms=Yes
  Im Kapitel 2.10 wird beschrieben, wie Szenen bei **3D-Master** dazu verwendet werden können, um alternative Ansichten einer Baugruppe zu erzeugen. Dabei kann in einer Szene u. a. auch die Position der Baugruppeninstanzen im Raum verändert werden (z. B. Darstellung von Montageschritten im Werk). Um die neue Position der Bauteile innerhalb einer Szene nun auch im Ersatzformat wiederzugeben, muss die Einstellung „JtCreateSceneTransforms“ auf „Yes“ gestellt werden.

- ConvertDMU=All
  DMU Reviews werden dazu verwendet um Applikationen wie Szenen und Ansichten zu strukturieren. Um diese DMU Reviews überhaupt in das Ersatzformat zu übertragen, muss „ConvertDMU“ auf „All“ gesetzt werden.
- ConvertInvisibleAnnoSets=No
  Bei der Konvertierung von Baugruppen ist es wichtig, dass nur Anmerkungen im Ersatzformat übertragen werden, die für die Produktbeschreibung auch relevant sind. Dies bedeutet u. a. auch, dass nur Anmerkungen aus dem Anmerkungsset des PDP-Parts oder aus dem des CATProducts berücksichtigt werden dürfen. Um dies zu gewährleisten, müssen die Anmerkungssets der Einzelteile vor dem Start des Konvertierungsprozesses deaktiviert werden. Dies kann entweder vom Konstrukteur oder über einen Batch-Prozess stattfinden. Danach kann die „ConvertInvisibleAnnoSets“ dazu verwendet werden, um alle deaktivierten Anmerkungssets nicht in das Ersatzformat zu übertragen, indem die Einstellung auf „No“ gesetzt wird.
- ConvertConstructionGeometry=Yes
  FTA-Features vom Typ „Constructed Geometries“ sind für **3D-Master** ein wesentlicher Bestandteil der Produktbeschreibung. Diese können zur Darstellung von Gewinde verwendet werden, um Lochmittelpunkte und Lochachsen darzustellen und vieles mehr (Bild 4-19). Um nun sicherzustellen, dass die Features auch im Ersatzformat visualisiert werden, muss im Konverter die Einstellung „Convert ConstructionGeometry“ auf „Yes“ gestellt werden.

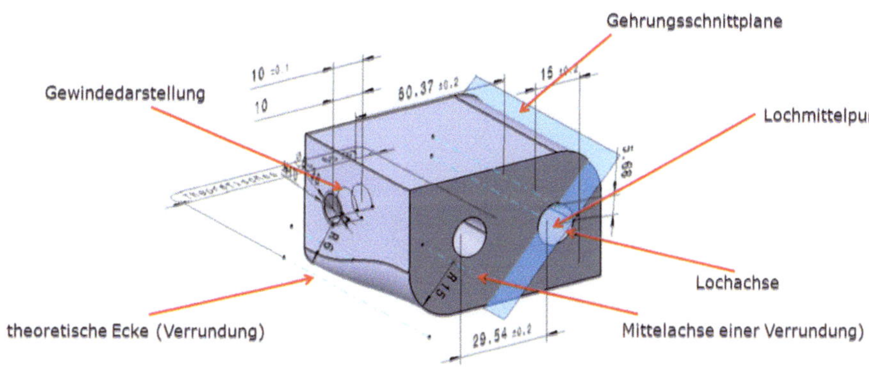

Bild 4-19: Verwendungszweck von *Constructed Geometries* im Produktbeschreibungsprozess

- JtFileFormat=95
  Der Konverter erzeugt eine JT-Datei der Version 9.5. Viele CATIA-Features werden erst mit dieser Version unterstützt.
- ViewTypeClipping=Yes
  Mit dieser Einstellung wird das Clipping-Verhalten einer *Model View* im Ersatzformat, dem Clipping-Verhalten einer View in CATIA entsprechen.

Zusätzlich zu den bisherigen Einstellungen, die sich hauptsächlich mit dem Darstellungsinhalt der Features\PMIs beschäftigen, wurde noch eine Reihe von Einstellungen gesetzt, mit denen die Darstellung der PMIs selbst gesteuert wird (z. B. Font, Farbe, etc.).

- JtPmiDirectDraw=Yes
- JtPmiEngine=TSY
- JtPmiFilledFont=Yes
- JtUseOriginalPMIColor=Single

Die Datenmodelle

Untersucht wurden drei Datenmodelltypen, die vom Prozess **3D-Master** vorgegeben bzw. unterstützt werden:

- **Datenmodell Einzelteil.** Beim Datenmodell Einzelteil handelt es sich um ein CATIA-Dokument vom Typ CATPart. Dieses beinhaltet die Geometrie des Bauteils in Form von Volumenkörpern und Flächen und dazu die produktbeschreibenden Informationen in Form von Anmerkungen (FTA-Features). Die Struktur bzw. die Ablage dieser Inhalte im Datenmodell spielt für die Visualisierung eine wichtige Rolle und wurde deshalb bei der Bewertung der Ersatzformatgenerierung gesondert betrachtet.
- **Datenmodell Baugruppe.** Beim diesem Datenmodell handelt es sich um ein CATIA-Dokument vom Typ CATProduct. Das CATProduct kann dabei beliebig tief unterstrukturiert sein und beliebig viele Instanzen beinhalten. Auf der obersten Produktstruktur werden Anmerkungen abgelegt die zur Beschreibung des Produkts benötigt werden. Die Instanzen selbst bzw. die Einzelteile weisen zum einem Geometrie in Form von Volumenkörpern und Flächen auf und zum anderen die produktbeschreibenden Informationen in Form von Anmerkungen (FTA-Features). Ob nun die Anmerkungen der Einzelteile im Ersatzformat übertragen werden müssen oder nicht ist abhängig davon welche Anforderungen die Folgeprozesse an das Ersatzformat richten. Daher wurde die Möglichkeit mit untersucht, die Anmerkungen der Einzelteilinstanzen aus dem Datenmodell „herauszufiltern".
- **Datenmodell Baugruppe mit PDP-Part.** Beim diesem Datenmodell handelt es sich erneut um ein CATIA-Dokument vom Typ CATProduct. Das CATProduct kann beliebig tief unterstrukturiert sein und beliebig viele Instanzen beinhalten. Für die Produktbeschreibung der Baugruppe wird auf der obersten Ebene des CATProducts ein PDP-CATPart (**P**roduct **D**efinition **P**art) abgelegt. Wie bereits im Kapitel 2 ausführlich beschrieben wurde, enthält dieses alle Anmerkungen die zur vollständigen Produktbeschreibung des CATProducts benötigt werden, inklusive aller eventuell notwendigen Hilfsgeometrie. Zusätzlich zur Übernahme aller relevanter Geometrieelemente und aller relevanter Anmerkungstypen muss der Konvertierungsprozess die Möglichkeit anbieten, die Anmerkungen der einzelnen Instanzen „herausfiltern", außer denjenigen die sich innerhalb des PDP-CATParts befinden. Dies setzt natürlich voraus, dass das PDP-CATPart als solches vom Konverter identifiziert und entsprechend behandelt wird.

4.3.3 Der Viewer JT2Go

Zusätzlich zu den bekannten kostenpflichtigen JT-Viewern wie VisMockup, werden auch kostenfreie Viewer angeboten, um JT-Dateien zu visualisieren. Der am meisten verbreitete kostenfreie Viewer für JTs ist *JT2Go* von Siemens PLM Software.

JT2Go ermöglicht das Visualisieren und das Filtern von Darstellungen, beispielsweise nach der Produktstruktur. Außerdem können Messungen auf Basis der exakten oder der vereinfachten Geometrierepräsentation durchgeführt werden. In diesem Abschnitt werden die folgenden Eigenschaften und Funktionen dieses Viewers vorgestellt:

- Arbeiten mit Produktstrukturen
- Verwalten von Komponenten
- Messfunktionen
- Snapshots (Momentaufnahmen)
- Erzeugen von Schnitten
- Anzeigen von Produkt- und fertigungsrelevanter Informationen (PMI)

Diese Funktionen können von den Prozesskettenpartnern eingesetzt werden, um sich aus dem Informationsgehalt des 3D-Datensatzens zu bedienen und ggf. alternative Ansichten zu erstellen und in der Geometrie abzubilden.

Das User Interface

Das User Interface ist in zwei Bereichen aufgeteilt: das Arbeitsfenster (Project Workspace) und die 3D-Umgebung.

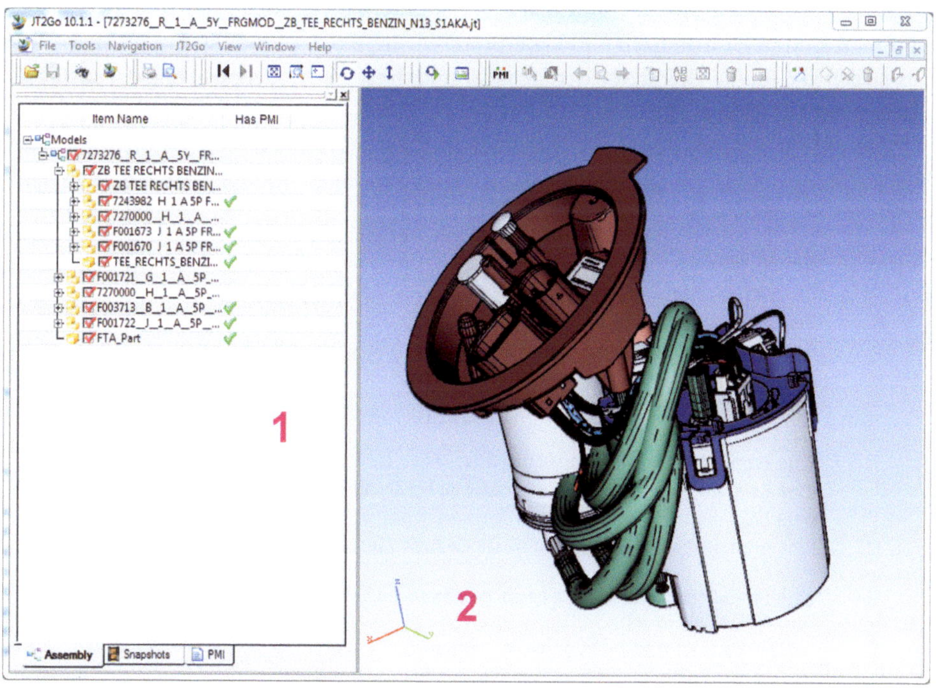

Bild 4-20: Das User Interface von JT2Go: Arbeitsfenster [1] und die 3D-Umgebung [2]

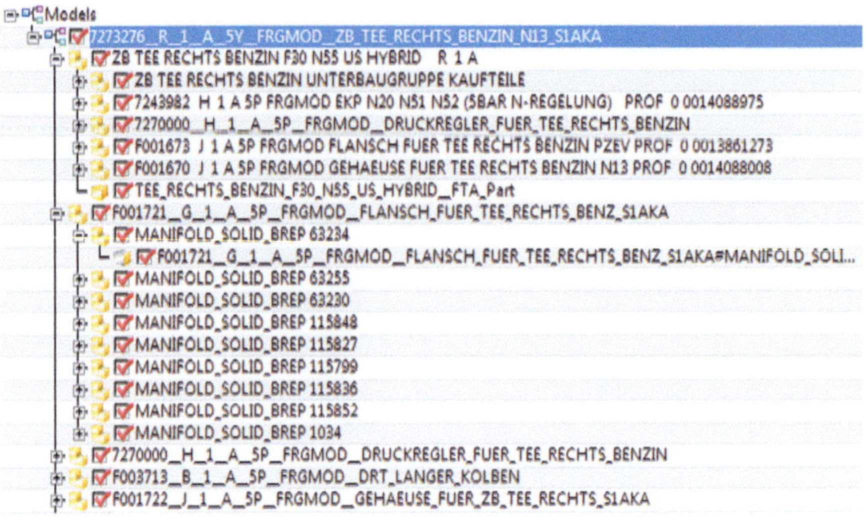

Bild 4-21: Der Strukturaufbau des Datenmodells im Viewer JT2Go

Die Modellhierarchie

Beginnen wir zunächst mit der Erläuterung der Modellhierarchie: Links am User Interface wird dem Anwender der Modellaufbau angezeigt. Der Baugruppenname des CATProducts ist der oberste Knoten nach dem Begriff *Models*. Unterhalb des Baugruppennamens erfolgt eine Auflistung aller Instanzen und Unterprodukte die Teil der Produktstruktur sind. Diese Liste zeigt zudem die Hierarchie der Struktur und die logische Gruppierung der Instanzen zueinander auf (Bild 4-21).

Der oberste Knoten der Hierarchie wird als Root bezeichnet. Jeder Knoten unterhalb eines Unterprodukts gilt als Kind-Element dieses Produkts. Auf der letzten und zugleich

Symbol	Beschreibung
	Der Root-Knoten.
	Zusammengeklappter Knoten.
	Expandierter Knoten.
	Eine Produktstruktur oder ein Unterprodukt.
	Ein Instanz-Knoten.
	Der Knoten eines Körpers.
	Eine Produktstruktur die nicht geladen ist.
	Eine geladen Produktstrktur die nicht sichtbar ist.
	Eine Produktstruktur die geladen und sichtbar ist.
	Eine Produktstruktur die geladen ist, jedoch nur teilweise sichtbar.
	Eine Produktstruktur die teilweise geladen und auch nur teilweise sichtbar ist.
	Die JT-Datei konnte nicht geladen werden.

Bild 4-22: Die unterschiedliche Symbole im Strukturbaum und Ihre Bedeutung

niedrigsten Ebene des Aufbaus befinden sich die Instanzen die für die Visualisierung des Bauteils (oder ZBs) in der 3D-Umgebung sorgen.

Sichtbarkeit von Instanzen steuern

Die Sichtbarkeit der Instanzen wird über das Arbeitsfenster gesteuert. Wenn ein Modell geladen wird, das aus einer einzigen Instanz besteht, erscheint dieses direkt im Fenster „3D-Umgebung". Falls jedoch ein Modell geladen wird, das aus mehreren Instanzen besteht (z. B. eine Produktstruktur), können diese über das Arbeitsfenster ein- bzw. ausgeblendet werden. Dazu lediglich den Haken neben dem Knoten-Namen setzten bzw. entfernen. Beim Arbeiten mit großen Produktstrukturen empfiehlt es sich, nicht direkt den obersten Knoten zu laden, sondern erst den Knoten zu aktivieren, den man untersuchen möchte.

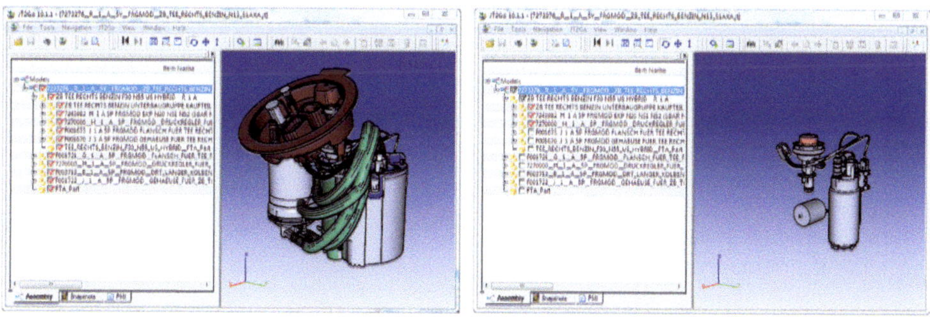

Bild 4-23: Die Sichtbarkeit der Instanzen über den Strukturbaum steuern

3D-Schnitte

JT2Go ermöglicht die Erzeugung von Schnitten im Bauteil, um somit eine besseres Verständnis von seinem Inneren zu erhalten. Dazu muss der Anwender lediglich die entsprechende Funktion aufrufen (das erste Symbol der Symbolleiste **3D Section**) und die Schnittebene definieren. Das Bauteil wird dann entlang der Schnittebene begrenzt (Clipping).

Der Anwender kann so viele Schnitte (1) im Modell erzeugen wie benötigt werden. Er kann dann die Schnitte im Ganzen oder auch einzeln vom Modell wieder entfernen. Die Begrenzung kann zu jeder Seite des Schnitts aktiviert werden. Die Außenkontur des Schnitts (Schnittkanten) kann dabei vom Anwender selektiert und für die Erzeugung von Messungen verwendet werden.

Über die Symbolleiste **Position Plane** (2) kann die Schnittebene senkrecht zu den Achsen X, Y und Z des Hauptachsensystems des Bauteils ausgerichtet werden. Dazu auch den Rollbalken der Symbolleiste verwenden, um den Schnitt entlang der ausgewählten Achse zu bewegen.

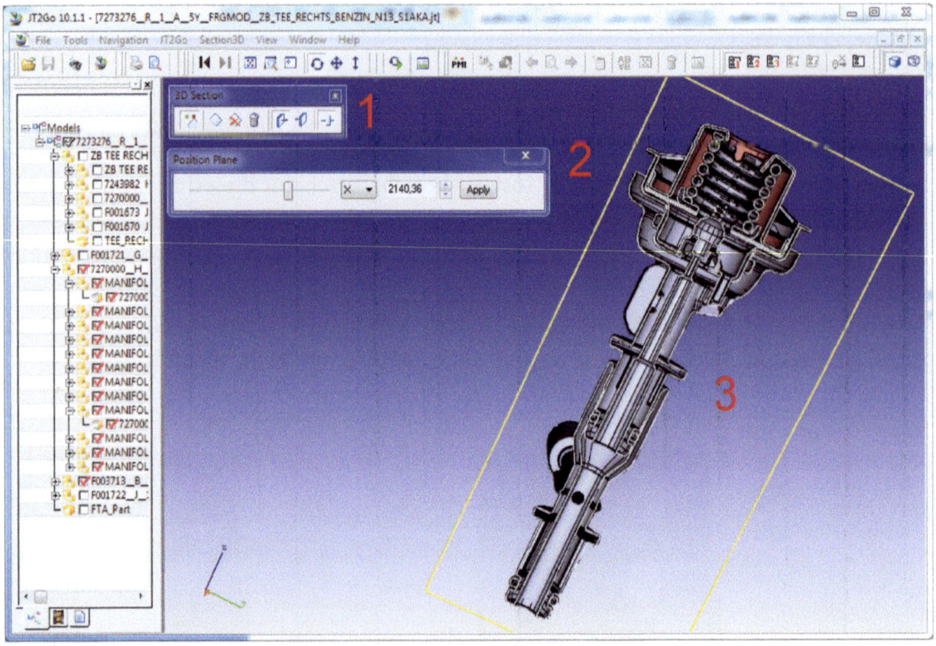

Bild 4-24: Schnittdarstellung (3D Section) in JT2Go

Navigieren in 3D

Die Werkzeugleiste **3D Navigation** wird immer eingeblendet, wenn man sich im 3D-Fenster befindet. In der Leiste sind alle Befehle zum Navigieren sowie der Schalter zum Öffnen der Modellhierarchie vorhanden. Auf die Navigationsbefehle wird nicht näher eingegangen, da diese zum größten Teil selbsterklärend sind.

Snapshots (Momentaufnahmen)

Snapshots können dazu verwendet werden, um eine gerade aktive Ansicht des Modells zu speichern. Wenn der Anwender Snapshots von mehreren Ansichten aufnimmt, kann er jederzeit zu diesen Ansichten zurückkehren. Ausrichtung und Zoomfaktor der gerade aktiven Ansicht, der Sichtbarkeitstatus der Instanzen und der Darstellungsmodus der Instanz werden u. a. bei einem Snapshot gespeichert. In der folgenden Abbildung werden die wichtigsten Elemente der Funktion dargestellt:

1. Die Symbolleiste **Snapshots**, die alle Funktionen beinhaltet, zur Erzeugung und Verwaltung von Snapshots,
2. das Fenster **Snapshot Capture Preferences,** um zu steuern, welche Eigenschaften des Modells im Snapshot gesichert werden,

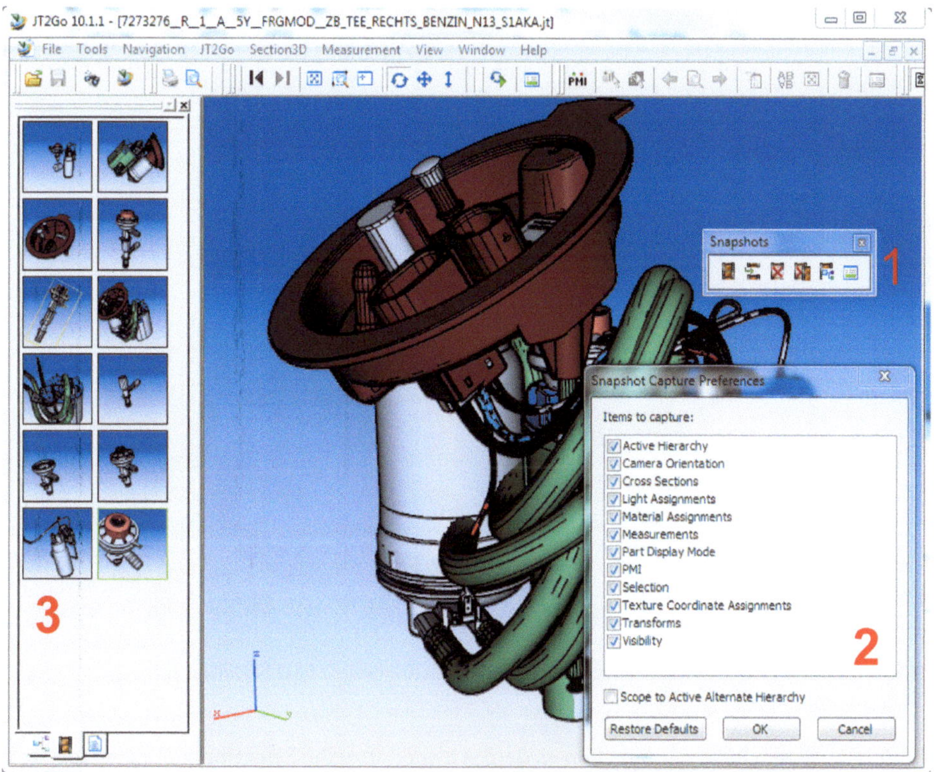

Bild 4-25: Die Funktion „Snapshots" in der Anwendung

3. das Arbeitsfenster, in dem die Snapshots-Features abgelegt werden. Der Anwender kann zudem noch steuern, wie die Features im Fenster dargestellt werden: als Auflistung oder Thumbnails.

Zum Schluss sollte noch erwähnt werden, dass der Anwender eine Serie an Snapshots erzeugen und eine Animation daraus generierten kann (z. B. Darstellung von Montageschritten, Zusammenanimationen, …).

Messungen durchführen

Bei der Messfunktion handelt es sich wohl um die am meisten angewandte Funktion innerhalb des Viewers. Die Messung kann sich entweder auf ein Element beziehen (z. B. Koordinatenmessung eines Punkts) oder zwischen zwei Elementen durchgeführt werden (z. B. Abstandsmessung zwischen zwei Kanten).

Um eine Messung durchzuführen, muss die Messfunktion aufgerufen werden (das erste Symbol der Symbolleiste **3D Measurement**) und durch Auswahl der entsprechenden Sub-Function bestimmt werden, ob sich die Messung auf ein oder auf zwei Elemente bezieht. Die Messfunktion kann dabei mit den Funktionen der Symbolleiste **3D Selektion** kom-

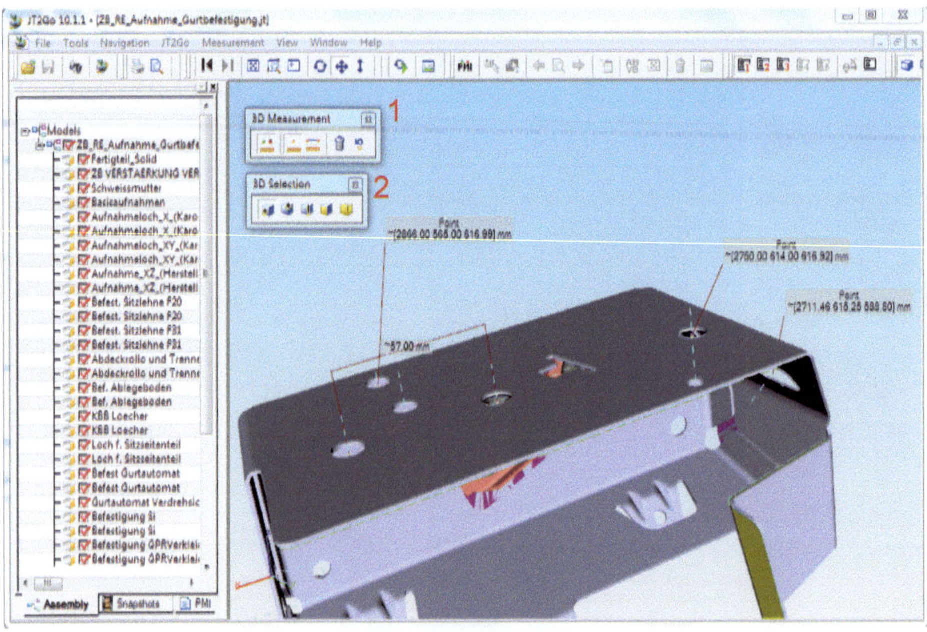

Bild 4-26: Messung im JT2Go durchführen: 3D Measurement [1] 3D Selection [2]

biniert werden. Diese ermöglichen es dem Anwender, seine Selektion zu begrenzen (z. B. nur Punkte). Ein Beispiel wie eine Messung im Viewer ausieht wird in der Abbildung 4-26 dargestellt.

PMIs anzeigen

Eine produkt- und fertigungsrelevante Information wird im JT und im Viewer als PMI bezeichnet. Beim Laden eines Bauteils im Viewer wird zunächst einmal nur dessen Geometrie dargestellt. Um nun die PMIs anzeigen zu lassen, muss das Root-Produkt oder der entsprechende Sub-Knoten im Arbeitsfenster selektiert (das Bauteil wird daraufhin gelb eingefärbt) und die Funktion ***PMIs Anzeigen*** ausgeführt werden. Im Arbeitsfenster PMI werden daraufhin alle Instanzen aufgelistet, in denen PMIs gefunden wurden. Je nachdem welche Konvertereinstellungen verwendet wurden (siehe Abschnitt 4.3.2), werden die PMIs entsprechend im Fenster unterstrukturiert.

Wie bereits mehrmals erwähnt wurde, spielen aus Sicht des **3D-Master**-Prozesses Captures eine wichtige Rolle für die Visualisierung von produkt- und fertigungsrelevanten Informationen. Wie in der nachfolgende Abbildung zu sehen ist, werden diese im Baum unter Model Views abgelegt. Durch Setzen des Hakens neben dem Capture-Namen wird die Darstellung der Capture aktiviert.

Bei der Visualisierung von Baugruppen-JTs ist darauf zu achten, dass die Model View **Master Status** eine wichtige Rolle spielt. Da der Viewer nicht zwischen Produkt-applikationen (z. B. Scenes und DMU Reviews) und Anmerkungen unterscheiden kann, wird der

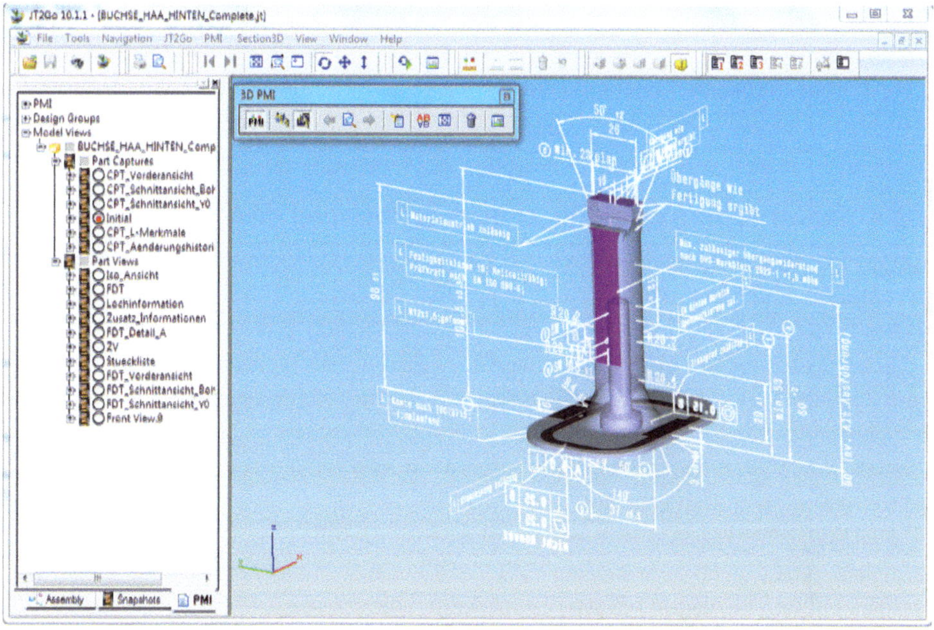

Bild 4-27: PMIs anzeigen bei einem Einzelteil-JT

Master Status dazu verwendet, um die Produkt-applikationen wegzuschalten. Es empfiehlt sich daher immer, nach dem Anzeigen der PMIs in das PMI-Arbeitsfenster zu wechseln und diese Model View zu aktivieren.

Nachdem nun vom Anwender die Model View **Master Status** aktiviert wurde, sind ausschließlich PMIs zu sehen, die in CATIA als FTA-Features erstellt wurden und nicht als Produktapplikationen.

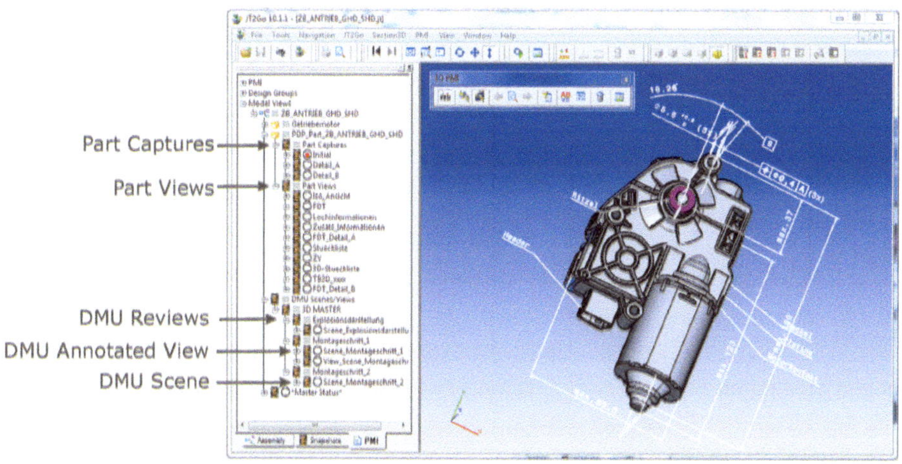

Bild 4-28: PMIs anzeigen bei einem Baugruppen JT

Um nun die Darstellung einer DMU-Review aufzurufen, muss lediglich der Haken neben dem entsprechenden Feature (Scene oder View) gesetzt werden. Über die Model View **Master Status** kann dann der Anwender zum Ladezustand (mit PMIs) zurückkehren.

4.3.4 Konvertierung eines Einzelteils – Fallbeispiel HAA Buchse

Um die Visualisierung von Einzelteilen zu testen, wurde eine Vielzahl an Bauteilen konvertiert und die Ergebnisse wurden auf ihre Validität untersucht. Eines dieser Beispiele wird nun kurz in diesem Abschnitt vorgestellt.

Beim Datenmodell **HAA-Buchse** handelt es sich um ein reguläres CATIA-Dokument vom Typ CATPart. Zusätzlich zur Geometrie beinhaltet es alle benötigten produkt- und fertigungsrelevante Informationen (PMI) in Form von Anmerkungen. Die Anmerkungen werden im CATPart unter dem dafür vorgesehen Anmerkungsset mit der Bezeichnung „Information Fertigung" abgelegt.

Der Konvertierungsprozess musste sicherstellen, dass die Geometrie und zugleich alle Anmerkungen (PMIs) vom nativen CATIA-Dokument in das Ersatzformat übertragen werden. Für den Prozess **3D-Master** ist die Konvertierung speziell von PMIs sehr wichtig, daher wurden im Konverter folgende Einstellungen gesetzt:

- CaptureVisControl=Yes
- ConvertFTA=Yes
- JtCapturePmiShownAs=UnderView
- JtCaptureViewMode=CapturesAndViews
- JtPmiDirectDraw=Yes
- JtPmiEngine=TSY
- JtPmiFilledFont=Yes
- JtUseOriginalPMIColor=Single
- ViewTypeClipping=Yes
- ConvertConstructionGeometry=Yes

Das Ergebnis der Konvertierung wird in der folgenden Abbildung dargestellt. Die Untersuchung des Ersatzformats hat ergeben, dass alle Anmerkungen korrekt vom Konverter erkannt und in dieses übertragen wurden.

Im Fenster PMI erfolgt eine Auflistung aller FTA-Features und zugleich eine Auflistung aller Captures und aller Views, die der Konstrukteur im CATIA-Modell erzeugt hat. Die Captures und Views sind unter der Rubrik *Model Views* zu finden. Der JT2Go Anwender kann jetzt durch die unterschiedlichen Ansichten navigieren, indem er den Haken neben der entsprechenden *Model View* setzt.

Der 3D-Master-Prozess sieht Captures als das primäre Instrument für die Visualisierung von benötigten produkt- und fertigungsrelevanten Informationen. Bei der Untersuchung des Modells richtete sich daher unser Augenmerk hauptsächlich auf die korrekte Übertragung der Captures, wobei auf einige Capture-Eigenschaften besonders Wert gelegt wurde:

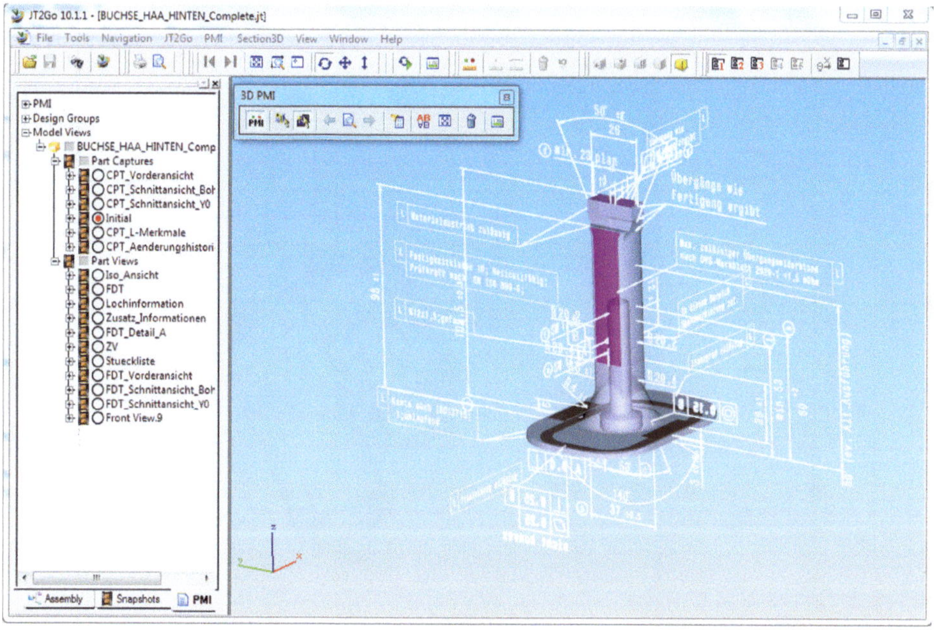

Bild 4-29: Das Einzelteil-JT „HAA Buchse“

- Steuerung der Sichtbarkeit von Volumenkörpern und geometrischen Sets,
- Steuerung der Sichtbarkeit von Anmerkungen,
- Clipping-Verhalten.

Alle drei Eigenschaften wurden vom Konverter korrekt in das Ersatzformat übertragen. Prozesskettenpartner, die nun auf das JT-Ersatzformat zugreifen und dieses über JT2Go visualisieren, haben exakt die gleiche Darstellung im Viewer wie der Konstrukteur in CATIA.

4.3.5 Konvertierung von Baugruppen – Fallbeispiel ZB Antrieb

Zusätzlich zu der Konvertierung von Einzelteilen wurde auch die Konvertierung von Baugruppen untersucht. Die wichtigsten Aspekte einer Baugruppenkonvertierung werden nun kurz in diesem Abschnitt vorgestellt.

Beim Datenmodell handelt es sich um ein reguläres CATIA-Dokument vom Typ CATProduct. Dieses beinhaltet eine Vielzahl an Instanzen, die im zusammengebauten Zustand den **ZB Antrieb** bilden. Zusätzlich zur Geometrie, beinhaltet das Datenmodell alle benötigten produkt- und fertigungsrelevante Informationen (PMI). Die PMIs wurden zum einen in Form von Anmerkungen innerhalb des Referenz-CATParts **PDP-Part** abgelegt und zum anderen auf Produktebene als Application Features. Zu den Application-Features gehören Elemente wie DMU Reviews, Szenen und Ansichtsebenen (siehe Kapitel 2.10).

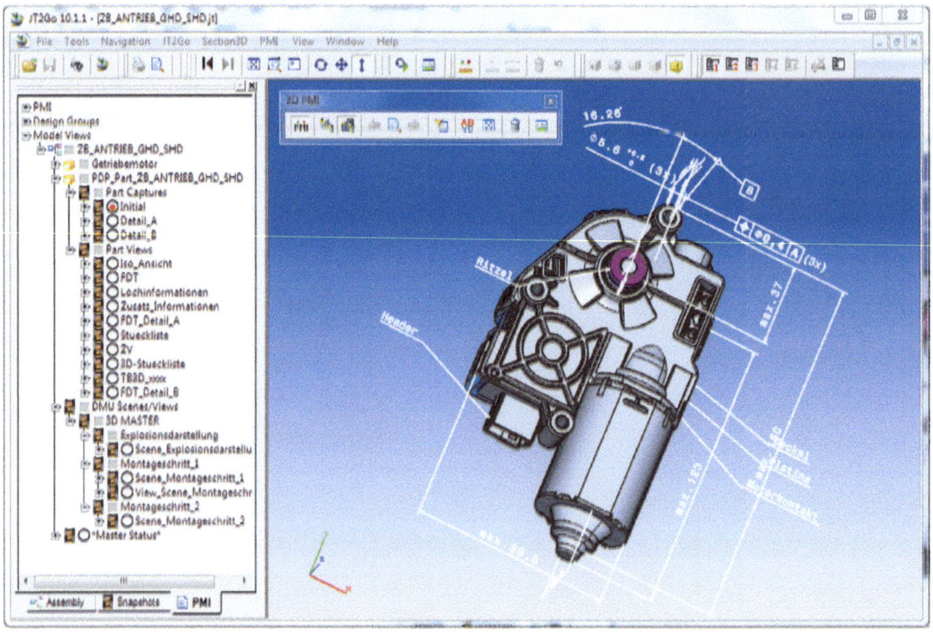

Bild 4-30: Das Baugruppen-JT „ZB Antrieb“

Eine Besonderheit dieser Baugruppe besteht darin, dass nicht nur das PDP-Part Anmerkung aufwies, sondern auch die Bauteilinstanzen selbst. Der Konvertierungsprozess musste daher sicherstellen, dass die Geometrie bzw. die Instanzen und zugleich nur PMIs vom nativen CATIA-Dokument in das Ersatzformat übertragen werden, die für den Produktbeschreibungsprozess der Baugruppen relevant sind. Um den Konvertierungsprozess zu unterstützen, wurden im CATIA-Modell alle nicht-relevanten Anmerkungssets deaktiviert. Zugleich wurden folgende baugruppenspezifische Einstellungen am Konverter gesetzt:

- ConvertDMU=All
- ConvertInvisibleAnnoSets=No
- JtCreateSceneTransforms=Yes

Das Ergebnis der Konvertierung wird in der folgenden Abbildung dargestellt. Die Untersuchung des Ersatzformats hat ergeben, dass prinzipiell alle PMIs korrekt vom Konverter erkannt und in dieses übertragen wurden. Vom Konverter wurden nur die Anmerkungen übertragen, die sich innerhalb des PDP-Parts befinden. Deren Untersuchung führte uns zu den gleichen Ergebnissen wie die Untersuchung der Einzelteilkonvertierung (siehe Abschnitt 4.3.4).

Zusätzlich zu den Anmerkungen wurden auch die Application Features der Baugruppe richtig konvertiert, jedoch mit einer Besonderheit die weniger mit dem Konverter zu tun hat, sondern mit dem Viewer: Der Viewer JT2Go unterscheidet nicht zwischen Anmerkungen und Application Features. Daher werden diese insgesamt angezeigt, sobald der Anwender PMIs anzeigen lässt. Dies führte uns dazu, die Model View „Master Status" einzuführen. Sobald der Anwender die PMIs anzeigen lässt, muss er in das Fenster **PMI** des Viewers wechseln und „Master Status" aktivieren. Damit werden Application Features weggeschaltet und nur die Anmerkungen des PDP-Parts angezeigt. Somit ist die Darstellung die gleiche wie die des CATIA-Anwenders wenn er das Modell lädt.

Literaturverzeichnis

Internationale Normen und Empfehlungen

[1] ISO 16792:2006, Verfahren für digitale Produktdefinitionsdaten

[2] VDA 4958 Teil 1-3, Langzeitarchivierung (LZA) nichtzeichnungsbasierter, digitaler Produktdaten

[3] ISO 14306:2012, Industrial automation systems and integration — JT file format specification for 3D visualization

[4] VDA 4953:2003, Arbeitsgruppe „Zeichnungslose Produktdokumentation im Automobilbau“ Vereinfachte CAD-Zeichnung

[5] EN ISO 1302:2002, Angabe der Oberflächenbeschaffenheit in der technischen Produktdokumentation

[6] DIN EN ISO 1101:2008, Geometrische Tolerierung - Tolerierung von Form, Richtung, Ort und Lauf (ISO 1101:2004);

[7] ISO 5459: 2011, Geometrical tolerancing - Datums and datum systems

[8] ISO 13715:2000, Technical drawings - Edges of undefined shape - Vocabulary and indications

[9] VDI 2209:2009, 3D-Produktmodellierung Technische und organisatorische Voraussetzungen, Verfahren, Werkzeuge und Anwendungen, Wirtschaftlicher Einsatz in der Praxis

[10] DIN 4000:2012, Sachmerkmal-Listen - Teil 1: Begriffe und Grundsätze

BMW-interne Dokumente

[11] V5 Referenzkarte für Bauteilkonstruktion im Karosserieumfeld, BMW AG

[12] Methodenleitfaden EK - Zeichnungsfreier Prozess, BMW AG

[13] Leitfaden EK „Product Data Filtering from DMU Groups“

[14] Schulungsunterlagen EK “Zeichnungsfreier Prozess”

[15] BMW Group Standard GS91006:2002, CAD-Produktbeschreibung; Erstellung reduzierter Zeichnungen
[16] BMW Group Standard GS90013:2009, Allgemeintoleranzen-Toleranzen für spanlos gefertigte Blech-Einzelteile
[17] BMW Group Standard GS90015:2005, Tolerierung von Flächen, Beschnitten, Loch- und Zylinderpositionen; Zeichnungs- und Datenmodelleintrag

Fachliteratur

[18] Richard Haslauer, Konstruktionsprozesse in der Praxis, Hanser Verlag 2004
[19] Hans Hoischen, Technisches Zeichnen, Cornelsen Verlag, 2014
[20] Egbert Brass, Konstruieren mit CATIA V5, Hanser Fachbuchverlag, 2009
[21] Ulrich Kurz; Herbert Wittel, Böttcher/Forberg Technisches Zeichnen, Springer Vieweg, 2014
[22] Ulrich Grabner; Richard Nothhaft, Konstruieren von Pkw-Karosserien,: Springer Verlag, 2006

Software

[23] CATIA V5 Solutions, Version 5 Release 19 SP9, English online documentation, Dassault Systèmes, Paris 2014
[24] CATIA V5 Solutions, Version 5-6R2013, English online documentation, Dassault Systèmes, Paris 2014
[25] ZFE Toolbar, EK interne Makros, BMW AG

Verwendete oder zitierte Software

[26] Wikipedia, http://www.wikipedia.org
[27] Siemens PLM Software, http://www.plm.automation.siemens.com/de_de/
[28] Tetra 4D, http://www.tetra4d.com/
[29] Adobe Systems, http://www.adobe.com/de

Sachwortverzeichnis

Symbole
2D-Component 99
3D Annotation query Switch On/Off 125
3D-Master
  Der Prozess 5
  Die Ziele und Vorteile 7
  Freigabemodelle 12
3D Measurement 213
3D Navigation 212
3D-Reviewer 191
3D Section 211

A
Abgeleiteten Schnittansichten
  Abgesetzter Schnitt 51
  Ausgerichteter Schnitt 51
Align into System 126
Alligned Section View/Section Cut 51
Angle Sector 75
Anmerkungen
  Definition 27
Anmerkungsebenen
  Eigenschaften 47
  Einstellungen 46
  Grundregeln der Erzeugung 45
  Standardansichten 48
Anmerkungssets
  Aufbau 19
  Typen 27
Annotated View 116
Associative-Assembly-CATPart 152
Associative Assembly Part for 3D Master 152
Associativity 152
Automatic grouping 128

B
Baugruppenbeschreibung
  Aufbau des Datenmodells mit Annotation Set 28
  Aufbau des Datenmodells mit PDP-Part 29
  Besondere Darstellungen 119
Bauteilfreigabe 6
BREP 204

C
Cache System 120
Capture
  Arbeitsfolge 108
  Definition 100
  Gruppierung 102
  Initial 107
  Kameraansichten 106
  Part to Part 139

Product Data filtering from DMU Groups 172
Product to Part 151
Schnitte darstellen 107
Sichtbarkeit von Anmerkungen 105
Sichtbarkeit von Geometrie 105
Virtuelles Fahrzeug 111
Catalog 97
Cgr Management 121
Check Validity 125
Clipping Plane 107
COM/FOX 205
Constructed Geometry Creation 92
Coordinate Dimension 73
Cumulated Dimensions 73
Curvilinear Dimension 73

D
Datafiltering for 3D Master 162
Datafiltering for 3D-Master 11
Data filtering from DMU Groups
Kompatibilität 171
Restrektionen 173
Datum Elements 85
Datum Reference Frame 88
Datum Targets 85
Design Mode 121
Dimension 73
Attribute 76
Bemaßungssystem 75
Eigenschaften 79
Längen- und Abstandsmaß 73
Winkelmaß 73
Dimensions following the Cursor 75
Dimensions Properties 79
DIN ISO 16792 25
Darstellung in Ansichten 44
DMU Group 165
DMU Navigator 112
DMU Presentation 118
DMU Review 118
DMU Tolerancing Review 122

E
Edit Generative Parameter 82
Eingegrenzte Toleranzbereiche
Alternativ 96
Restricted Areas 95
Einzelteilbeschreibung
Aufbau des Datenmodells 27
Entstehungsmodell 165
Ergebnismodell 165
Extension Line Anchor 77

F
Fertigungsmaß 71
Flag Note 66
Flag Note with Leader 66
Freigabemodell
Baugruppe 13
Einzelteil 12
PDP-Part 13
FTA-Feature
Definition 25
Fully shattered 205
Funktionsmaß 71

G
Generate CATPart from CATProduct 146
Generative Dimensions 80
Geometrical Tolerance 85
Geometry Connection Management 124
Gewinde
Generative Dimension 81
Part to Part 140
Product to Part 151

H
Hilfsgeometrie
Ablage im PDP-CATPart 19
als Hilfsmittel 92
Constructed Geometries 93
Eingegrenzte Toleranzbereiche 96
Hilfsmaß 72

I

Ideales Maß 72

J

JT2Go 209

K

Kept-Parts 165

L

Line Up 126
List Annotation Set Switch On/Off 123

M

Manual grouping 128
Maschinenlesbare Information
  Ansichten 47
  Anwendung 31
  Auswertung 32
  Beschnitte 65
  Captures 102
  Definition 30
  Einzelteilinformationen 64
  Löcher 62
  Werkstoffe 61
Maßinformationen 24
Monolithic 205

N

Named Views 106
Note Object Attribute 97
Numerical Properties 79

O

Offset Section View/Section Cut 52
Original Equipment Manufacturer
  Datenmodelle 16

P

Part to Part 135
PDF-Container 201
Per Part 204
PLM-XML 205
PMI
  Anzeigen im JT2Go 214
  Anzeigen in 3D-PDF 197
  Konvertereinstellungen für 3D-PDFs 192
  Konvertereinstellung für JTs 206
  Master Status 215
PN 65
Position and Orientation 57
Position Plane 211
Product Data filtering from DMU Groups
  Grundregeln 166
Product Data Filtering from DMU Groups
  Voraussetzungen 163
Product Definition Part
  Das Grundmodell 18
Product to Part 146
Produktentstehungsprozess 5
Project Reviewer Compressed 190
Prüfmaß 71

Q

Qualitätsinformationen 24

R

Restricted Areas 95
Roughness 90

S

Scene 114
Semantic Tolerancing Advisor 87
Single Point of Truth 5
Snapshots 212
Stacked Dimension 73
StartCATPart 16
StartCATProduct 18
Steuernde Bemaßung 82
StructureIdentifier 65

T
Technische Produktbeschreibung
  Grundlagen 23
Technologieinformation 24
Tessellated 204
Text 56
Textinformationen
  Attribute Links 59
  Beschnitttoleranz 65
  Einzelteilinformationen bei einem ZB 64
  Erzeugungsregeln 57
  Erzeugungsvorgang 58
  Lochkennzeichnung 62
  Werkstoffeintrag 61
Text parallel to screen 56
Text Properties 58
Text with Leader 56
Tolerancing Advisor
  Erzeugungsvorgang 87
  Grundbegriffe 83
Toleranzangaben 24
Tools Palette 76
Transfer to View/Annotation Plane 129

U
Übernahmeteile 165
Universal 3D 190

V
View from 3D
  Eigenschaften 54
  Grundregelen der Funktion 53
Visualization Mode 121

W
Weld Design 67
Wireframe Feature
  Definition 25

Z
Zeichnungsloser Prozess 202

MIX
Papier aus verantwortungsvollen Quellen
Paper from responsible sources
FSC® C105338

If you have any concerns about our products,
you can contact us on
ProductSafety@springernature.com

In case Publisher is established outside the EU,
the EU authorized representative is:
Springer Nature Customer Service Center GmbH
Europaplatz 3, 69115 Heidelberg, Germany

Printed by Libri Plureos GmbH
in Hamburg, Germany